U0876430

高等学校教材

电磁兼容原理

张 厚 编著

西北工業大學出版社

【内容简介】 电磁兼容作为一门新兴的综合性交叉学科正在迅速发展，它涉及电子、计算机、通信、航空航天、铁路交通、电力、军事以及人民生活的各个方面。本书重点围绕电子系统中形成电磁干扰的三大要素，从电磁兼容的基本概念入手，由浅入深、循序渐进地介绍了电磁兼容的基本概念、原理及其研究内容。

本书适合电子工程、电气工程、信息和计算机技术、生物医学工程、自动控制与机电一体化、仪器和测试技术等专业研究生和高年级学生作教材或参考书使用，还可供从事电气和电子产品研发、设计、制造、质量管理、检测与维修的工程技术人员使用。

图书在版编目（CIP）数据

电磁兼容原理/张厚编著．—西安：西北工业大学出版社，2009.4(2015.4 重印)
ISBN 978-7-5612-2515-8

Ⅰ．电…　Ⅱ．张…　Ⅲ．电磁兼容性　Ⅳ．TN03

中国版本图书馆 CIP 数据核字（2009)第 022026 号

出版发行：西北工业大学出版社
通信地址：西安市友谊西路 127 号　邮编：710072
电　　话：(029)88493844　88491757
网　　址：www.nwpup.com
印 刷 者：北京京华虎彩印刷有限公司
开　　本：787 mm×1 092 mm　1/16
印　　张：11.125
字　　数：267 千字
版　　次：2009 年 4 月第 1 版　　2015 年 4 月第 2 次印刷
定　　价：25.00 元

前　　言

电磁兼容（Electromagnetic Compatibility，简称 EMC）作为一门新兴的综合性交叉学科正在迅速发展，它涉及电子、计算机、通信、航空航天、铁路交通、电力、军事以及人民生活的各个方面。随着科学技术的进步，电磁环境日趋复杂，电磁干扰及电磁防护问题日益突出。世界各发达国家均对此予以高度重视，我国的相关部门与机构也积极开展电磁兼容性的理论和应用研究。国家 3C（China Compulsory Certification，中国强制性产品认证）制度的实施，有力地促进了电磁兼容性技术的进步。

EMC 涉及电磁能量的产生、传输和接收，这三个方面构成了 EMC 设计的基本框架。源（也称发射器）产生发射，传输或耦合路径将发射的能量传递到接收器，发射的能量在接收器被处理，产生所期望的或意外的动作。如果接收到的能量引起接收器以意外的方式动作，这就发生了干扰。电磁能量常常通过无意的耦合模式传递。只有在接收器输入端接收到的能量有足够的幅度和频谱分量而引起接收器以意外的方式动作时，电磁能量的这种无意传递才会造成干扰。电磁能量的无意发射或接收并不一定都有害，接收器的意外动作才会构成干扰。因此，接收器对接收到的能量的处理是能否产生干扰的一个重要方面。通常很难用推理的方法确定入射到接收器的信号是否会对该接收器造成干扰。

理解源或接收器被分为有意或无意两类也是很重要的。事实上，源或接收器可能同时以两种模式起作用。源或接收器是有意的还是无意的取决于耦合路径和源或接收器的类型。

本书重点围绕电子系统中形成电磁干扰的三大要素，从电磁兼容的基本概念入手，由浅入深、循序渐进地展开讨论。全书共分为 7 章：第 1 章给出了电磁兼容的基本概念和含义，介绍了频谱工程、电磁兼容研究的内容、电磁兼容技术的实施和发展，讲述了电磁兼容技术用到的单位和元件；第 2 章对电磁干扰源进行了分析；第 3 章讲述了电磁干扰的传输途径及相应的抑制措施；第 4 章对敏感性标准、现象和接收机的敏感性进行了分析；第 5 章讨论了电磁兼容的接地、搭接和滤波等抑制技术；第 6 章介绍了传输线理论、信号完整性及印制电路板 PCB 的电磁兼容设计；第 7 章介绍了常用的电磁兼容性分析的程序。

本书是作者在多年教学和科研实践的基础上编写的，全书的阐述都是从电磁兼容技术的角度出发的，所述内容丰富翔实。本书适合电子工程、电气工程、信息和计算机技术、生物医学工程、自动控制与机电一体化、仪器和测试技术等专业作教材或参考书使用，还可供从事电气和电子产品研发、设计、制造、质量管理、检测与维修的工程技术人员使用。

由于电磁兼容的内容涉及的技术领域和服务对象范围非常广，相关的理论和技术发展迅速，加上作者水平有限，书中难免存在不妥之处，敬请各位读者和专家批评指正。

作　者

2008 年 9 月

目　录

第1章　电磁兼容概述

随着科学技术的不断发展，各种电子、电气设备或系统广泛应用于国民经济、军事以及人们的日常生活等各个领域。这些电子、电气设备在运行的同时大多都伴随着电磁能量的转换，或多或少地以不同的方式向外泄漏着电磁能量，极有可能对其他电子、电气设备产生不良影响，甚至造成严重的危害，这就是电磁干扰。在有限的时间、空间和有限的频率资源条件下，电子、电气设备的数量与日俱增，各个设备产生的电磁能量的泄漏形成了一个极其复杂的电磁环境。电子系统越是现代化，其所造成的电磁环境就愈是复杂，产生的电磁干扰就愈强。因此，如何使现代电子、电气设备在复杂的电磁环境中能够正常地运行，各设备之间互不干扰，能够“兼容”地在一起共同工作，这一系列问题就自然摆在了人们的面前。在这种背景下，产生了电磁兼容的概念，形成了一门新的学科——电磁兼容（Electromagnetic Compatibility，简称EMC）。

本章主要介绍电磁兼容的基本概念、电磁兼容的标准和规范、频谱工程、电磁兼容性的实施、电磁兼容研究的内容、电磁兼容常用的单位和常用元件，以及对电磁兼容研究的发展趋势。

1.1　电磁兼容的基本概念

1. 电磁干扰

(1)电磁干扰的概念。电磁干扰是指任何能中断、阻碍、降低或限制电子、电气设备有效性能的电磁能量。

电磁干扰的形式很多。例如，由大气无线电噪声引起的天电干扰；由银河系的电磁辐射引起的宇宙干扰；由输电线、电网以及各种电子、电气设备工作时引起的工业干扰；由传输电路间的电或磁的相互耦合引起的串扰等。

(2)电磁干扰的危害。电磁干扰产生的危害是显而易见的，轻者可使电子、电气设备的性能降低，重者使电子设备无法工作。从以下几个方面可以更充分地证明这一点。

1)中波、短波、超短波、微波站的电磁场感应进入导弹的电爆管中或其他设备中，能引起电爆管引爆或性能降低。国外曾发生过由于电台电磁辐射引爆化工产品而造成人员伤亡的事例，还发生过电磁干扰使导弹意外发射的事例。

2)由于各种摩擦产生的静电及大功率电磁辐射可能产生火花，从而导致易燃、易爆品意外点燃。

3)汽车或电气化铁道的电力机车产生的电磁干扰使附近的广播、通信、电视接收受到一定的影响。

4)电子设备的开关动作可导致打印机设备出现误码。

5)电磁辐射使微机工作失常,而微机的工作又产生宽带电磁干扰信号。

(3)形成电磁干扰的三个要素。形成电磁干扰必须同时具备以下三个条件,又称为三要素:

1)电磁干扰源,指产生电磁干扰的元件、器件、设备、系统或自然现象。

2)干扰接受器(又称敏感设备),指对电磁干扰发生响应的设备,即受到电磁干扰的设备。

3)传输途径(又称耦合途径),指把电磁能量从干扰源耦合或传输到敏感设备上,并使该设备产生响应的媒介。

由电磁干扰源发出的电磁能量,经过某种耦合途径传输至敏感设备,导致敏感设备出现某种形式的响应并产生效果,这就是电磁干扰的整个过程,又称为电磁干扰效应。

电磁干扰一般包括系统内部干扰和系统之间干扰两个方面。例如,雷达干扰飞机的导航系统就是系统之间的干扰;雷达发射机的能量泄漏对接收机的干扰就是系统内部的干扰。

2. 电磁兼容与电磁兼容性

电磁兼容是指电子、电气设备或系统的一种工作状态,在这种工作状态下,它们不会因为内部或彼此间存在的电磁干扰而影响其正常工作。

电磁兼容性则是指电子、电气设备或系统在预期的电磁环境中,按设计要求正常工作的能力。它是电子、电气设备或系统的一种重要的技术性能。电磁兼容性包含两方面的含义:一方面是指设备或系统应具有抵抗给定电磁干扰的能力,并且有一定的安全余量。即它不会因受到处于同一电磁环境中的其他设备产生的电磁干扰而产生不允许的工作性能降级。另一方面是指设备或系统不产生超过规定限度的电磁干扰。即它不会产生使处于同一电磁环境中的其他设备出现超过规定限度的工作性能降级的电磁干扰。

由于电磁干扰包括系统内部的干扰和系统之间的干扰,所以,系统内的电磁兼容性和系统间的电磁兼容性是不同的。前者指的是在给定系统内部的各分系统、设备及部件相互之间的电磁兼容性;后者指的是给定系统与其工作的电磁环境中的其他系统之间的电磁兼容性。

电磁兼容性是一个新概念,它是抗干扰概念的扩展和延伸。从最初的设法防止射频频段内的电磁噪声、电磁干扰,发展到防止和对抗各种电磁干扰,进一步在认识上产生了质的飞跃,把主动采取措施抑制电磁干扰贯穿于设备或系统的设计、生产和使用的整个过程中。这样才能保证电子、电气设备和系统实现电磁兼容性。

应该指出,在技术发展的早期阶段,保证设备兼容工作主要靠改进个别电路和结构的方案,以及使用频率的计划分配。但到现在,采用个别的局部措施已经远远不够了。从整体上说,兼容性问题具有明显的系统性特点。在电子、电气设备寿命期的所有阶段,都必须考虑电磁兼容性问题。如果忽视电磁兼容性,使设备兼容性遭到破坏,此时若要保证电子、电气设备的电磁兼容性则需要付出更昂贵的代价,且得不到满意的效果。

1.2 电磁兼容标准和规范

为了确保系统及各项设备必须满足的电磁兼容工作特性,国际有关机构、各国政府和军事部门,以及其他相关组织制定了一系列的电磁兼容标准和规范,对设备或系统作出了规定和限制,所以执行标准和规范是实现电磁兼容性、提高系统和设备性能的重要保证。

1. 标准和规范的主要内容及特点

标准和规范是两个不同的概念。规范是一个包含详细数据、必须按合同遵守的文件；标准是一个一般性准则，由它可以导出各种规范。标准和规范的类别和数量是相当多的，其主要内容可以归纳为以下四部分：

第一部分，规定名词术语。例如中国国家军用标准 GJB72—85，美国军用标准 MIL—STD—463A 等。

第二部分，规定电磁发射和敏感度的极限值。

第三部分，规定统一的测试方法。

第四部分，规定电磁兼容控制方法或设计方法。

电磁兼容标准和规范表示的概念是，如果每个部件都符合该规范的要求，则设备的电磁兼容性就能得到保障。由于电磁兼容讨论和处理的是设备或系统的非设计性能和非工作性能，例如发射机的非预期发射和接收机的非预期响应，很自然，电磁兼容标准和规范也要强调设备或系统的非预期方面，并用相应的词句描述。

2. 国内电磁兼容标准和规范

我国的电磁兼容标准和规范制度工作开展较晚，与国际发展水平存在一定的差距。国内第一个无线电干扰标准是 1966 年制定的 JB854—66《船用电气设备工作无线电端子电压测量方法与允许值》，它比美国的第一个无线电干扰标准晚 20 年。1981 年，由国家标准局召集有关部门和单位成立了“全国无线电干扰标准化工作组”，提出制定包括国家级和部级共 32 项电磁兼容标准和规范的计划。1986 年，国防科工委正式颁布了 GJB151，GJB152 和 GJB72 等我国第一套三军通用的电磁兼容标准。

这些标准和规范的制定和实施，使我国电子、电气产品的工作可靠性和稳定性显著提高，环境的电磁污染也得到一定的控制。电磁兼容标准和规范对电子设备和系统的研制和生产提出了新的要求，许多工厂、研究所都把电子设备的电磁兼容性设计作为重要的设计内容。

3. 国外电磁兼容标准和规范

国外在研究、制定和实施电磁兼容标准方面已有较长的历史。美国从 20 世纪 40 年代起到现在已先后制定了有关的军用标准和规范 100 多个。

国际无线电干扰特别委员会（CISPR）作为国际电工技术委员会（IEC）的下属机构，是国际间从事无线电干扰研究的权威组织。它以出版物的形式向世界各国推荐各种电磁兼容标准和规范，并已被许多国家直接采纳，成为电磁兼容民用标准和通用标准。

由于各个国家的实际情况不同，各国制定的电磁兼容标准和规范也不尽相同，这给电子设备的国际贸易带来了一定的不便，较好的解决方法是制定一个全球统一的 EMC 标准和规范。显然这是一项艰巨的任务，需要国际间长期的不懈努力与合作。

1.3 频谱工程

1. 电磁频谱

一个电磁振荡的能量在频域上的分布称为该振荡的频谱，可以用频谱函数或频谱图来表示。电磁频谱在极宽的频域内存在，其频率可从 $5\times10^{-4}\sim6\times10^{22}$ Hz。人类目前利用的无线电频谱大约在 3 Hz～3 000 GHz，但最拥挤的频段为中频（300～3 000 kHz）、高频（3～30 MHz）、甚高频（30～300 MHz）、特高频（300～3 000 MHz）等几个频段。

可见，电磁频谱是一个有限的自然资源。在科学技术特别是电子技术高度发达的今天，对频谱的需求越来越多，使用的频率越来越拥挤。因此，如何合理、有效地利用无线电频谱已成为一个重要的研究课题。

2. 频谱管理

(1)频谱管理机构。我国现行的无线电管理体制为国家无线电管理局，又称为国家无线电办公室，其办事机构挂靠在信息产业部，下设各省市（地区）的无线电管理委员会（隶属于当地政府负责地方的无线电管理）、中国人民解放军无线电管理委员会（简称全军无委，挂靠在总参通信部）以及各军区无委负责军队的无线电管理。使用者若需占用电磁频谱中某一频段的某个频道，必须向相应的无委会（无线电技术委员会）提出申请，得到批准后才能开始使用。

国际电信联盟（ITU）是负责协调国际无线电事宜的组织，是联合国处理电信问题的专门机构。ITU 有四个常设机构，即总秘书处、国际电报电话咨询委员会（CCITT）、国际无线电咨询委员会（CCIR）和国际频率登记委员会（IFRB）。“国际无线电规则”是 ITU 进行无线电频率协调和管理的唯一依据，具有国际法性质。

(2)频谱管理方法。

1)频率分配。频率分配是指给某一种业务划定一个或一组使用频率的范围，如移动通信的频率为 900 MHz 和 1 800 MHz，它遵循以下原则：

第一，所选用的频段须符合国际和国家有关无线电管理部门的有关规定，根据系统或设备的业务种类，在指定的频段内选用的工作频段或工作频率，并向相应的管理部门（无委会）提出频率申请。

第二，在确定新系统的工作频率时，应避开使用部门现有的和规划中的频率，避开使用环境中其他系统的频率，以免新系统投入使用后发生相互干扰。

第三，综合考虑系统或设备的技术体制、信息带宽、电波传播特性、战术或使用性能要求，以及元器件水平、成本、技术成熟程度等因素，选取合适的工作频段。尽可能避免选用已经十分拥挤的频段。

第四，含有若干分系统、子系统的大型无线电工程，在分配频率时，应注意勿使大量设备集中于同一频段而难于实现电磁兼容性。

2)频率指配。对无线电设备指定具体的工作频率的过程称为频率指配。在进行频率指配时，除了必须按有关无线电管理文件的规定，在规定的频段内进行指配外，还应注意以下问题：

第一，避开有关保护频率（如标准时间信号频率、遇险呼救频率）以及常规无线电广播、电视等频率及其谐波的影响。

第二，为在使用区域内避免同频干扰、邻道干扰、中频干扰、镜像干扰以及相互干扰，在指配频率时必须进行干扰预测分析，并根据业务性质、通信质量等要求确定干扰余量及保护比。

第三，除频率因素外，还须考虑使用环境、作用距离、发射功率、谐波与杂波电平、占有带宽等因素。

(3)无线电监测。无线电监测是维护电波秩序，实现频谱管理的重要手段，是各级无线电管理部门的首要任务之一。各省市无线电管理委员会都设有无线电监测计算站。其监测的主要内容包括：本区所有发射台的无线电发射是否符合规定；记录频谱占有度；对未经允许的无线电活动进行测向定位等。

3. 频谱工程

频谱工程是研究电磁频谱特性及其应用的一门科学，其研究内容就是以充分利用频谱资源、实现电磁兼容性为目的，从频谱特性、电波传播、频率分配、干扰分析、系统的技术体制和设备性能以及频谱管理方法等方面，去研究以节省频谱、实现电磁兼容性为原则的若干技术问题。具体包括以下内容：

(1)从频谱管理人员的角度考虑：

第一，频率的指配；

第二，短期兼容规划；

第三，利用的政策；

第四，为压缩所用的频谱而改进设备技术规程的准备；

第五，过载的解决和在实际工作中发生的干扰问题；

第六，附属设备调度的考虑。

(2)从频谱规划者的角度考虑：

第一，最佳频率分配和分布研究；

第二，频谱过载研究(现在的和预测的)；

第三，现在受到的和预测的干扰问题的研究；

第四，频谱使用的规定和测量；

第五，为提高频谱的使用率，设备和系统特性的最优化；

第六，大范围兼容规划；

第七，自然的和人为的无线电干扰方面的知识和可能的控制；

第八，别的通信手段的评价；

第九，设备、系统和操作规则的目标；

第十，频谱使用对信息传递的研究。

(3)从设备设计者的角度考虑：

第一，降低寄生辐射；

第二，接收机截止频率以外响应的降低；

第三，在给定带宽下接收特性的最佳化；

第四，发射机和接收机产生相互调制的控制；

第五，为使覆盖范围最大、干扰最小，天线系统设计的最优化；

第六,辐射噪声的抑制和减少。

4. 有效利用频谱的有关技术

频谱利用是通信系统电磁兼容性研究的重要课题,有效地利用频谱,是实现电磁兼容性的技术手段之一。

(1)短波预测与实时选频技术。短波通信是远距离通信的主要手段之一。但是,短波信道是以电离层为主要媒介实现信号传输的,由于电离层的不稳定性,短波信道成为时变色散通道。短波预测与实时选频技术就是为了克服这一缺点,自动选择最佳工作频率,实现自适应通信,确保通信质量的一种手段。

实时选频是基于对电离层的实时探测和预报,实现最佳通信。它可以针对任何一种通信体制选择最佳频率,从而提高短波频段的利用率。

(2)频率自适应与功率自适应技术。频率自适应技术是一种载频自动转换系统,或称自动躲避干扰系统。在复杂的电磁环境下,遇到干扰可以自动寻找可用信道,将载频转换到不受干扰的频道上去。

功率自适应即功率自动控制,多用于移动通信网中。移动台在运动中随着距离的变化,其发射功率受接收信号强度的控制,即当接收信号强度增加时,在保证本信道通信质量的条件下,通过电台的控制单元降低本台的发射功率,从而可降低或消除基地台附近由移动台造成的邻道干扰、强信号干扰和互调干扰,达到多信道兼容的目的。

(3)频率共用与频率再用技术。频率共用与频率再用是充分有效地利用频谱资源的方法之一,两者在本质上没有严格的区别,都是实现同一频率的重复使用。通常,同一地区(或相邻地区)在不同的业务之间共同使用一个频段(或一个频率)称为频率共用。而频率再用则是指在同一种业务或同一通信系统中,同一地区(或相邻地区)的许多用户使用同一频率。

最小必需的有用信号与干扰信号之比,称为同频干扰保护比。频率共用与频率再用技术的关键是解决同频干扰,使干扰信号小于正常接收的有用信号。满足这个要求时,虽有同频干扰信号存在,但不影响正常接收。

通过限制发射功率、使用窄波束定向天线、采用不同极化、使用自适应抗干扰天线、扩展频谱调制等手段可以满足同频干扰保护比的要求,以实现频率共用与频率再用。

(4)信道复用技术。在一个无线信道上实现多用户同时通信,这种方式称为信道复用。与一对用户占用一个射频信道的方式相比,采用信道复用技术显然大大地提高了频谱利用率。

采用频分复用(FDM)和时分复用(TDM)方法就可以实现信道的多路复用。

(5)扩频通信技术。在码分多址(CDMA)体制中,各站发送的载波包含有两种调制:一种是基带信号(可以是数字的或模拟的)的调制;另一种是地址码的调制。接收时则根据地址码的不同来区分识别地址。用地址码对已调载波进行了再调制,使其频谱宽度比原来大为扩展,这就是扩频通信技术。

1.4 电磁兼容性的实施

实施电磁兼容性的目的是保证系统和设备的电磁兼容性。从总体上看,电子、电气设备或系统的电磁兼容性实施,必须采取技术和组织两方面的措施。技术措施是系统工程方法、电路技术方法、设计和工艺方法的总和，其目的是改善电子、电气设备的性能。采用这些方法是为了降低干扰源产生的干扰电平，增加干扰在传播途径上的衰减，降低敏感设备对干扰的敏感性，等等。组织措施是对各设备和系统进行合理的频谱分配，并选择设备或系统分布的空间位置，还包括制定和采用某些限制和规章。其目的就在于整顿电子、电气设备的工作，以便排除非有意干扰。

在现代电子技术发展的过程中，先后出现过问题解决法、规范法和系统法来实施设备和系统的电磁兼容性。

问题解决法是先行研制，然后根据研制成的设备和系统在联试中出现的电磁干扰问题，运用各种抑制干扰的技术去逐个解决。这是一种落后而冒险的方法，因为系统已经装配好，再去“解决”电磁干扰问题是很困难的。为了解决问题，可能要进行大量的拆卸和修改，甚至还要重新设计。这种方法显然是不可取的。

规范法是按颁布的电磁兼容标准和规范进行设备和系统设计制造。这种方法可以在一定程度上预防电磁干扰问题的出现，较之问题解决法更为合理。但由于标准和规范不可能是针对某个设备和系统而制定的。因此，试图解决的问题不一定是真正存在的问题。

系统法是用计算机技术针对某个特定系统和设备的设计方案进行电磁兼容性预测和分析。系统法从设计开始就预测和分析设备或系统的电磁兼容性，并在设备或系统设计、制造、组装和试验过程中不断对其电磁兼容性进行预测分析。若预测结果表明存在不兼容问题或存在太大的过量设计，则可修改设计后再进行预测，直到预测结果表明完全合理，再进行硬件生产。用这种方法进行系统或设备的设计和研制，基本上可以避免一般出现的电磁干扰问题或过量的电磁兼容性设计。因此，系统法被广泛地应用于现代电子系统或设备的设计和制造之中。

通过利用系统法对系统或设备进行电磁干扰预测与分析之后，还应进行系统的电磁兼容性设计，这与干扰的预测、分析是紧密相连的。最后，还必须进行系统的电磁兼容性试验或测量预以验证。这就是实施电磁兼容性的三大步骤。

1.5 电磁兼容研究的内容

电磁兼容的研究是围绕构成电磁干扰的三要素进行的。其三要素即干扰源、干扰传输途径和干扰接收器。研究干扰产生的机理、干扰源的发射特性以及如何抑制干扰的发射；研究干扰以何种方式、通过什么途径传输的，以及如何切断这些传输通道；研究干扰接收器对干扰产生何种响应以及如何提高接收器的抗干扰能力即敏感度。围绕这些问题可把电磁兼容的研究内容粗略地分为以下几大类。

1. 干扰源的研究

干扰产生的原因包括：各种放电产生的噪声，金属接触面之间产生的噪声，过渡现象即电压电流的瞬时变化产生的噪声，无用信号产生的干扰，信号反射引起的干扰，强电磁辐射源及脉冲产生的干扰，等等。

干扰源通常分为自然干扰源和人为干扰源。自然干扰源是自然界本身产生的，例如主要由雷电引起的大气噪声，由磁暴引起的太阳噪声和来自银河系统的宇宙噪声等，它对无线电通信广播会产生相当大的影响，下雨时发生的雷电还可能直接危害电子设备的安全。人为干扰主要由人们制造的各种电气电子设备产生，这里指的是无意识的干扰，至于为达到某种目的而施放的有意识干扰，例如电子对抗等则不属于电磁兼容的研究领域。

2. 传输途径的研究

干扰主要是通过空间辐射和导线传导方式从干扰源传输到干扰接收器的。当两者间的距离与波长相比较大时，例如研究系统间的兼容问题时，干扰以电磁波的形式传播，因此干扰电波的传播特性也是研究的内容之一。当两者间的距离与波长相比较小时，干扰的传输可看成是近场感应，即电场(电容)耦合或磁场(电感)耦合，主要讨论线与线、机壳与机壳、天线与天线和场与导线、机壳、天线间的耦合问题。

干扰的传导主要讨论通过电源线、控制线、信号线和其他金属体传输的共模干扰和差模干扰，还讨论由于不同设备使用公共电源或公共地线所产生的共阻抗干扰。

3. 干扰接收器的研究

干扰接收器在受到干扰侵入后会降低其性能或产生误动作，甚至危及其安全。该部分主要研究接收器对干扰的响应以及与抗干扰能力有关的指标。接收器的规模根据研究层次不同可以是系统、分系统、设备、印刷电路板和各种元器件。研究对象涉及通信、导航、雷达、广播、电视、信息处理、遥控遥测、自动控制等很多领域中的电磁敏感设备。此外，人体也是一种干扰接收器，电磁辐射对人体的生态敏感是电磁兼容性的重要研究内容之一。强电磁辐射引起燃油燃烧、武器弹药的爆炸等也在研究之列。

应该指出的是，所有发射电磁能量的设备在一定的条件下都可以成为干扰源，有时它们也可能是干扰接收器。

4. 电磁干扰抑制技术的研究

屏蔽、滤波、接地是三项最基本的干扰抑制技术。

(1)屏蔽主要用于切断通过空间辐射的干扰的传输途径，根据其性质可分为电场屏蔽、磁场屏蔽和电磁屏蔽。屏蔽体可能很小，如元件的屏蔽壳；也可能很大，例如屏蔽室。衡量屏蔽的好坏，采用屏蔽效能这一指标。屏蔽问题主要研究各种材料(如金属和磁性材料)、各种结构(如多层、单层、孔缝等)及各种形状的屏蔽体的屏蔽效能以及屏蔽体的设计。

(2)滤波技术用来抑制沿导线传输的传导干扰。该技术主要研究滤波电路的设计和装置的设计。

(3)接地除了提供设备的安全保护地以外，还提供了设备运行必需的信号参考地。该技术主要研究如何正确地布置地线以及接地体的设计等。搭接是实现接地的实际技术，如何减小搭接电阻也是接地需要研究的问题之一。

屏蔽、接地和滤波主要用来切断干扰的传输途径。从广义上看电磁干扰的抑制还应包括抑制干扰源的发射和提高敏感器的抗干扰能力。但由于干扰源和敏感器种类繁多，功能不同，其控制技术已延伸到其他学科领域。

5. 测试技术的研究

对电磁兼容性测试的研究是非常重要的，它贯穿于电磁兼容性实施的各种阶段，主要对测试方法、测试仪器设备和测试场所进行研究。

测试方法包括干扰源的辐射发射和传导发射特性的测试，干扰接收器的辐射敏感度和传导敏感度的测试。由于干扰源和接收器种类繁多，用途不一，有军用的、民用的，所占频带很宽，从几赫兹到几十吉赫兹，所以对测试方法必须分频段并根据用途归类进行研究。

电磁兼容性测试使用的专门仪器通常有干扰场强测试仪、带预选器准峰值适配器的频谱分析仪、数字或模拟存储示波器等，用于进行干扰的频域和时域测量。由于绝大部分人为干扰都是脉冲性的宽带干扰，所以要求这些仪器具有良好的脉冲响应。与这些仪器配合使用的专用设备有各种天线、各种探头、功率吸收钳、人工电源网络、各种干扰脉冲模拟器等。这些仪器设备的研制、开发使用和自动测试网络的组建等是研究的主要内容。

电磁兼容性测试应该在规定的场所进行，例如室外开阔场地、屏蔽室、屏蔽半暗室、混响室、横电波小室(TEM CELL)、角锥型横电波小室(CTEM CELL)。要了解场所对测量结果的影响必须研究场所的特性，例如研究开阔场的传输衰减、屏蔽室中的谐振模、屏蔽半暗室的静区、横电磁波小室内场的分布等。

1.6　电磁兼容系统常用的单位——分贝

1. 声音中的音量单位

分贝(decibel)dB 最初用于表示声音的响度，声音其实是经媒介传递的快速压力变化。当声音在空气中传递时，大气压力会循环变化。每一秒内压力变化的次数叫作频率，量度单位是赫[兹](Hz)，其定义为每秒的周期数目。频率越高，声音的音调越高。响亮度是声音或噪声的另一个特性。强的噪声通常有较大的压力变化，弱的噪声压力变化则较小。压力和压力变化的量度单位为帕[斯卡](Pa)。其定义为牛/平方米(N/m^2)。人类的耳朵能感应声压的范围很大。正常的人耳能够听到最微弱的声音叫作听觉阈，为 20 个微帕 (μPa)的压力变化，即 20×10^{-6} Pa。另一方面，非常噪吵的情况能产生很大的压力变化，如一架太空穿梭机在发出最大马力时能在近距离产生大约 2 000 Pa的噪声。

显然，如用帕来表达声音或噪声会颇为不便。较简单的做法是用一个以 10 为底的对数标度(logarithmic scale)来表达声音或噪声的响亮度，故使用分贝这个标度。该标度以听觉阈 20 μPa作为参考声压值，并定义这声压水平为 0 dB。

日常生活和工作中离不开自然计数法，但在一些自然科学和工程计算中，对物理量的描述往往采用对数计数法。从本质上讲，在这些场合用对数形式描述物理量是因为它们符合人的心理感受特性。这是因为，在一定的刺激范围内，当物理刺激量呈指数变化时，人们的心理感受是呈线性变化的。它揭示了人的感官对宽广范围刺激的适应性和对微弱刺激的精细分辨，好像人的感受器官是一个对数转换装置一样。例如两倍频的声音可以感受一个八度音程，而一个十二平均律的小二度正好是八度音程的对数的 1/12。

用对数标度来表达声音和噪声还有另一优点：人类的听觉反应是基于声音的相对变化而

非绝对的变化。对数标度正好能模仿人类耳朵对声音的反应。

现实生活中我们经常会同时遇到几个声音。如果一个声音与另一个声音结合时，会产生什么结果呢？我们都知道60个苹果加60个苹果，等于120个苹果。但是，这种方法并不适用于以dB来表示的声音。

分贝是音量的单位，分贝数越大表示所发出的声音越大，分贝在计算上是每增加10 dB，则声音大小约是原来的10倍。

2. 通信系统传输单位

采用对数描述的物理量，一是用较小的数描述了较大的动态范围，特别有利于作图的情况。它也把某些非线性变化的量转换成线性量。例如频率从0 Hz到1 Hz的差别可比1 000～1 001 Hz差别大得多。当然频率的对数单位不是以dB而是以倍频程表示。另一个好处是把某些乘、除运算变成了加、减运算，如计算多级电路的增益，只须求各级增益的代数和，而不必将各级的放大/衰减倍数相乘。零和小于零的负数是没有对数的，只有大于零的正数才能取对数，这样一来，最初的物理量经过对数转换后，原来的功率、幅度、倍数等这些非负数性质的量，它们的值域便扩展到了整个实数范围。这并不意味着它们本身变负了，而只是说明它们与给定的基准值相比，是大于基准值还是小于基准值，小于则用负对数表示，若大于则用正对数表示。

分贝的计算很简单，对于振幅类物理量，如电压、电流强度等，将测量值与基准值相比后求常用对数再乘以20；对于它们的二次方项的物理量如功率，取对数后乘以10就行了；不管是振幅还是功率，变成分贝后它们的量级是一致的，可以直接进行比较、计算。

在电信技术中一般都是选择某一特定的功率为基准，取另一个信号相对于这一基准的比值的对数来表示信号功率传输变化情况，经常是取以10为底的常用对数和以e=2.718为底的自然对数来表示。其所取的相应单位分别为贝尔(B)和奈培(Np)。贝尔(B)和奈培(Np)都是没有量纲的对数计量单位。分贝(dB)的英文为decibel，1/10(它的词冠来源于拉丁文decimus，意思是十分之一)分贝一词于1924年首先被应用到电话工程中。

在1926年国际长途电话咨询委员会召开的第一次全体会议上，讨论并通过了使用传输单位的建议，贝尔和奈培正式在通信领域中普遍使用。分贝的代号也有过多种形式：DB，Db，db，dB。1968年国际电报电话咨询委员会(CCITT)第四次全会考虑到在通信领域里同时使用两种传输单位非常不方便，而当时无线电领域中却只使用着一种传输单位dB，因此全会规定在国际上只使用分贝一种传输单位，并统一书写为dB。

我国在1980年以前，无线电领域多使用dB，载波电话、电报等多使用Np，测量海拔高低的基准点是位于青岛的黄海水准点，测量温度高低的基准点是纯水在一个大气压时的结冰点，测量电信号(功率、电压、电流)的基准点是人为选择的特定基准，这个基准暂且把它叫做“零电平”。这个特定的功率基准就是取1 mW功率作为基准值，这里要特别强调的是，这1 mW基准值是在600 Ω的纯电阻上耗散1 mW功率，此时电阻上的电压有效值为0.707 V，所流过的电流为1.291 mA。取作基准值的1 mW，0.707 V，1.291 mA分别称为零电平功率，零电平电压和零电平电流(我们国家不采用电流电平测量基准)。

(1)功率电平。利用功率关系所确定的电平可以称为功率电平(需要计量的功率值和功率为1 mW的零电平功率比较)，用数学表达式描述就是：

$$P_{dBm} = 10\ \lg(P_{mW}/1) \tag{1.1}$$

式中，P_{dBm} 表示以 1 mW 为基准的功率电平的分贝值；P_{mW} 代表需要计量的绝对功率值，单位为 mW。

如果以 1 W 作为基准参考量，此时是以带有功率量纲的分贝 dBW 表示 P，所以

$$P_{dBW} = 10\ \lg \frac{P_w}{1\ \text{W}} = 10\ \lg P_w \tag{1.2}$$

式中，P_w 是实际功率的绝对值，以 W 为单位；P_{dBW} 是用 dBW 表示的功率值。

类似地，以 1 μW 作为基准参考量，表示 0 dBμW，称为分贝微瓦。dBW，dBmW，dBμW 的换算关系为

$$P_{dBmW} = 10\ \lg P_{mW} = 10\ \lg P_w + 30 \tag{1.3}$$

$$P_{dB\mu W} = 10\ \lg P_{\mu W} = 10\ \lg P_{mW} + 30 = 10\ \lg P_W + 60 \tag{1.4}$$

(2) 电压电平。电压的单位有 V(伏)、mV(毫伏)、μV(微伏)，电压的分贝单位(dBV，dBmV，dBμV) 表示为

$$U_{dBV} = 20\ \lg \frac{U_V}{1\ \text{V}} = 20\ \lg U_V \tag{1.5}$$

$$U_{dBmV} = 20\ \lg \frac{U_{mV}}{1\ \text{mV}} = 20\ \lg U_{mV} \tag{1.6}$$

$$U_{dB\mu V} = 20\ \lg \frac{U_{\mu V}}{1\ \mu\text{V}} = 20\ \lg U_{\mu V} \tag{1.7}$$

电压以 V，mV，μV 为单位和以 dBV，dBmV，dBμV 为单位的换算关系为

$$U_{dBmV} = 20\ \lg \frac{U_V}{10^{-3}\ \text{V}} = 20\ \lg U_V + 60 \tag{1.8}$$

$$U_{dB\mu V} = 20\ \lg \frac{U_V}{10^{-6}\ \text{V}} = 20\ \lg U_V + 120 = 20\ \lg U_{mV} + 60 \tag{1.9}$$

(3) 电流电平。电流的单位是 A(安)、mA(毫安)、μA(微安)，电流的分贝单位(dBA，dBmA，dBμA) 表示为

$$I_{dBA} = 20\ \lg \frac{I_A}{1\ \text{A}} = 20\ \lg I_A \tag{1.10}$$

$$I_{dBmA} = 20\ \lg \frac{I_A}{1\ \text{mA}} = 20\ \lg I_{mA} \tag{1.11}$$

$$I_{dB\mu A} = 20\ \lg \frac{I_{\mu A}}{1\ \mu\text{A}} = 20\ \lg I_{\mu A} \tag{1.12}$$

电流以 A，mA，μA 为单位和以 dBA，dBmA，dBμA 为单位的换算关系为

$$I_{dBmA} = 20\ \lg \frac{I_A}{10^{-3}\ \text{A}} = 20\ \lg I_A + 60 \tag{1.13}$$

$$I_{dB\mu A} = 20\ \lg \frac{I_A}{10^{-6}\ \text{A}} = 20\ \lg I_A + 120 = 20\ \lg U_{mA} + 60 \tag{1.14}$$

(4) 电场强度。电场强度的单位是伏 / 米(V/m)，毫伏 / 米(mV/m)，微伏 / 米(μV/m)，电场强度的分贝单位为 dBV/m，dBmV/m，dBμV/m。

$$E_{dB(\mu V/m)} = 20\ \lg \frac{E_{\mu V/m}}{1\ \mu\text{V/m}} = 20\ \lg E_{\mu V/m} \tag{1.15}$$

因为

$$1\ \text{V/m}=10^{3}\ \text{mV/m}=10^{-6}\ \mu\text{V/m}$$

所以有

$$1\ \text{V/m}=0\ \text{dBV/m}=60\ \text{dBmV/m}=120\ \text{dB}\mu\text{V/m} \tag{1.16}$$

(5) 磁场强度。磁场强度的分贝 dBA/m 是以 1 A/m 为基准的磁场强度的分贝数，同理可定义 dBmA/m 和 dBA/m 等，有些标准如在 GJB 151—86 中，用的是磁通密度的单位，考虑到

$$B=\mu H \tag{1.17}$$

式中

$$\mu=4\pi\times10^{-7}\ \text{H/m}$$

所以在数量上有如下关系：

$$B_{\text{dBT}}=H_{\text{dBA/m}}-118\ \text{dB} \tag{1.18}$$

因为

$$1\ \text{T(特拉斯)}=10^{12}\ \text{pT}$$

则 0 dBT = 240 dBPT，因此

$$B_{\text{dBPT}}=H_{\text{dBT}}+240\ \text{dB} \tag{1.19}$$

$$B_{\text{dBPT}}=H_{\text{dBA/m}}+122\ \text{dB} \tag{1.20}$$

(6) 功率密度。功率密度的基本单位 W/m^2，常用单位为 mW/cm^2 或 $\mu\text{W/cm}^2$。它们之间的关系是：

$$S_{\text{W/m}^2}=0.1S_{\text{mV/cm}^2}=0.01S_{\mu\text{W/cm}^2}$$

采用分贝表示时，有：

$$S_{\text{dB(W/m}^2)}=S_{\text{dB(mW/cm}^2)}-10\ \text{dB}=S_{\text{dB(}\mu\text{W/cm}^2)}-20\ \text{dB} \tag{1.21}$$

(7)电磁干扰(EMI)度量单位。电磁干扰(EMI)度量单位分为宽带和窄带两种情况，宽带 EMI 测量单位是将上述规定的分贝单位再归一化到单位带宽即可得出。例如，dBmV/kHz 为归一化到每 1 kHz 带宽内的以 1 mV 为基准的电压分贝数。而窄带 EMI 测量单位就是上述规定的分贝单位。

表 1.1 列出了电磁发射和敏感度极限值的单位。

表 1.1　电磁发射和敏感度极限值的单位

频带 / 干扰	窄　带	宽　带
传导发射	dBV，dBmV，dBμV 等 dBA，dBmA，dBμA 等	dBV/kHz，dBmV/MHz 等 dBA/kHz，dBmA/MHz 等
传导敏感度	dBV，dBmV，dBμV 等	dBV/kHz，dBmV/MHz 等
辐射发射	dBV/m，dBT 等	dBV/(MHz 或 kHz)等 dBmV/kHz 等
辐射敏感度	dBV/m，dBT 等	dBV/(MHz 或 kHz)等 dBmV/MHz 等

1.7　电磁兼容中的常用元件

1. 共模电感

由于EMC所面临解决的问题大多是共模干扰，因此共模电感是常用的元件之一。它是一个以铁氧体为磁芯的共模干扰抑制器件，它由两个尺寸相同、匝数相同的线圈对称地绕制在同一个铁氧体环形磁芯上，形成一个四端器件。它对于共模信号呈现出的大电感具有抑制作用，而对于差模信号呈现出的很小的漏电感几乎不起作用。其原理是流过共模电流时磁环中的磁通相互叠加，从而具有相当大的电感量，对共模电流起到抑制作用，而当两线圈流过差模电流时，磁环中的磁通相互抵消，几乎没有电感量，所以差模电流可以无衰减地通过。因此共模电感在平衡线路中能有效地抑制共模干扰信号，而对线路正常传输的差模信号无影响。

共模电感在制作时应满足以下要求：

(1)绕制在线圈磁芯上的导线要相互绝缘，以保证在瞬时过电压作用下线圈的匝间不发生击穿短路。

(2)当线圈流过瞬时大电流时，磁芯不要出现饱和。

(3)线圈中的磁芯应与线圈绝缘，以防止在瞬时过电压作用下两者之间发生击穿。

(4)线圈应尽可能绕制单层，这样做可减小线圈的寄生电容，增强线圈对瞬时过电压的耐受能力。

通常情况下，对于所需滤波的频段，共模阻抗越大越好，因此在选择共模电感时需要看器件资料，主要根据阻抗频率曲线选择。另外选择时注意考虑差模阻抗对信号的影响，主要关注差模阻抗，特别注意高速端口。

2. 磁珠

铁氧体材料是铁镁合金或铁镍合金，这种材料具有很高的导磁率，铁氧体材料通常在高频情况下应用，因为在低频时它们主要呈电感特性，使得线上的损耗很小。在高频情况下，它们主要呈电抗特性并且随频率改变。实际应用中，铁氧体材料是作为射频电路的高频衰减器使用的。实际上，铁氧体较好地等效于电阻以及电感的并联，低频时电阻被电感短路，高频时电感阻抗变得相当高，以便于电流全部通过电阻。铁氧体是一个消耗装置，高频能量在上面转化为热能，这是由它的电阻特性决定的。铁氧体磁珠与普通的电感相比具有更好的高频滤波特性。铁氧体在高频时呈现电阻性，相当于品质因数很低的电感器，所以能在相当宽的频率范围内保持较高的阻抗，从而提高高频滤波效能。在低频段，阻抗由电感的感抗构成，低频时电阻很小，磁芯的磁导率较高，因此电感量较大，电感起主要作用，电磁干扰被反射而受到抑制；并且这时磁芯的损耗较小，整个器件是一个低损耗、高 Q 特性的电感，这种电感容易造成谐振。因此在低频段，有时可能出现使用铁氧体磁珠后干扰增强的现象。在高频段，阻抗由电阻成分构成，随着频率升高，磁芯的磁导率降低，导致电感的电感量减小，感抗成分减小。但是，这时磁芯的损耗增加，电阻成分增加，导致总的阻抗增加，当高频信号通过铁氧体时，电磁干扰被吸收并转换成热能的形式耗散掉。

铁氧体抑制元件广泛应用于印制电路板、电源线和数据线上。如在印制板的电源线入口端加上铁氧体抑制元件,就可以滤除高频干扰。铁氧体磁环或磁珠专用于抑制信号线、电源线上的高频干扰和尖峰干扰,它也具有吸收静电放电脉冲干扰的能力。

使用片式磁珠还是片式电感主要还在于实际应用场合。在谐振电路中需要使用片式电感,而需要消除不需要的 EMI 噪声时,使用片式磁珠是最佳的选择。片式电感主要用于射频(RF)和无线通信、信息技术设备、雷达检波器、汽车电子、蜂窝电话、寻呼机、音频设备、PDAs(个人数字助理)、无线遥控系统以及低压供电模块等。片式磁珠主要用于时钟发生电路、模拟电路和数字电路之间的滤波、I/O 输入/输出内部连接器(比如串口、并口、键盘、鼠标、长途电信、本地局域网)、射频(RF)电路和易受干扰的逻辑设备之间、供电电路中滤除高频传导干扰、计算机、打印机、录像机(VCRS)、电视系统和手提电话中的 EMI 噪声抑止。

磁珠的单位是欧[姆],因为磁珠的单位是按照它在某一频率产生的阻抗来标称的,阻抗的单位也是欧[姆]。磁珠的数据表上一般会提供频率和阻抗的特性曲线图,一般以 100 MHz 为标准,比如在 100 MHz 频率的时候磁珠的阻抗相当于 1 000 Ω。对于所要滤波的频段需要选取磁珠阻抗越大越好,通常情况下选取 600 Ω 以上的阻抗。另外,选择磁珠时需要注意磁珠的通流量,一般需要降额 80%处理,用在电源电路时要考虑直流阻抗对压降的影响。

3. 滤波电容器

尽管从滤除高频噪声的角度看,电容的谐振是不希望的,但是电容的谐振并不是总是有害的。当要滤除的噪声频率确定时,可以通过调整电容的容量,使谐振点刚好落在骚扰频率上。在实际工程中,要滤除的电磁噪声频率往往高达数百兆赫[兹],甚至超过 1 GHz。对这样高频的电磁噪声必须使用穿心电容才能有效地滤除。普通电容之所以不能有效地滤除高频噪声,是因为两个原因。一个原因是电容引线电感造成电容谐振,对高频信号呈现较大的阻抗,削弱了对高频信号的旁路作用;另一个原因是导线之间的寄生电容降低了滤波效果。

穿心电容之所以能有效地滤除高频噪声,是因为穿心电容不仅没有引线电感造成电容谐振频率过低,而且穿心电容可以直接安装在金属面板上,利用金属面板起到高频隔离的作用。但是在使用穿心电容时,要注意的问题是安装问题。穿心电容最大的弱点是怕高温和温度冲击,这在将穿心电容往金属面板上焊接时造成很大困难。许多电容在焊接过程中发生损坏。特别是当需要将大量的穿心电容安装在面板上时,只要有一个损坏,就很难修复,因为在将损坏的电容拆下时,会造成邻近其他电容的损坏。

随着电子设备复杂程度的提高,设备内部强、弱电混合安装,数字、逻辑电路混合安装的情况越来越多,电路模块之间的相互骚扰成为严重的问题。解决这种电路模块相互骚扰的方法之一是用金属隔离舱将不同性质的电路隔离开。但是所有穿过隔离舱的导线要通过穿心电容,否则会造成隔离失效。当不同电路模块之间有大量的联线时,在隔离舱上安装大量的穿心电容是十分困难的事情。为了解决这个问题,国外许多厂商开发了"滤波阵列板",这是用特殊工艺事先将穿心电容焊接在一块金属板构成的器件上。使用滤波阵列板能够轻而易举地解决大量导线穿过金属面板的问题。

1.8　电磁兼容的发展趋势

电磁兼容以及由此发展的方法、技术、理论、仪器设备、管理系统以及试验环境等的研究一直是人们关注的热点，电磁兼容从最初发展到今天，已经成为一门综合性的新型学科，电磁兼容问题已经随同电磁能的广泛应用一起深入到人类科学技术、生产、军事、生活的各个领域。应该说，目前人类享受到的高科技带给人们的各种效益，是同人类几十年来在电磁兼容方面的研究所进行的努力密不可分的。目前，许多电磁干扰问题仍在困扰、制约着人们的生产和生活，随着电子技术的迅猛发展，电磁兼容性问题将越来越严重，越来越复杂，越来越得到人们的重视和研究。在今后的发展中，主要有以下几个重要的发展趋势：

(1)设备或系统数据采集自动化。数据主要指在试验、鉴定、测量设备等方面获得的数据，以前是表征单项电磁干扰参数。今后将向集成化参数发展，也就是用多种传感测量手段搜集、整理和处理这些数据，使测量系统在不断完善的修改过程中进一步自动化，使该系统能够快速测定、多参数处理。

(2)设备与系统评价技术的发展。由于电磁兼容技术是多维考虑、多样分析、多方位设置、多参数处理以及多机或多系统联合设计，所以不可能单以某一参数的好坏、某一性能指标的优劣来评价电磁兼容性。当然像敏感度、易损性等参数则带有综合性能的内涵。

现在的大脉冲评价技术有：① 利用电路模型和模拟进行工程分析；② 系统和分系统电浸硬化的直接驱动技术；③ 可测定电缆/电线系统影响的电磁脉冲模拟设备三域图解方法。在这三个评估技术中，系统电平试验是电磁脉冲易损性的关键因素。评价技术与试验技术密切相关，而试验技术的重要方法就是模拟，通过对电磁环境的现场模拟或设定模拟会获得重要数据。

(3)设计程序化与自动化。进行系统的电磁兼容性设计是一个复杂的过程，且其设计又必须依附于电子设备或系统本身的功能任务。当对电磁环境、电磁干扰、干扰控制系统研究达到相当水平时，就可逐步实现设计程序化和自动化。

(4)电磁兼容性与电子对抗相互促进和发展。广义地说，电磁兼容性是从避开电磁干扰的心理在技术研究上的反映；而电子对抗是对抗电磁干扰与截获电磁信号的心理在技术上的反映。两者在技术上、理论上都有相互借鉴的可能性，从而促进对电磁环境认识的深化。

(5)电磁兼容教育的不断加强。电磁兼容是涉及多种学科的边缘科学，目前已经发展成为一门独立的学科。但电磁兼容教育还跟不上需要，世界各国包括工业发达的国家普遍感到电磁兼容专业人员不足。很多国家都在电子电气工程系的本科生、研究生中开设电磁兼容性课程。

(6)其他新技术的发展必将促进电磁兼容的发展。随着科学技术的不断发展，各种新技术的发展和应用将会对电磁兼容提出新的挑战。例如，先进材料特别是合成材料和聚合材料，由于其重量轻、易装配，正普遍应用于家用电器和电子设备上，但在缝隙和接口处很难维持良好的电联系，降低了屏蔽效能。用合成材料代替铝作飞机外壳，由于其导电能力较差，在遭受雷击时损坏严重。先进的半导体器件一方面增加了元件的密度，另一方面加快了运行的速度，并且实行低能量驱动，这都可能带来新的电磁兼容问题。

生物工艺学、医学设备和诊断学的发展有可能使人们对电磁场影响人体的机理获得更好的解释，一旦了解了电磁场的频率、功率等与生态效应的关系，就可以更安全有效地利用电磁能量。

习 题 1

1. 什么是电磁兼容和电磁兼容性？
2. 电磁干扰的危害有哪些？
3. 电磁兼容研究的内容有哪些？
4. 将 40W 绝对功率值转换为用 dBW 表示的功率值。
5. 0 dBW 相当于多少 dBm？
6. 将 8 mV 电压值转换为用 dBμV 表示的电压值。
7. 举例说明电磁兼容在军事和日常生活中还有哪些应用。

第 2 章　电磁干扰源

电磁干扰源是产生电磁干扰的三大要素之一，通常把它分成若干类。按干扰源的来源可分为自然干扰源和人为干扰源；按电磁耦合途径可分为传导干扰源和辐射干扰源；按传输的频带可分为窄带干扰源和宽带干扰源；按干扰波型可分为连续波、周期脉冲波和非周期脉冲波。

本章按干扰源的来源对自然干扰源和人为干扰源分别进行介绍。

2.1　自然干扰源

自然干扰源主要有两类：大气干扰和宇宙干扰。

大气干扰主要是由夏季本地雷电和冬季热带地区雷电产生的。全世界平均每秒钟发生 100 次左右的雷电。雷电是一连串的干扰脉冲，它从极低频（ELF）至 50 MHz 都有能量分布，主要能量分布在 100 kHz 左右，高频分量随 $1/f^2$ 衰减。

除了雷电引起的大气干扰外，沙暴和尘暴也属于大气干扰的类型，带电尘粒与导电表面或介质表面相撞后，交换电荷形成电晕放电。

宇宙干扰包括太空背景噪声、太阳无线电噪声以及月亮、木星等发射的无线电噪声。太空背景噪声是由电离层和各种射线组成的，在 20～500 MHz 的频率范围内，宇宙噪声的影响相当大。这些噪声会使航天飞行器产生一些随机失效或异常现象，还可能造成通信和遥测中断。

太阳无线电噪声随着太阳的活动，特别是黑子的发生而显著增加。另外，太阳雀斑也是太阳噪声源的重要形式。1981 年 5 月，南京紫金山天文台观察到两次奇异的三级双带雀斑，当雀斑发展到极大时，导致全球无线电通信中断两个小时。

2.2　人为干扰源

一般情况下，人为电磁干扰源比自然干扰源发射的强度大，对电磁环境的影响严重。人为干扰源包括了一个很大的范围的电子设备和系统，从我们熟悉的电视接收机到尖端的通信系统。人为干扰源可以分为两类：一类是非功能性干扰源，如电源线、电力线、旋转机械、点火系统等；另一类是功能性干扰源，如雷达、通信设施及其辅助设备。

1. 电力线干扰源

电力线是潜在的辐射电磁干扰源，它的干扰通常是随机的，并包含低电平和高电平的各种干扰源。例如，电力传输线上的阻抗不连续点，分布变压器，开关和功率因数校正装置等就是低电平干扰源；而高电平干扰源则包括负载短路，雷电放电感应等。这些高、低电平干扰源将脉冲形式的干扰馈入电力线，并经电力线以辐射和传导的方式传输到与电力线连接或在电力线附近的电子设备。高压电力线的电晕放电是一种准随机的高电平干扰源，这在雨天或潮湿天气中尤为严重。

电力线的干扰辐射效应通常局限在电力线附近的区域；辐射的分量与频率成反比。电力线上的干扰可以传导方式传输至更远距离。传导的电力线干扰与传输线的衰减特性有关，并在低中频率范围内尤为严重，只有在与干扰源邻近的地方，传导干扰的高频分量才较为突出。

2. 电源线传导干扰源

当许多设备公用一个电源时，相互之间是很容易干扰的，称为电源线传导干扰，它与电力线干扰有一定的区别。例如，一台计算机和大功率设备共用电源时，当启动或关闭大功率设备时，会在电源线上产生尖峰脉冲，这种脉冲极可能使计算机出错甚至损坏。电源线本来一般只是输送 50 Hz 交流电的，但是由于连接设备的电磁干扰，往往使电源线上的电流很不纯净。图 2.1 示出了在 10 所医院测得的交流电源线上的传导干扰值。

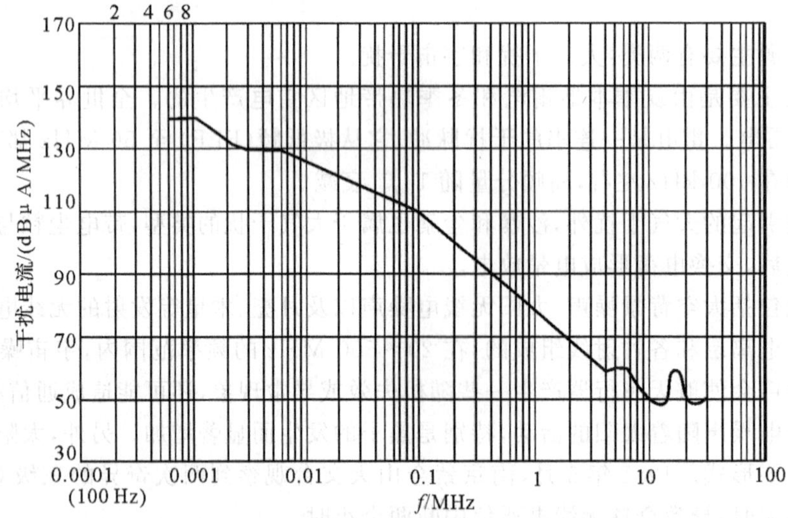

图 2.1　在 10 所医院测得的交流电源线上的传导干扰

由电源线产生的传导干扰，最严重的干扰源是转换开关、继电器、发电机和电动机等装置。图 2.2～图 2.4 示出了开关、继电器通断时的干扰波形和测得的干扰电平。

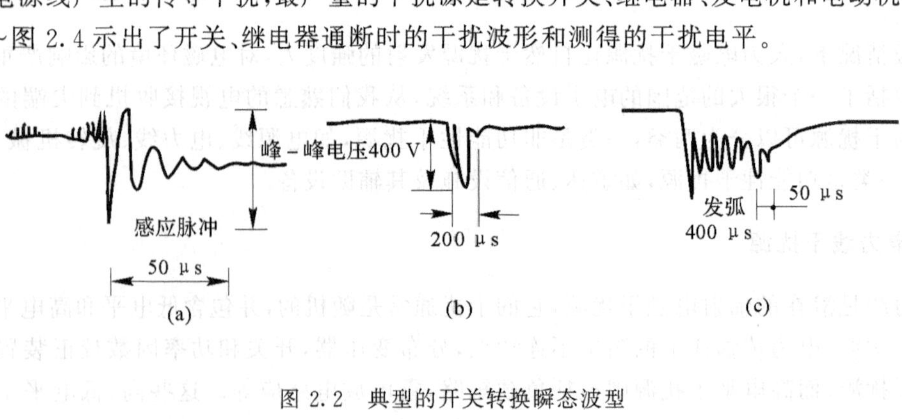

图 2.2　典型的开关转换瞬态波型

(a) 乒乓开关所产生的电磁干扰；(b) 电子开关所产生的电磁干扰；(c) 六级继电器断开时的电磁干扰

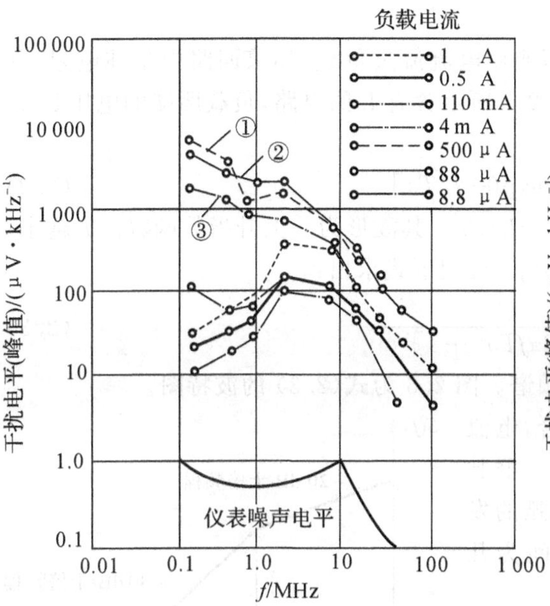

图 2.3　继电器触点闭合时的传导干扰

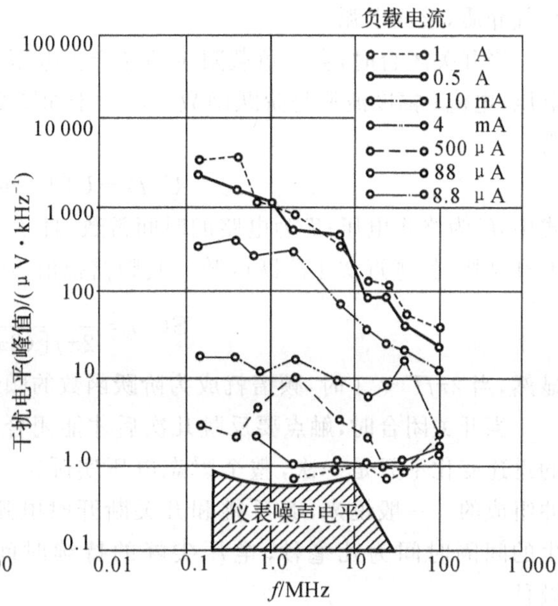

图 2.4　继电器触点断开时的传导干扰

由于开关、继电器的工作是瞬态的，所以它们产生的干扰也是瞬态的。这种干扰对数字电路的危害是相当严重的，它能使数字化设备产生假触发、假判断、逻辑或循环出错。

(1)开关。任何开关装置，在断开和闭合时都产生瞬变，在正常工作期间会出现电弧。这是因为在电路中电流的中断包括两个过程：被高度电离后导电的气体介质——电弧，代替了部分金属线路，然后该电弧对被置于强烈的反电离作用影响之下；当储存电路电感中的能量被消耗掉，电压下降到不能维持电弧时，电弧熄灭。如图 2.5(a)所示，其简化的开关转换电路示于图 2.5(b)中。图 Z_S 表示源阻抗，Z_L 表示负载阻抗，电源电压为 U_S。

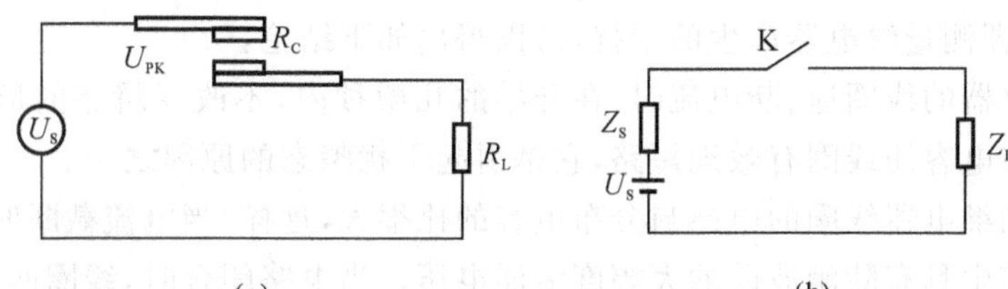

图 2.5　开关触点断开示意

当开关断开时，电流迅速从一定值减小到零，由于 di/dt 很大，电路电感两端产生幅值很高的瞬时电压脉冲。此高电压使开关触点间形成电弧，从而使电流继续流动。若触点断开时，接触电导 $1/R_C$(R_C 为触点电阻) 在时间 T 内线性地减少到零，则触点两端的峰值电压 U_{PK} 为

$$U_{PK} = U/[1 - L/(R_C T)] \tag{2.1}$$

式中　T—— 触点转换时间；

L—— 回路电感。

对典型电路来说，T 大于且近似等于 L/R_C，所以 U_{PK} 可能比 U 大得多。从而击穿触点间

空气介质,形成电弧。

当开关闭合时,会在负载阻抗两端产生电压或使电流流过负载,如果回路中是纯电阻,其电压(电流)幅度波形是阶跃函数。而对于如图 2.5 所示含有 L 的电路,负载两端的电压 $U(t)$ 为

$$U(t)=U[1-\exp(-t/T)] \tag{2.2}$$

式中,U 为终止电压;T 为电路的时间常数,且 $T=L/R_C$。其波形为一上升指数函数。T 越小,上升越快,就越近似于阶跃函数。其频谱幅值 $S(f)$ 可用下式求出:

$$S(f)=\frac{U}{2\pi f[(2\pi fT)^2+1]^{1/2}} \tag{2.3}$$

显然,当 $2\pi fT \ll 1$ 时,频谱就成为阶跃函数的频谱。图 2.6 为式(2.3) 的波特图。

当开关闭合时,触点要反跳几次后才能闭合,电流的迅速变化不只是一次,整个瞬态电压实际是一群脉冲组成的。一般说来,其反跳和开关断开时电弧的发生的间隔时间为几毫秒,电压尖峰的持续时间为几微秒。

(2) 继电器。继电器是在自动控制中用得很多的一种开关器件。它是一种回路中有线圈电感的触点开关,因此,上面的分析在这里完全适用。

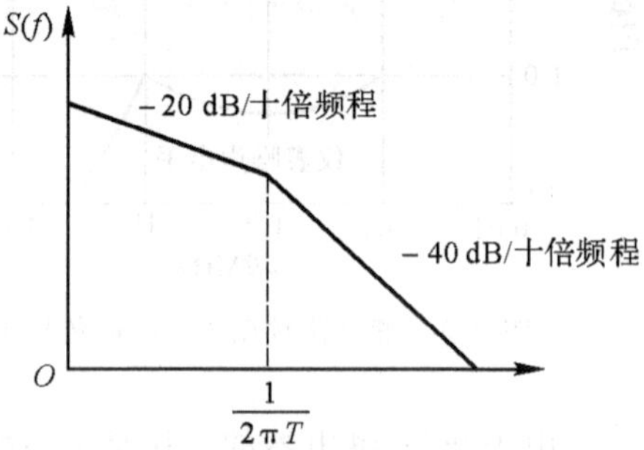

图 2.6 式(2.3) 的幅频特性

通常假定,在所考虑的时间内,回路的电感不变。因此,穿过电感回路的电流,在理论上不能突变,所以在实际上甚至不能接近突变。在系统或设备中,开关控制着一个或多个回路的复合电感的通、断。每一次通、断都伴随着迅速的电流浪涌以及高压浪涌,实际上发生过几百伏的浪涌电压。假定回路中电容器两端的电压不能突变,但这仅当连接到一个节点的总电容保持不变时是正确的。而当电容接入电路或从电路断开时,电容两端以及接到此节点的其他元件两端的电压会发生变化,不能突变的是在一个节点上的总电荷。

用高速示波器测量继电器产生的干扰,可以得出如下结论:

第一,当继电器的线圈通、断电流时,在开始的几微秒内,不改变瞬态的形式。这表明,在此短间隔内,分布电容使线圈有效地短路,它是引起干扰瞬态的原因之一。

第二,典型的继电器线圈的电感与分布电容的比很大,这样,当电流截断时,继电器线圈周围的磁场消失,产生具有陡峭波前的大幅度浪涌电压。当电路闭合时,线圈两端的电压很快上升到供电电压的7/10;而当电路断开时,大约在3 μs 内,电压上升到近似为电源电压的100倍,然后按线圈电感、分布电容和电阻所决定的速率下降到零。特别要指出,继电器的浪涌电压具有陡峭的波前,它能对大范围内调谐的接收机产生强烈冲击和激励。

第三,除了水银开关以外,触点开关均呈现机械弹性震颤。当开关闭合时,它引起电流的重复闭合和断开,这时所产生的瞬态,比起断开时所产生的瞬态具有更长的持续时间,而且干扰也更严重。

第四,除了机械弹性的瞬变之外,还产生电路的迅速闭合与中断。这种瞬变具有更快的速率,其波形也比较陡峭,对邻近的电子电路会产生无线电干扰。

从图 2.3 中可以看出,继电器线圈电路闭合时,除电流很小外,传导干扰电平与电流强度

成正比。当电流较大时(图中 ①②③ 曲线)，频谱曲线随频率上升，有可能是触点电路的负载电阻增大使电路电感的阻尼减少引起的。而图 2.4 是继电器断开时产生的传导干扰频谱图。

表 2.1 列出了各种用途的继电器和电磁线圈控制的元器件的干扰频率范围。

表 2.1　电磁开关的电磁干扰频率范围

开关类型	电磁干扰频率范围	干扰形式
电源自锁继电器	15 kHz ～ 400 MHz	辐　射
	1 ～ 25 MHz	传导(线圈电路)
	30 kHz ～ 25 MHz	传导(触点电路)
转换继电器	130 kHz ～ 60 MHz	辐　射
	600 kHz ～ 12 MHz	振荡，传导(线圈电路)
	87 ～ 150 kHz	振荡，传导(线圈电路)
电磁阀	1 ～ 8 kHz	传　导
电源接触器	150 kHz ～ 25 MHz	传　导
线圈控制的同轴开关	150 kHz 振荡	传导(线圈线路)

3. 点火系统干扰源

发动机点火是最强的宽带干扰源之一。产生干扰最主要的原因仍是电流的突变和电弧现象。点火时产生波形前沿陡峭的火花电流脉冲群和电弧，火花电流峰值可达几千安，并且具有振荡性质，振荡频率为 20 kHz～1 MHz，其频谱包括基波及其谐波，一直延伸到 X 波段。点火噪声干扰场对环境影响很大，下面以机动车辆点火噪声为例加以说明。

机动车辆点火噪声在 100 MHz 以下时，往往是垂直极化的，其电平服从正态分布，干扰最强的频段在 10 ～ 100 MHz。机动车辆点火系统噪声的数学模型为

$$L_E = 34 + 10\lg B - 17\lg C - 20\lg R - 10\lg F \tag{2.4}$$

式中 L_E—— 中值场强，概率为 50%(dBμV/m)

B—— 测量接收机通带(kHz)

C—— 车辆频度(车次 / 分)

R—— 测量接收机离马路的距离(m)

F—— 频率(Hz)

可以看出，点火系统噪声的干扰场强是与交通车辆频度有关的，车辆频度增加，噪声场强随之增加。

4. 功能干扰源

当系统中一部分的正常工作直接干扰另一部分正常工作时，就产生功能干扰。在人为的电磁干扰源中，射频发射机是最常见和最典型的功能性干扰源。对发射机来讲，由于不能按设计产生、放大和调制纯净的工作频率，因而会产生电磁干扰。射频发射机和雷达的射频载波的产生和调制都是由非线性装置完成的，这是产生工作频率以外的频率分量的重要原因。谐波分量通常随发射机、振荡幅度和负载而增加。调制过程中的非线性也能产生非期望的频率分

量。若没有足够的滤波衰减，这些分量会经天线辐射出来。

射频加热器就是射频发射机的一种典型应用。射频加热器主要有感应加热器和介质加热器。感应加热器主要用于锻造、淬火、焊接和退火等工艺，其基本频率是1 kHz～1 MHz；而介质加热器专用于塑料封装，其基本工作频率为13 MHz～5.8 GHz。这两种RF加热器大体上为窄带干扰源，但是谐波可以达高9次以上。

RF加热器的功率虽然强大，但只要进行良好的EMC控制，其电磁干扰是不足为害的。例如，英国曾经对12个月内35 434份关于干扰无线电通信的投拆书进行过粗略的调查。其中143份是控告工业、科学和医疗设备的，11份是控告医学仪器的，66份是控告没有调到指定频率的RF装置，但没有一份是控告感应加热器或介质加热器的。

5. 其他人为干扰源

除了上面谈到的人为干扰源外，还存在另外一些人为的干扰源。可以毫不夸张地说，随着科学技术的发展，每一个电子产品的问世，都可能成为新的人为干扰源。

现代医学中越来越多地使用电子仪器帮助医生做出诊断，所以医院内的各种电子仪器设备都是潜在的人为干扰源，电磁干扰的问题也就与日俱增。

荧光灯和气体放电管也是一种人为干扰源。它们产生的脉冲无线电噪声的特性类似于电力输电线噪声。它产生的干扰虽然不大，但对于电磁屏蔽室这种环境，还是不行的，所以，屏蔽室内应避免使用荧光灯照明，通常使用的是白炽灯。

随着人们生活水平的提高，微波炉已经进入城市居民的家庭，一般微波炉的工作频率为2 450 MHz，微波炉在设计时尽可能保证最小的能量泄漏，所以从微波炉中泄漏出来的能量一般很小，国际标准规定泄漏能量密度不得大于5 mW/cm^2，我国一些生产厂家的出厂技术要求控制在国际标准的1/5以下，对人体是没什么危害的。当然，如果设计不好，或者炉门封不严，微波炉的泄漏就是不可忽视的一个干扰源。

以上所述的人为干扰源，都是希望把电磁能只集中在工作的局部区域。但另外一种辐射源却相反，它的目的是有意将电磁能辐射到空间，在一定范围或一定方向上辐射规定的能量。这就是广播、电视、无线通信和雷达等发射机的工作目的。按照工作的目的不同，每一种发射机应该在一定距离和方向上只发射有用的频率。但事实上很难做到这一点，在发射有用频率的同时，总要附加一些寄生和谐波频率。这些寄生频率和谐波频率就会对其他设备产生电磁干扰。

2.3 电磁环境与电磁污染

自然电磁过程，从其一开始产生就在宇宙中有了发展，并构成了地球环境的一个基本要素 —— 电磁环境。

在无线电发展的初期，人们并没有电磁环境这样的概念。那时，人们对环境的认识仅限于自然环境（包括空气、水、土地、建筑等）。随着科学技术的发展，人类越来越多地应用无线电技术，制造了一个个电子、电气产品，使人为电磁的干扰源变得越来越多，直到对无线电通信产生有害影响时，人们才意识到电磁环境的存在。意识到“电磁污染”问题已经同空气和水污染问题一样，应该引起足够的重视。因为人类生存在这样一个电磁环境中，谁也无法摆脱电磁波的影响，电视、广播、无线电通信已成为人们生活中必不可少的一个组成部分。

如图 2.7 所示为美国 10 所医院测得的综合电磁环境情况，如图 2.8 所示为国外 14 个不同厂区的工业、科学和医疗设备生产的电磁干扰电平，如图 2.9 所示为电力输电线的电磁干扰情况。

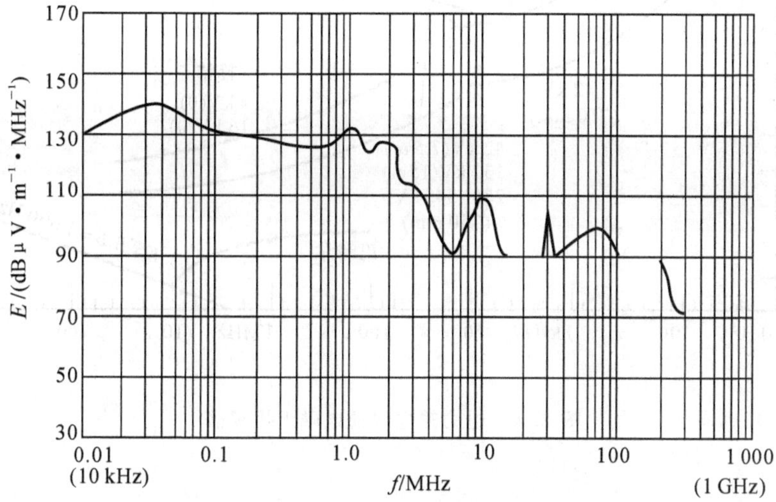

图 2.7　美国 10 所医院的综合电磁环境电平

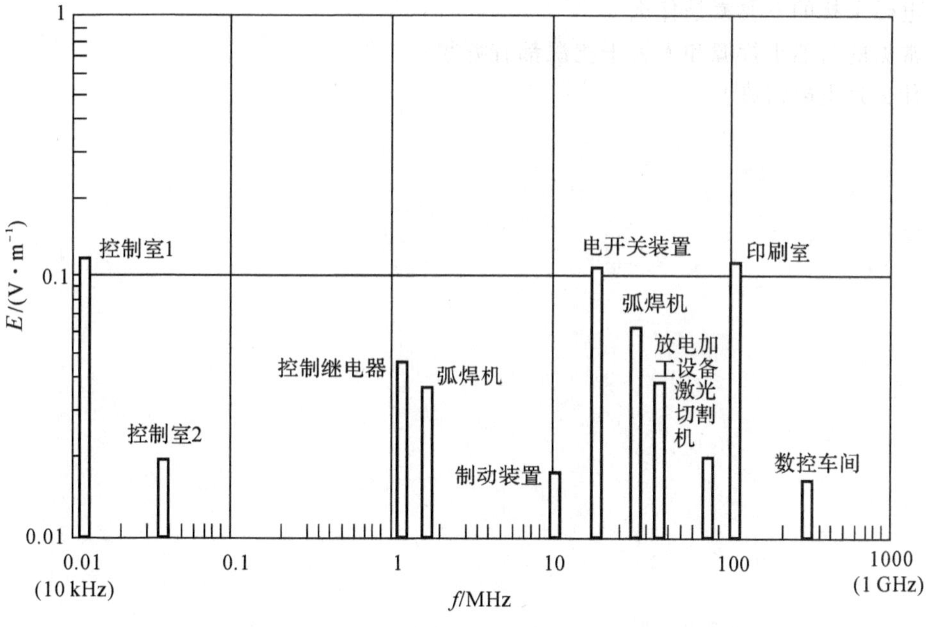

图 2.8　在 14 个不同厂区测得的电磁干扰最大场强值

可以看出，电磁污染虽然像电磁波一样看不见，摸不着，但却实实在在地存在着。它对人类的生活必定会带来不同程度的危害。所以环境保护不应局限于对空气、水等自然环境的保护，还应包括对电磁环境的保护。

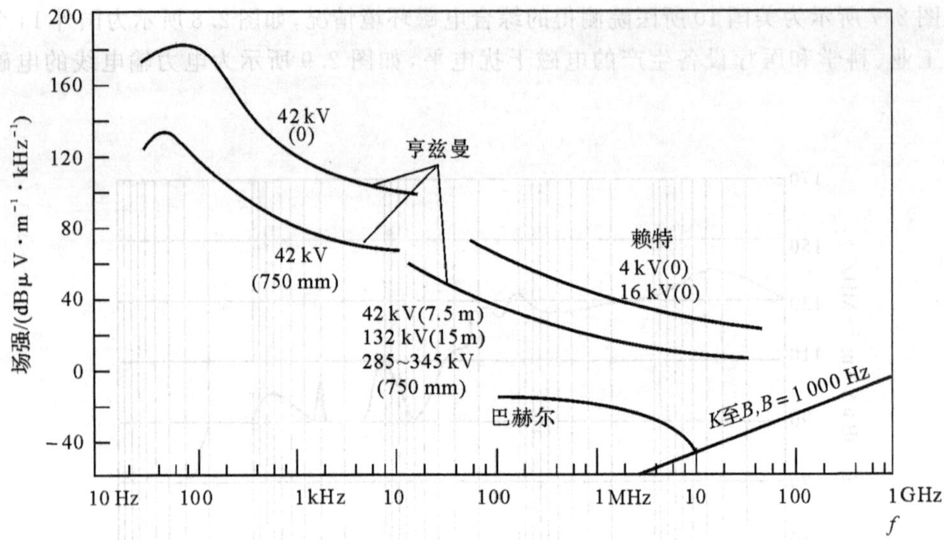

图 2.9 电力输电线的电磁干扰频谱

习 题 2

1. 电磁干扰的三要素是什么？
2. 常见的自然干扰源和人为干扰源都有哪些？
3. 什么是电磁污染？

第 3 章　电磁干扰的传输途径

电磁干扰的传输形式与电磁能量的传输形式基本相同，通常分为两大类：传导干扰和辐射干扰。通过导体传播的电磁干扰，叫传导干扰，其耦合形式有电耦合、磁耦合和电磁耦合。通过空间传播的干扰，叫辐射干扰，其耦合形式有近场感应耦合（近场磁感应和近场电感应）和远场感应耦合。系统间的辐射耦合主要是远场辐射耦合，而系统内的辐射耦合主要是近场辐射耦合。此外还有辐射与传导同时存在的复合干扰。

本章对传导干扰和辐射干扰的一般性质进行分析，并给出一些干扰的实例和计算。

3.1　传导干扰

1. 传导干扰波的一般性质

传导干扰波的一般性质有频谱、幅度、波形和出现率。

(1) 频谱。多数电子设备都具有从最低可测到的频率一直伸展到 1 GHz 以上的传导频谱，低频时按集总参数电路处理，高频时则按分布参数电路处理。当频率再高时，由于导体损耗以及分布电感、分布电容的作用，传导电流大为衰减，因而干扰波更趋向于辐射干扰波，表 3.1 给出了一些传导干扰源的频谱范围。

表 3.1　传导干扰波的频谱范围

干扰源	频谱范围
加热器电路(通断周期)	50 kHz ~ 25 MHz
萤光灯	0.1 ~ 3 MHz
计算机逻辑组件	50 kHz ~ 20 MHz
信号线	0.1 ~ 25 MHz
电源线	1 ~ 25 MHz
多路通信设备	1 ~ 10 MHz
转换开关	0.1 ~ 25 MHz
电源开关电路	0.5 ~ 25 MHz
功率转换控制器	50 kHz ~ 25 MHz
磁铁电枢	2 ~ 4 MHz
电晕放电	0.1 ~ 10 MHz
真空吸尘器	0.1 ~ 1 MHz

传导干扰频谱又可分为窄带干扰和宽带干扰。所谓窄带指带宽只有几十赫到几百赫。例如，调幅(AM)、调频(FM)、单边带发射机(SSB)的单工无线电系统、基本电源(50 Hz 和 400 Hz)等都是窄带干扰。所谓宽带干扰是指带宽分布在几十到几百兆赫甚至更宽的频带范围内。这种干扰通常是由上升时间和下降时间很短的窄脉冲形成的，其频谱分布取决于脉冲的特性。如图 3.1 所示说明了雷达脉冲特性与其频谱之间的关系。脉冲周期越短，在频谱中能量谱就越分散；脉冲的上升和下降越快，频谱覆盖范围就越宽。

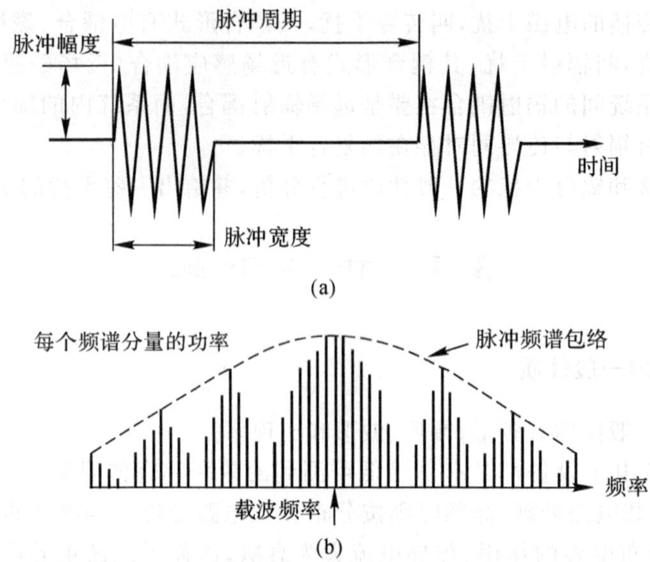

图 3.1　雷达脉冲及其频谱

(2) 幅度。干扰幅度可表现为多种形式，除了用不同型号的幅度分布(即概率，它是确定的幅度值出现次数的百分率)表示外，还可用正弦的(具有确定的幅度分布)或“随机的”概念来说明干扰性质。所谓随机，简单地说，就是未来值不能确定地预测。例如随机噪声可能是一种冲击噪声，它们是一些在时间上明显地分开的、稀疏的且前后沿很陡的脉冲；也可能是热噪声，它们是彼此重叠的、多次发生的且在时间上不易分开的密集脉冲 。这些密集脉冲在幅度性质上是不易确定的干扰。典型的代表是热噪声和冲击噪声。

热噪声即约翰逊噪声，如用 x 表示噪声电压或电流，它具有高斯分布的幅度概率，表示为

$$P(x)=\left[\frac{1}{\sigma(2\pi)^{1/2}}\right]\exp\left(\frac{-x^2}{2\sigma^2}\right) \tag{3.1}$$

式中，$P(x)$ 为瞬时幅度为 x 的概率；σ 为归一化偏差，即噪声的均方根值。

一般情况下，热噪声的电压或电流的峰值或平均值都正比于检测设备的带宽 B。不受带宽限制的热噪声称为白噪声。

冲击噪声的电流或电压峰值正比于频带 B，但其平均值则与频带无关。内燃机点火系统、充气管发电等都产生冲击噪声。另外，许多噪声是由热噪声和冲击噪声混合而成的，所以，它们的带宽特性在介乎两者之间。

(3) 波形。电气干扰有各种不同的波形，如矩形波、三角波、余弦形波、高斯形波等。由于波形是决定带宽的重要因素，设计者应很好地控制波形。为了保持事件的定时准确度或保证

某种形式的准确动作，有时需要上升很陡的波形。然而，上升斜率越陡，所占的带宽就越宽。通常脉冲下的面积决定了频谱中的低频含量，而其高频含量与脉冲沿的陡度有关。在所有脉冲中，高斯脉冲占有的频谱最窄。

(4) 出现率。干扰信号在时间轴上出现的规律称为出现率。

按出现率把电函数分为周期性、非周期性和随机的三种类型。周期性函数是指在确定的时间间隔(称为周期)内能重复出现的；非周期性函数则是不重复的，即没有周期，但出现是确定的，而且是可以预测的；随机函数则是以不能预测的方式变化的电函数，即它的表现特性是没有规律的。随机函数的定义允许限定其幅度或频率成分，但要防止用时间函数来分析、描述它。

2. 传导干扰传输线路的性质

传导干扰主要靠传输线路的电流和电压而起作用，因而传输线路在不同频率下所呈现的性质不同，处理方法也有所差异。

(1) 低频域传输线路。低频域是指传输线路的几何长度 l 远远小于工作波长 λ，即 $l \ll \lambda$，亦即微波技术中所说的短线，电压、电流仅随时间改变，可以作为集总参数来处理。

在数字电路中，最好将传输的脉冲按其宽度分为窄脉冲和宽脉冲来处理，前者必须考虑由线路阻抗而产生的电压下降，以及由于线路间的寄生电路而波形变钝等现象；后者还必须考虑传输时间的滞后，以及线路反射等问题。只有在脉冲宽度 Δt 远远小于线路内的传输时间的情况下，才能作为低频处理，即

$$l \ll v\Delta t \tag{3.2}$$

式中，l 为传输线的几何长度；v 为波的传输速度；Δt 为脉冲宽度。

当式(3.2)得到满足时，即为满足低频处理的条件。

(2) 低频域的集总参数电路。低频时的等效电路如图 3.2 所示，分布在整个线路的寄生电容集中在一个地方，用 C_L 表示，往复线路的电阻串接在回路之中。接收端电压 U_r 的大小有如下三种情况。

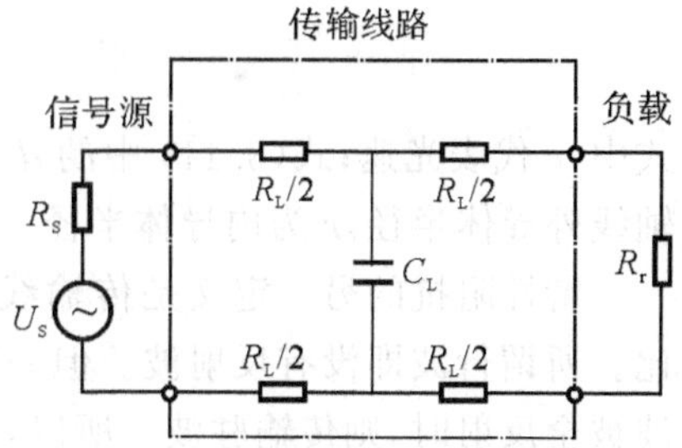

图 3.2　集总参数等效电路

1) 正弦波。考虑到 $\dfrac{1}{\omega C_L} \gg \dfrac{(R_s+R_L)(R_r+R_L)}{R_s+R_r+2R_L}$，可得

$$U_r = U_R\sin\omega t = \frac{R_r}{R_s+2R_L+R_r}U_s\sin(\omega t-\varphi) \tag{3.3}$$

$$\varphi = \arctan\left[\omega C_L\frac{(R_s+R_L)(R_r+R_L)}{R_r+R_s+2R_L}\right] \tag{3.4}$$

2) 脉冲前沿

$$U_{r1} = \frac{R_r}{R_s+R_r+2R_L}U_s(1-e^{-t/\tau}) \tag{3.5}$$

$$\tau = C_L\left[\frac{(R_s+R_L)(R_L+R_r)}{R_r+R_s+2R_L}\right] \tag{3.6}$$

这里，用 U_{r1} 表示接收端电压，以示与正弦波时的区别。

3) 脉冲后沿

$$U_{r2}=\frac{R_r}{R_s+R_r+2R_l}U_s e^{-t/\tau} \tag{3.7}$$

τ 的表示式与脉冲前沿时相同，即式(3.6)。

当线路阻抗 R_L 很小时，接收端电压 U_r 则由电源阻抗 R_s 和负载阻抗 R_r 来决定。从负载看进去的干扰阻抗，大致同干扰发生源的阻抗 R_s 相等，则可认为与线路阻抗特性无关。

(3) 高频域的分布参数电路(详细分析见第6章)。当线路的几何长度 l 大致与工作波长可比拟时，线路应看作为分布参数电路，这时的传输线称为长线。线路的特性主要取决于分布电感 L 和分布电容 C，其中最主要的参数为线路传输波的速度 υ 和线路的特性阻抗 Z_c。它们与 L，C 的关系为

$$\upsilon=\frac{1}{\sqrt{LC}} \tag{3.8}$$

$$Z_c=\sqrt{\frac{L}{C}} \tag{3.9}$$

可见，波的传输速度 υ 和线的特性阻抗 Z_c 只与分布参数 L，C 有关，亦即仅与传输线的尺寸及周围的媒质有关。常用的传输线有双导线和同轴线，它们在空气中的特性阻抗和波速分别为

双导线：

$$\upsilon=c \tag{3.10}$$

$$Z_c=120\ \ln\frac{d}{r} \tag{3.11}$$

同轴线：

$$\upsilon=c \tag{3.12}$$

$$Z_c=60\ln\frac{R}{r} \tag{3.13}$$

式中，c 代表光速；式(3.11)中的 d 为双导线轴心的间距，r 为导线半径；式(3.13)中的 R 为同轴线外导体半径，r 为内导体半径。

特性阻抗的另一定义是传输线上行波电压与行波电流之比，或入射电压与入射电流之比。所谓行波即没有反射波。但一般情况上反射波总是存在的，线上传输的是行驻波，当电磁波被全反射时，则传输驻波。所以，传输线上的电压是入射波电压与反射波电压的叠加，电流也是如此。传输线上任一点的输入阻抗 Z_{in} 就是该点的电压与电流之比，当线无耗时，有

$$Z_{in}=Z_c\frac{Z_L+jZ_c\tan\beta l}{Z_c+jZ_L\tan\beta l} \tag{3.14}$$

式中，$\beta=2\pi/\lambda$，λ 为传输波长；Z_L 为负载阻抗；l 为负载阻抗至输入点传输线的长度。

可见，高频时线路的输入阻抗是线路电长度 l/λ 的函数。特别地，当线路终端短路($Z_L=0$)时，式(3.14)变为

$$Z_{in}=jZ_c\tan\beta l=jZ_c\tan\left(2\pi\frac{l}{\lambda}\right) \tag{3.15}$$

当终端开路($Z_L=\infty$)时，式(3.14)变为

$$Z_{in}=-jZ_c\cot\beta l=-jZ_c\cot\left(2\pi\frac{l}{\lambda}\right) \tag{3.16}$$

仔细观察式(3.15)可以发现，终端短路时，沿传输线上各点的输入阻抗呈正切规律变化，且具有周期性，在距负载$\frac{\lambda}{2}$，λ，$\frac{3\lambda}{2}$等处的输入阻抗均为零，在距负载$\frac{\lambda}{4}$，$\frac{3\lambda}{4}$等处的输入阻抗为无穷大。阻抗的这种变化必定会引起沿线电压和电流的变化，根据电压、电流与阻抗的关系，可知当阻抗为零时，电流最大，电压最小；当阻抗为无穷大时，电流为零，电压最大。线上阻抗、电压、电流都是沿线发生变化的。在处理高频线路时，一定要注意这一点。

(4) 线间电压和对地电压，共模干扰与异模干扰。传输电磁干扰的导线多数像电灯线或电话线那样，采取平行成对的形式处理这种情况的导线干扰，如图 3.3 所示，把线路分为两个分量，一个是两根导线间所产生的线间分量，另一个是线路对地间产生的对地分量。分开讨论的原因，主要是两者之间传输回路的阻抗特性不同，因此称这种情况下的电压为线间电压和对地电压。其中信号源线间电压和两导线间负载所构成的回路，属于线间回路；而导线或单线对地电压，以及对地导线所构成的回路，属于对地回路。

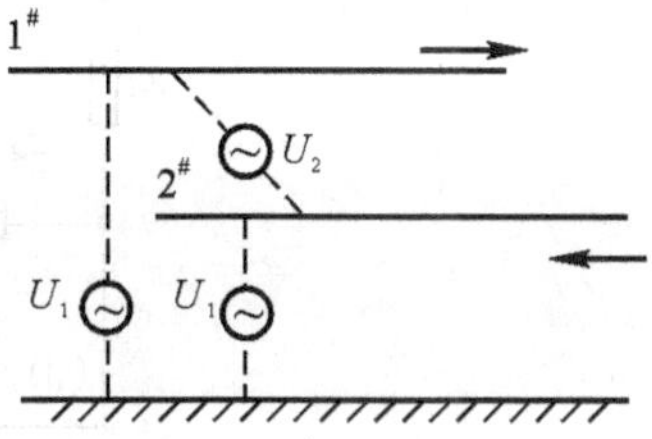

图 3.3　平行成对线

共模干扰(common-mode interference)是指两导线上的干扰电流振幅相差甚小，而相位相同；异模干扰(differential-mode interference)指的是两导线上的干扰电流振幅相等，而相位相反。

在导线上被感应的电磁干扰，除了被感应产生的电动势外，对于对地回路来说，还应增加一项接地点间的大地电位差引起的共模干扰电压；而对线间回路来说，还应在电源或信号源电压上叠加一项异模干扰电压。即

对地电压

$$U_L = U_1 + U_c \tag{3.17}$$

线间电压

$$U_M = U_2 + U_d \tag{3.18}$$

式中，U_1 为原对地电压；U_c 为由对地回路地电位差引起的共模干扰电压；U_2 为原信号源电压；U_d 为由线间回路受干扰引起的异模干扰电压。

将电磁干扰分解成两个分量的分析方法，不仅适用于传输线路，也适用于电子装置的内部回路。

3. 传导干扰电耦合途径

电耦合包含两种耦合形式：一种是电路性干扰，由两个回路经公共阻抗耦合而产生，干扰量是电流 i，或变化的电流$\frac{\mathrm{d}i}{\mathrm{d}t}$；另一种是电容性干扰，由在干扰源与干扰对象之间存在的分布电容而产生，干扰量是变化的电场，即变化的电压$\frac{\mathrm{d}u}{\mathrm{d}t}$。

(1) 电路性干扰的物理模型。电路性干扰的产生至少存在两个相互耦合的电流回路，其电流全部或部分地在共公阻抗中流过。因此反映电路性干扰的物理模型的典型代表如图 3.4 所示。

在每一个电流回路中流过的电流是该回路本身的电流与另一相耦合的电路在其中产生的

电流总和。

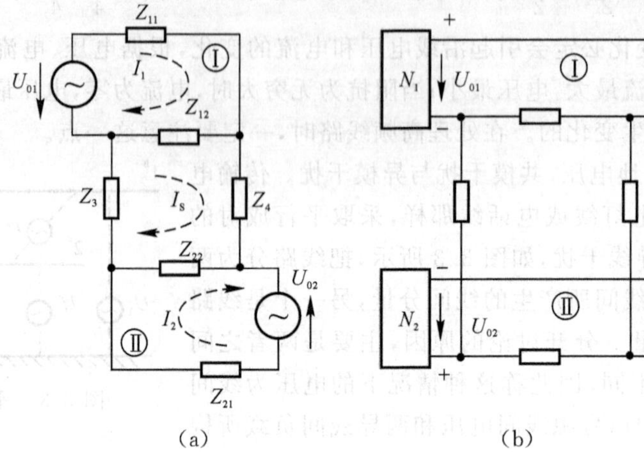

图 3.4　电路性干扰的物理模型

由图 3.4 所见，当 $U_{02}=0$ 时，由 U_{01} 产生的有产电流为

$$I_1=\frac{U_{01}}{Z_{11}+\dfrac{Z_{12}\left(Z_3+Z_4+\dfrac{Z_{21}Z_{22}}{Z_{21}+Z_{22}}\right)}{Z_{12}+Z_3+Z_4+\dfrac{Z_{21}Z_{22}}{Z_{21}+Z_{22}}}} \tag{3.19}$$

U_{02} 经阻抗 Z_3，Z_4 在回路 1 中产生的干扰电流为

$$I_s=U_{02}\frac{Z_{22}}{Z_{21}Z_{22}+\left[(Z_{21}+Z_{22})\left(Z_3+Z_4+\dfrac{Z_{11}Z_{12}}{Z_{11}+Z_{12}}\right)\right]} \tag{3.20}$$

当电压、电流的方向如图 3.4 所示时，在阻抗 Z_{11} 上 I_s 的一部分与 I_1 同相，在 Z_{12} 上则与 I_1 反相。

通过 Z_{12} 的电流为

$$I_{12}=I_1\frac{Z_3+Z_4+\dfrac{Z_{21}Z_{22}}{Z_{21}+Z_{22}}}{Z_{12}+Z_3+Z_4+\dfrac{Z_{21}Z_{22}}{Z_{21}+Z_{22}}}-I_s\frac{Z_{11}}{Z_{21}+Z_{22}} \tag{3.21}$$

式中，第一项是有效电流的一部分，第二项是干扰电流的一部分。

干扰电流的一部分在被干扰回路的阻抗 Z_{11} 和 Z_{12} 上产生的干扰电压为

$$U_{s11}=Z_{11}I_s\frac{Z_{12}}{Z_{11}+Z_{12}} \tag{3.22}$$

$$U_{s12}=Z_{12}I_s\frac{Z_{11}}{Z_{11}+Z_{12}} \tag{3.23}$$

在给定的工作频率范围内，如果干扰电流或干扰电压足够大，以至超过了干扰对象的敏感门限区，便会出现干扰效应，产生不良后果。

特别地，当 Z_3，Z_4 为零时，就成为一个特殊情况。如图 3.5 所示，这种情况用得很多，当多个电流回路共用一根导线时便会出现这种情况。例如，公共电源耦合电路或公共接地阻抗耦合电路,如图 3.6 和图 3.7 所示。

对于图 3.5 可作如下分析:

信号量是电流时,如果干扰电流通过 Z_{11} 的一部分达到或超过了对象的敏感区门限,则会产生干扰作用。Z_{11} 的电流是有效电流和部分干扰电流的总和,即

$$I_{11}=\frac{U_{01}}{Z_{11}+\dfrac{Z_K Z_{21}}{Z_K+Z_{21}}}+\frac{U_{02}Z_K}{Z_K Z_{21}+Z_{11}Z_{21}+Z_K Z_{11}} \tag{3.24}$$

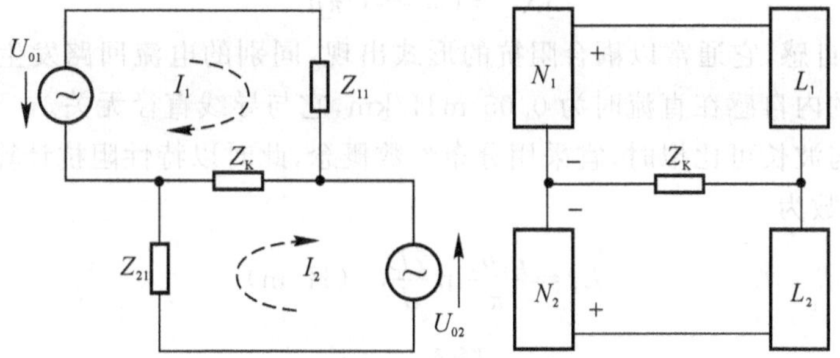

图 3.5　$Z_3, Z_4=0$ 时的电路模型

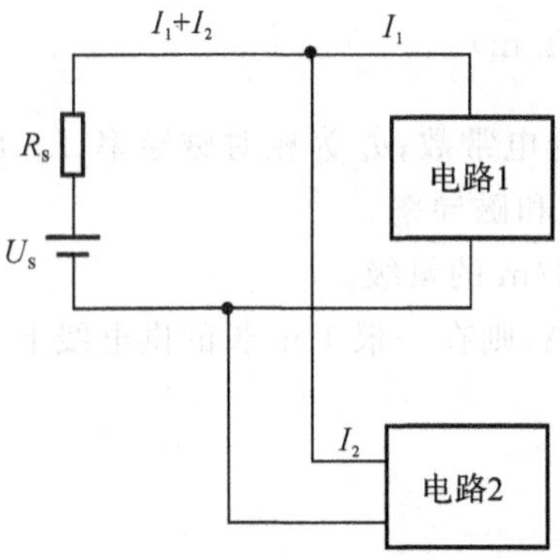

图 3.6　公共电源耦合电路

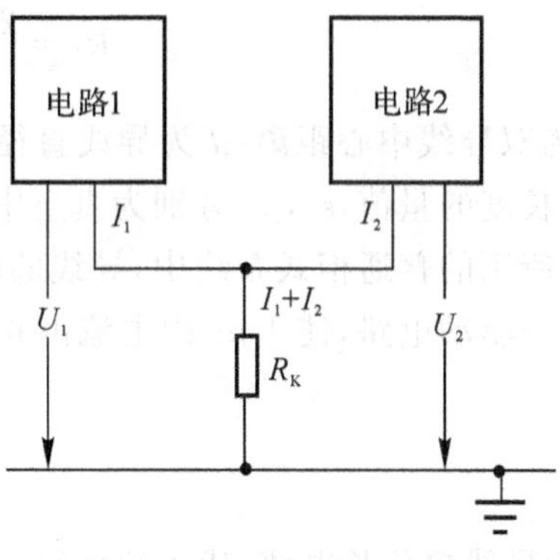

图 3.7　公共接地耦合阻抗电路

信号量是电压时,如果 Z_K 上的干扰电压(计有效电压叠加)达到或超过了对象的敏感门限区,也将出现干扰作用。

阻抗 Z_K 上的干扰电压降为

$$U_{sK}=I_2\frac{Z_K Z_{11}}{Z_K+Z_{11}} \tag{3.25}$$

显而易见,当耦合阻抗 Z_K 趋于零时,则通过 Z_{11} 的干扰电流和 Z_K 上的干扰电压 U_{sK} 均将消失。此时,在有效电流电路与干扰电流电路间即使存在电气连接,它们也不再互相干扰。这种情况称为电路去耦。

(2) 电路性干扰的抑制方法简介。为了抑制电路干扰,首先必须对电流回路的阻抗,特别是耦合阻抗的特性有所了解,耦合阻抗包括电阻、感抗和容抗。

1) 电阻。设 R 为与频率有关的电阻,R_0 为直流电阻,f 为频率,r 为导线半径,σ 为导线电导率,μ 为导线导磁率,则实际电阻相对值为

低频时($x<1$)

$$R/R_0=1+x^4/3 \tag{3.26a}$$

高频时($x>1$)

$$R/R_0=x+1/4+3/(64x) \tag{3.26b}$$

式中,$x=0.5r\pi f\sigma\mu$。

近似计算时,可认为实际电阻与频率的1/2次方成正比,即$R\approx R_0K\sqrt{f}$。

2) 感抗。任何导线都存在着感抗,其值为

$$\mathrm{j}X_L=\mathrm{j}\omega L=\mathrm{j}2\pi fL \tag{3.27}$$

式中,L为导线的自感,它通常以耦合阻抗的形式出现,同别的电流回路发生电路耦合并产生干扰。一根导线的内自感在直流时为0.05 mH/km,它与导线直径无关。

当导线长度与波长可比拟时,宜采用分布参数概念,此时以特性阻抗计算比较恰当。对于双导线,其分布参数为

$$L_1=\frac{\mu_r\mu_0}{\pi}\ln\frac{2D}{d}\quad(\mathrm{H/m}) \tag{3.28}$$

$$C_1=\frac{\pi\varepsilon_0\varepsilon_r}{\ln\frac{2D}{d}}\quad(\mathrm{F/m}) \tag{3.29}$$

$$R_1=\frac{2\times1.46}{d\sqrt{\lambda}}\quad(\Omega/\mathrm{m}) \tag{3.30}$$

式中,D为双导线中心距离;d为导线直径;ε_r为相对介电常数;μ_r为相对磁导率;L_1,C_1,R_1分别为单位长度的量值,ε_0,μ_0分别为真空中的介电常数和磁导率。

通常所用的普通柜式布线中,导线的电感为1 μH/m的量级。

设有一驱动电路,使1 μs内电流由0升至600 mA,则在一根1 m长的供电线上产生的电压降为

$$U=L\frac{\Delta i}{\Delta t} \tag{3.31}$$

式中,L为导线单位长电感,代入数据得

$$U=1\ \mathrm{m}\times1\ \mu\mathrm{H/m}\times600\ \mathrm{mA}/\mu\mathrm{s}=600\ \mathrm{mV}=0.6\ \mathrm{V}$$

如图3.8和图3.9所示分别是电阻和感抗与频率的关系。

3) 容抗。容抗的表示式为

$$\mathrm{j}X_C=\frac{1}{\mathrm{j}\omega C} \tag{3.32}$$

如图3.10所示给出了电流回路之间通过公共的导线阻抗和内阻抗而互相影响并产生干扰的图示。电容越大,干扰越小。

4) 电路性干扰的抑制与避免措施:① 让两个电流回路或系统彼此无关。信号相互独立,避免电路的连接。② 限制耦合阻抗,使耦合阻抗Z_K,Z_{11},Z_{12}越小越好。为使耦合阻抗小,必须使导线电阻和导线电感都尽可能小。③ 各个不同的电流回路之间仅在唯一的一点作电的连接,在这一点就不可能流过电路性干扰。如图3.11所示给出正误两种连接方法。④ 对电平相差悬殊的相关系统(例如,信号传输设备和大功率电气设备之间),采用电位隔离是较好的选择。

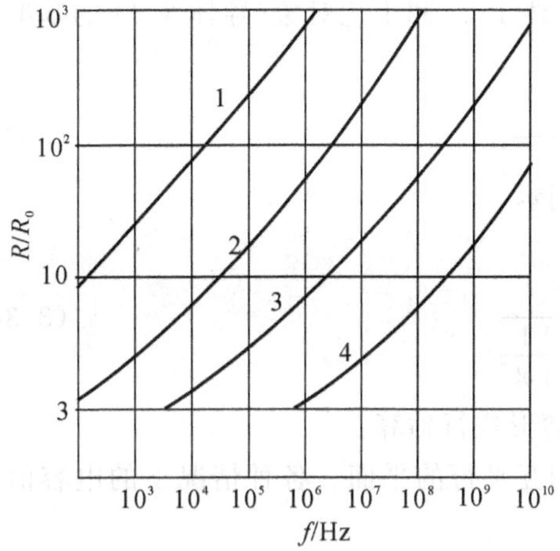

图 3.8　相对电阻与频率的关系

1—$r=100$ mm；2—$r=10$ mm；3—$r=1$ mm；4—$r=0.1$ mm

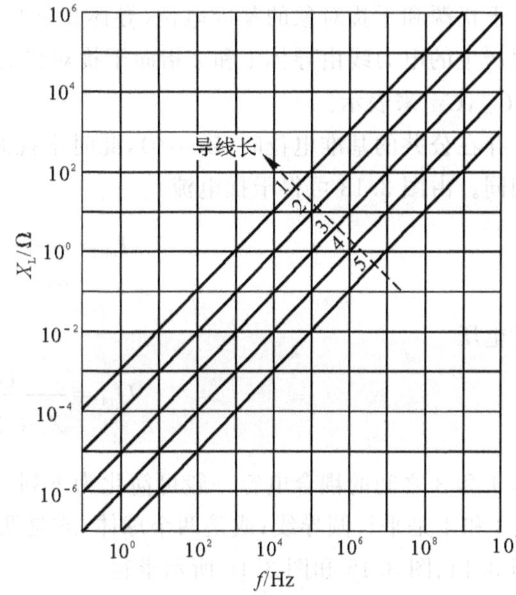

图 3.9　导线感抗与频率的关系

1— 导线长 100 m；2— 导线长 10 m；3— 导线长 1 m；4— 导线长 0.4 m；5— 导线长 0.001 m

导线半径 — 毫米量级；导线间距 — 厘米量级

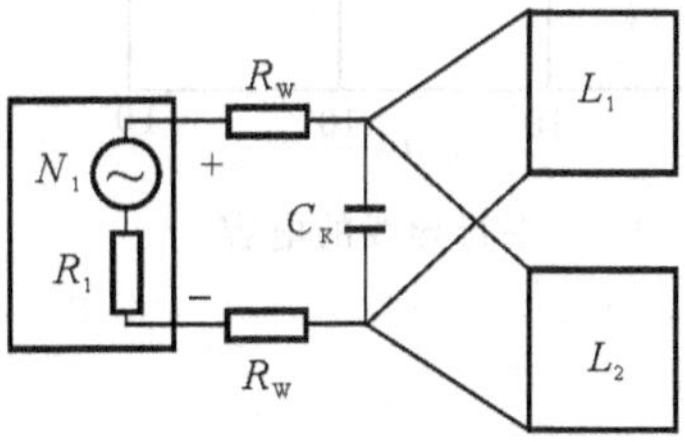

图 3.10　电流回路经容抗产生的耦合

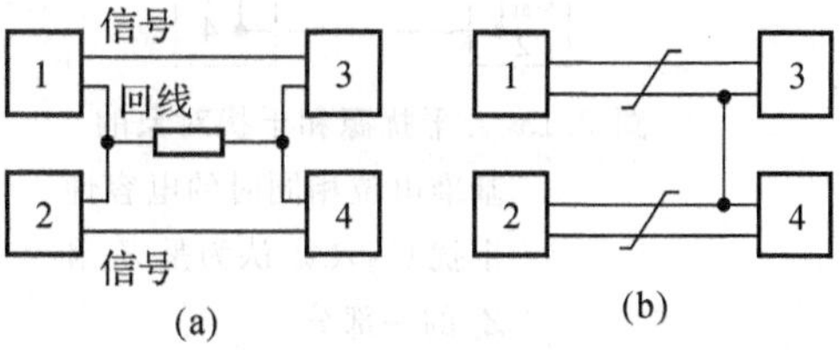

图 3.11　两个信号回路的正误接法

(a) 错；(b) 对

信号相关的电流回路的电位隔离，可采用以下述原理工作的元件来完成：

电气 — 机械原理（继电器）；

电磁原理（变压器）；

光电原理（光电耦合器件）。

(3) 电容性干扰的物理模型。电路如图 3.12 所示，是电容性干扰的一个物理模型，它比较直观地说明了产生电容性干扰的条件如下：

1) 在两个导体表面 1 和 2 之间存在有一个干扰源。它可用初始电压源 U_{01} 和一个电源阻抗 Z_i 来表示。

2) 存在于两个导体表面 3 和 4 之间的一个干扰对象，它具有内阻抗 Z_l。

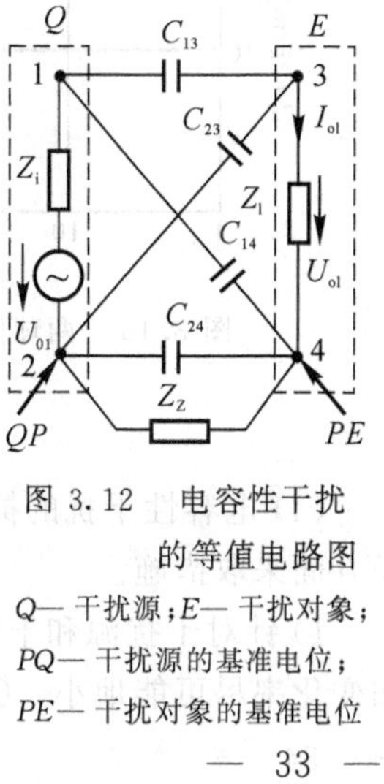

图 3.12　电容性干扰的等值电路图

Q— 干扰源；E— 干扰对象；PQ— 干扰源的基准电位；PE— 干扰对象的基准电位

干扰源和干扰对象的基准电位(导体 2 和 4)在一般情况下是经复阻抗 Z_z 相互连接的。干扰源产生的电力线由导体 1 和 2 指向干扰对象的导体 3 和 4,在等值电路图中用耦合电容 C_{13},C_{14},C_{23},C_{24} 来表示。

存在公共的基准电位时($Z_z=0$),此时干扰源(导体 1,2) 和干扰对象(导体 3,4) 的基准电位相同。由图 3.13 可得干扰电流

$$I_{ol}=\frac{U_{01}}{Z_i+Z_l+\frac{1}{j\omega C}} \tag{3.33}$$

干扰电压

$$U_{ol}=\frac{U_{01}Z_i}{Z_i+Z_l+\frac{1}{j\omega C}} \tag{3.34}$$

导体 1 和 3 之间的耦合电容一般可简化为下列三种情形进行估算:

3 和 4 是平行圆导线;或是两个球体;或是两个相互平行的平面。各种情况下的电容值可如图 3.14、图 3.15 和图 3.16 所示求得。

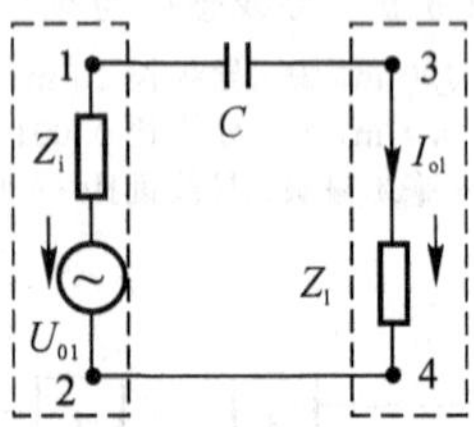

图 3.13　干扰源和干扰对象的基准电位相同时的电容性干扰 C_{23},C_{24} 认为是 Z_i 和 Z_l 的一部分

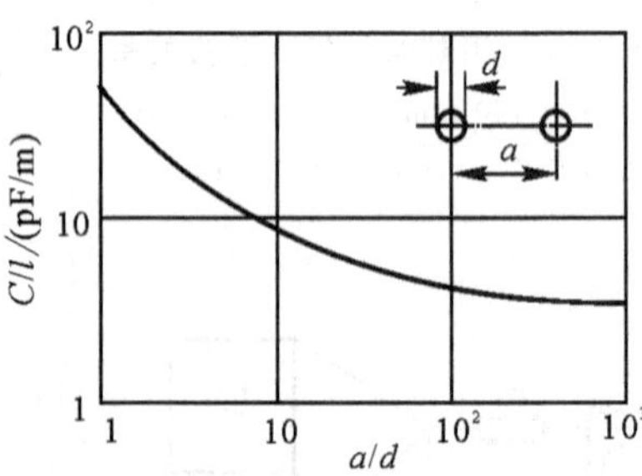

图 3.14　平行导线的电容

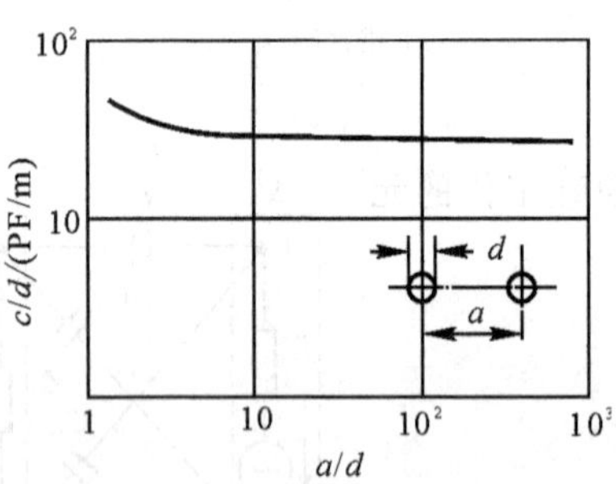

图 3.15　两球体之间的电容

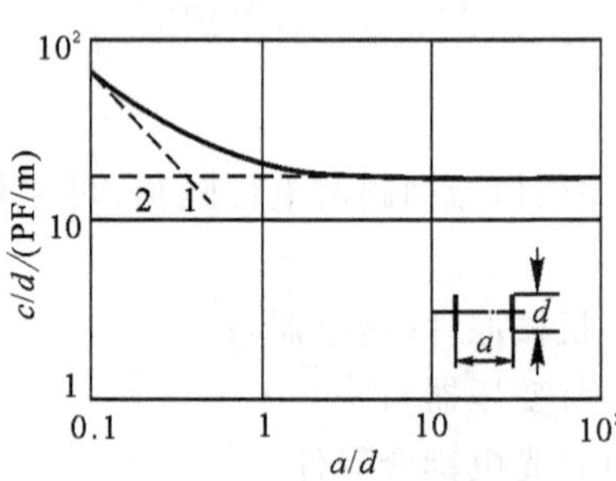

图 3.16　两个圆盘之间的电容

1— 均匀场 $a/d\leqslant 1$;2— 非均匀场 $a/d\geqslant 1$

(4) 电容性干扰的抑制方法。为了抑制电容性干扰,可考虑从干扰源、干扰对象和耦合途径方面采取措施。

1) 针对干扰源和干扰对象可采取如下措施:① 干扰源系统的电气参数应使电压变化幅度和变化率尽可能地小。② 被干扰系统应尽可能设计成低阻及高信噪比的系统。③ 两个系统

的结构应尽量紧凑，并且彼此在空间上相互隔离。

2) 针对减小电容性耦合可采取如下措施：① 两个系统的耦合部分的布置应使耦合电容（等值电路图中的 C_{13}，C_{24}）尽量小。例如，电线、电缆系统，则应使其间距尽量大些，导线短些，避免平行走线等。② 可对干扰源和干扰对象进行电气屏蔽，如图 3.17 所示。屏蔽的目的在于切断干扰源的导体表面 1 和干扰对象的导体表面 3 之间的电力线通路，使耦合电容 C_{13} 变得最小。③ 将耦合电容（C_{13}，C_{24}）彼此电气对称地连接，以低消耦合的干扰信号，即所谓采用平衡措施来消除电容性干扰，图 3.18 为平衡措施的原理和实例图。

平衡条件为

$$C_{13} : C_{23} = C_{14} : C_{24} \tag{3.35}$$

这可以采用结构性措施来实现，例如采用多芯导线互相绞合的办法。

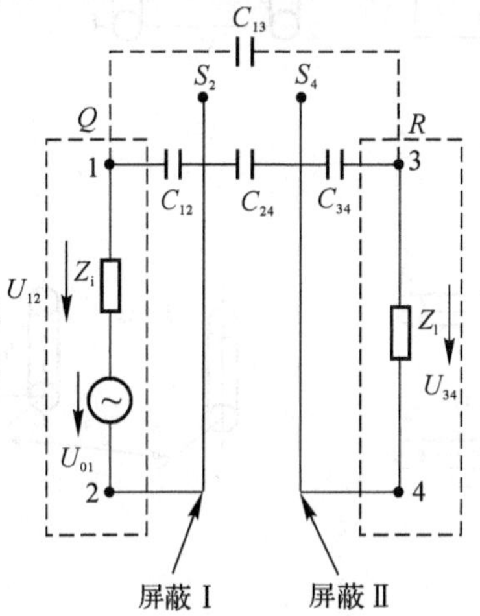

图 3.17　抑制电容性干扰的屏蔽

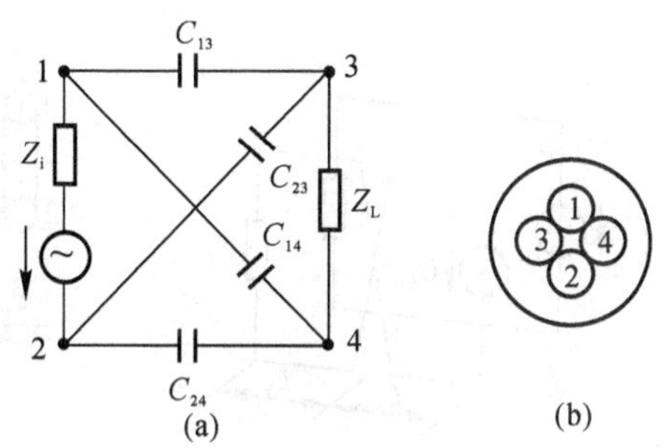

图 3.18　平衡措施原理与实例

(a) 原理；(b) 实例

4. 磁耦合干扰

(1) 磁耦合干扰的物理模型。磁耦合干扰也叫电感性干扰，如图 3.19 所示是它的干扰模型。产生磁耦合的条件有两个：第一，存在以电流回路 U_{01} 形式出现的干扰源，其中，电流为 I_1，产生的磁通 Φ_1（见图 3.19(a)）；第二，存在以电流回路 U_{02} 形式出现的干扰对象，它与干扰源的磁通 Φ_1 相交连。干扰电流 I_1 的变化在干扰对象中感应一个电压，其大小为

$$U_K = M_K \frac{dI_1}{dt} \tag{3.36}$$

这是一个典型的代表式，当互感 M_K 较大，或电流 I_1 对时间的变化率较高时，则产生的干扰电压也大。

两个电感耦合的电流回路可用如图 3.19(b) 所示的等值电路表示。当 U_{01} 为正弦波，$U_{02}=0$ 时，其幅值则有

$$U_{01} = I_1(R_1 + j\omega L_1) - I_2 j\omega M_K \tag{3.37}$$

$$0 = I_2(R_3 + j\omega L_3) - I_1 j\omega M_K \tag{3.38}$$

式(3.38) 表明，耦合程度将由互感来确定。如果导线排列形式如图 3.19(c) 所示，则互感为

$$M_{\mathrm{K}}=l\frac{u_0}{2\pi}\ln\frac{a_{14}a_{23}}{a_{13}a_{24}} \tag{3.39}$$

式中，l 是导线的长度。

可见，要减小耦合，可采用导线绞合的形式来降低 M_{K}，如图 3.19(d) 所示。另外还可以减小导线环所围成的面积，增大两个回路的间距，如图 3.19(f) 所示。

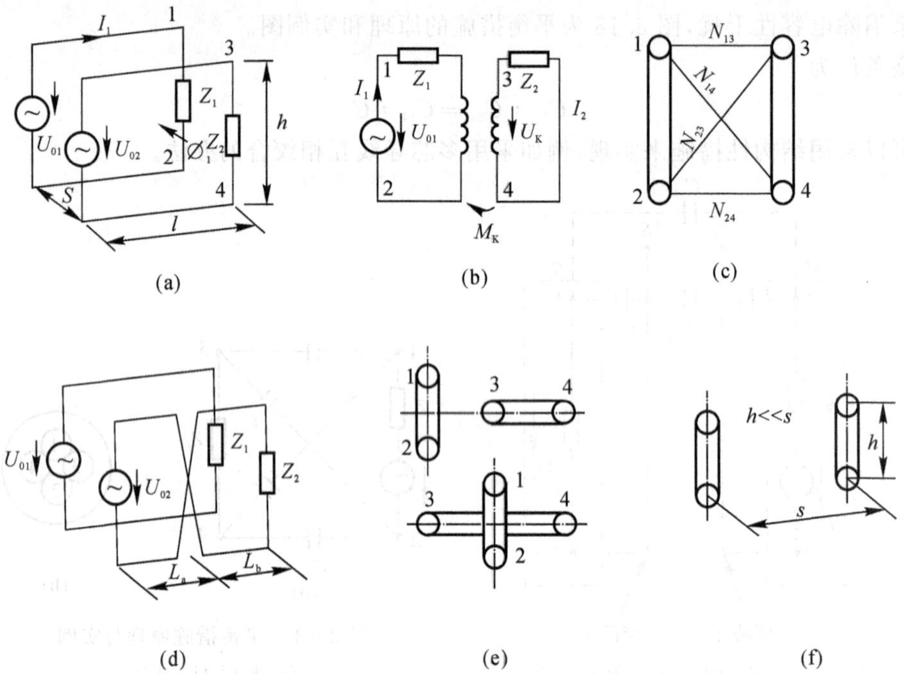

图 3.19　电感性干扰

(a) 干扰模型；(b) 等值电路；(c) 导线排列；(d) 导线绞合；(e) 平衡；(f) 增大间距

(2) 抑制磁耦合干扰的措施。为了抑制磁耦合带来的电磁干扰，可从干扰的三个要素着手采取一定的措施。

1) 针对干扰源和干扰对象采取的措施有：① 干扰源系统的电气参数应使电流变化的幅度和速率尽量小。② 干扰对象应该具有低阻抗，高信噪比。③ 干扰源和干扰对象在结构上应尽量紧凑，在空间上彼此隔开。

2) 针对减小电感耦合的措施有：① 减少两个系统的互感(主要指电线电缆)，让导线尽量短，间距尽量大，避免平行走线，采用双线结构时应缩小电流回路所围成的面积。② 对于干扰源或干扰对象设置磁屏蔽，以抑制干扰磁场。屏蔽可以采用铁磁性导体，也可以用感应的涡流。③ 采用结构平衡措施，使干扰磁场以及耦合的干扰信号大部分相互抵消。主要有两种方法：一种是磁场去耦，使被干扰的导线环在干扰场中的放置方式处于切割磁力线最小，则耦合的干扰源信号也最小，如图 3.20 所示；另一种是导线环平衡，将一个电流的来回线间的表面积分成极性交错的若干局部耦合环，如图 3.21 所示。

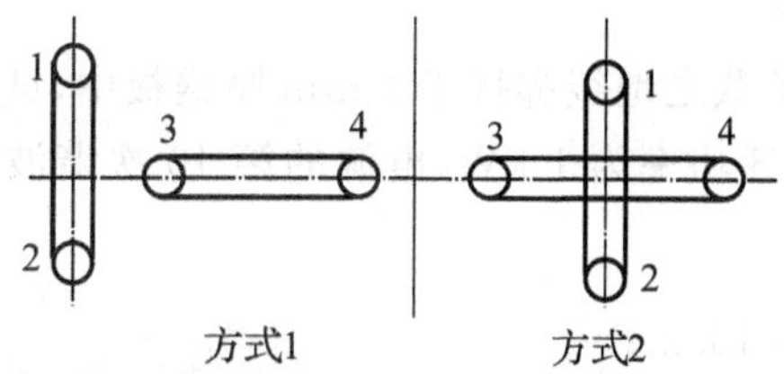

图 3.20　磁场去耦

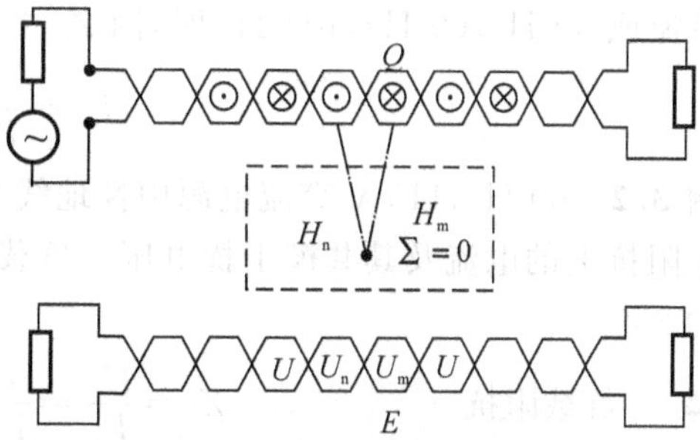

图 3.21　导线环平衡

5. 电路性干扰的实例和计算

例 3.1　如图3.22所示，试求流经地回路的电流表示式和共地阻抗 Z_c 上产生的共模干扰电压表示式。

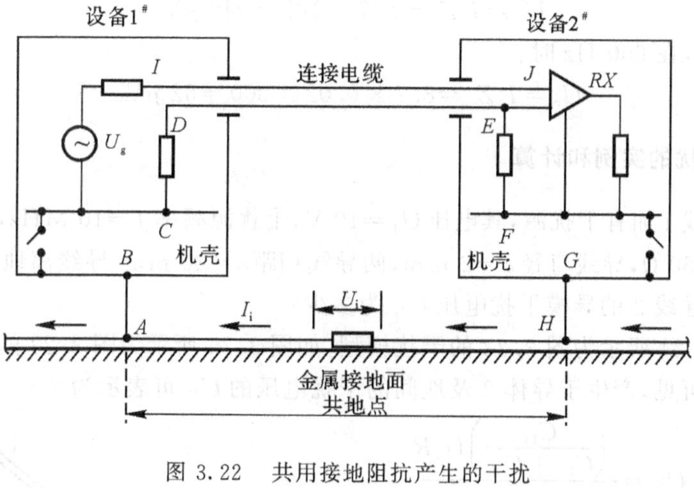

图 3.22　共用接地阻抗产生的干扰

解　由图 3.22 可知，共用接地阻抗上的地电流形成一共模噪声电压 U_c，此电压如同一个电磁干扰源使回路 ABCDEFGHA 及 ABCIJFGHA 上流动着噪声电流，此噪声电流会在放大器或逻辑电流输入端产生一电位差，而此电位差即为电磁干扰的来源。

这两个设备的接地电阻可以为金属接地面(如船舶、飞机等)，安全地线或自来水管，也可能是数个放大器的共同接地回路。

流经这些共用阻抗的电流可能源自一独立的信号源。地面电流 I_g 包括电流中性线上的电流和已接地负载时的地电流，其表示式为

$$I_g = \frac{U_g}{Z_g + Z_L + Z_w + Z_c}$$

式中，$U_g = U_{gu}$ 为激励电流电压；Z_g 为电源阻抗；Z_L 为负载阻抗；Z_w 为电源至负载间导线阻抗；Z_c 为接地面的阻抗。

电流 I_g 流经接地阻抗 Z_c 产生的共模干扰电压表示式为

$$U_c = I_g Z_c$$

直流或 50 Hz,60 Hz,400 Hz 时,因 $Z_c \ll Z_g \ll Z_L$ 与 Z_w,I_g 可以化简为

$$I_g \approx \frac{U_g}{Z_L + Z_w}$$

例 3.2 60 Hz,115 V交流电源中性地线与其负载之地线都接于1 mm厚钢板中,试计算其接地阻抗上的电流及其共模干扰电压。负载的消耗功率为1 kW,电源的第10次谐波约为基频的2%。

解 负载阻抗 $$Z_L = \frac{U^2}{P_L} = \frac{115^2}{1\ 000} = 13.2\ \Omega$$

根据 $$I_g \approx \frac{U_g}{Z_L + Z_w}$$

因 $Z_w \ll Z_L$,所以

$$I_g = \frac{U_g}{Z_L} = \frac{115}{13.2} = 8.7\ \text{A}$$

查1 mm钢板在60 Hz时,Z_c 约为108 $\mu\Omega$,在600 Hz时 Z_c 约为300 $\mu\Omega$。

所以在60 Hz时共模干扰电压:

$$U_c = I_g Z_c = 8.7 \times 108 = 940\ \mu\text{V}$$

第10次谐波,在600 Hz时:

$$U_c = I_g Z_c = 8.7 \times 0.02 \times 300 = 52\ \mu\text{V}$$

6. 电容性干扰的实例和计算

例 3.3 导线1加有干扰源,其电压 $U_1 = 10$ V,干扰源频率 $f = 10$ MHz,受干扰电路导线2接有一负载 $R = 50\ \Omega$,导线直径 $d = 2$ mm,两导线相距 $a = 20$ mm,导线离地面高 $h = 10$ mm,如图3.23所示,导线2的异模干扰电压 U_N 为多少?

解 如图3.24所示为图3.23的干扰模型,如图3.25所示为图3.23的等效电路。

由等效电路可见,产生于导体2及地间的干扰电压的 U_N 可表示为

$$U_N = \frac{\left(\frac{C_{12}}{C_{12} + C_{2G}}\right) U_1 R}{R + \frac{1}{j\omega(C_{12} + C_{2G})}}$$

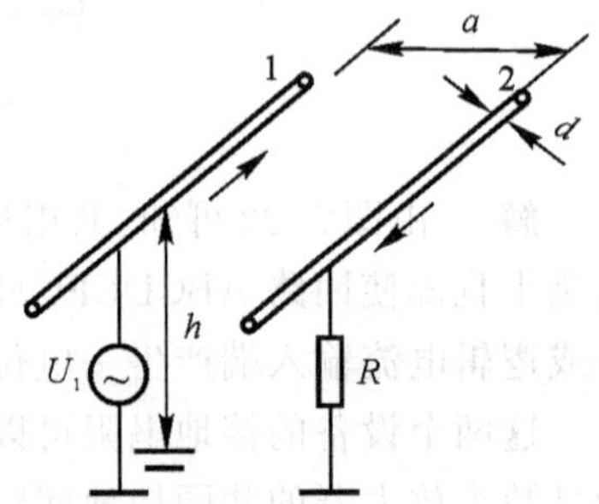

图 3.23 两导线电容性干扰源图

若 R 为低阻抗,且小于分布电容 C_{12} 及 C_{2G} 之和,即

$$R \ll \frac{1}{j\omega(C_{12} + C_{2G})}$$

则 U_N 可化简为

$$U_N = j\omega R C_{12} U_1$$

若负载电阻较大,且

$$R \gg \frac{1}{j\omega(C_{12} + C_{2G})}$$

则 U_N 可化简为

$$U_N = \frac{C_{12}}{C_{12} + C_{2G}} U_1$$

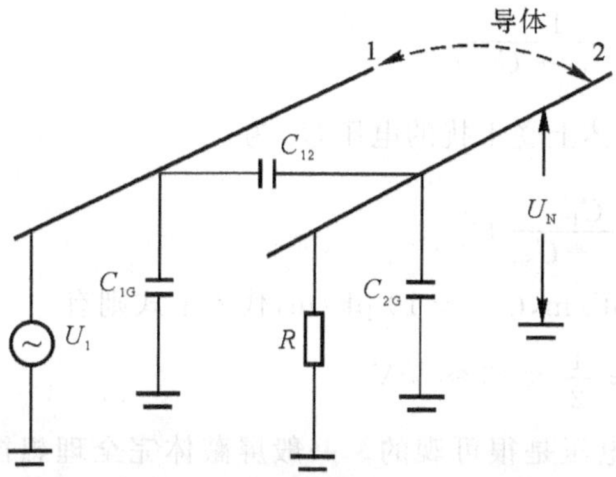

图 3.24　两导线电容性干扰模型

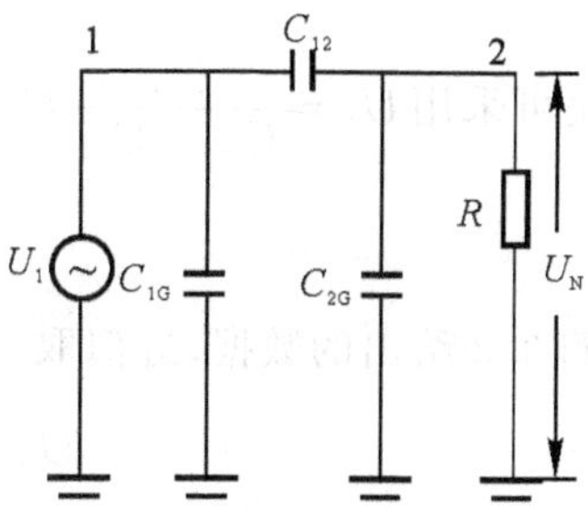

图 3.25　等效电路

由题意知
$$\frac{a}{d}=10,\quad \frac{2h}{d}=10$$
查图 3.14，得
$$C_{12}\approx 10\ \mathrm{pF/m},\quad C_{2G}\approx 10\ \mathrm{pF/m}$$
设线长 $l=1$ m，则有
$$\omega=2\pi f=2\pi\times 10\times 10^6\ \mathrm{Hz}$$
$$X_c=\frac{1}{\mathrm{j}\omega(C_{12}+C_{2G})}=\frac{1}{\mathrm{j}20\pi\times 10^6(20\times 10^{-12})}=\frac{1}{\mathrm{j}4\pi}\times 10^4\ \Omega$$
可见 $R=50\ \Omega\ll X_c$，以 $U_1=10$ V，$R=50\ \Omega$，$f=10$ MHz，$C_{12}=10$ pF/m 代入 $U_N=\mathrm{j}\omega RC_{12}U_1$ 得
$$U_N\approx 0.314\ \mathrm{mV}$$
即受干扰电路导线 2 的异模干扰电压为 0.3 mV。

例 3.4　题意如例 3.3，但导体 2 外面有一层同轴屏蔽体，如图 3.26(a) 所示，导体 2 和屏蔽体受干扰的异模干扰电压分别为多少？

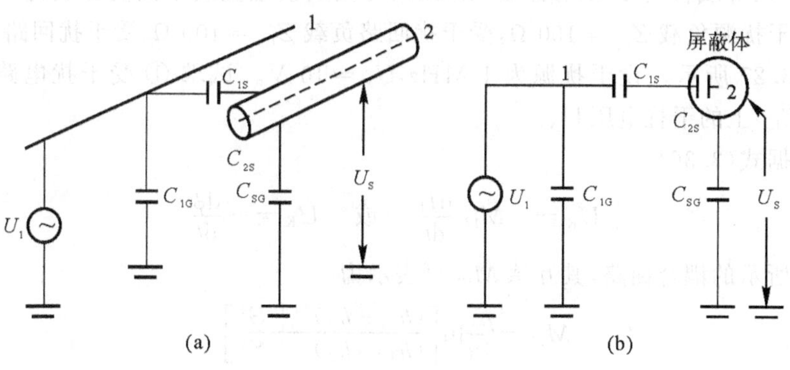

图 3.26　导体 2 有屏蔽体的电容干扰情形

(a) 实体图；(b) 等效电路

解　先绘出其等效电路如图 3.26(b) 所示，因导体 2 至地端的阻值为无限大，且导体 2 外面有一屏蔽体。负载电阻满足

$$R \gg \frac{1}{j\omega(C_{1S}+C_{SG})}$$

于是可采用$U_S=\frac{C_{1S}}{C_{1S}+C_{2G}}U_1$求得屏蔽体上受干扰的电压$U_S$为

$$U_S=\frac{C_{1S}}{C_{1S}+C_{SG}}U_1$$

如例3.3给出的数据，近似取$C_{1S}\approx 10$ pF/m，$C_{SG}\approx 10$ pF/m，代入上式则有

$$U_S\approx\frac{1}{2}U_1\approx\frac{1}{2}\times 10\approx 5\ \text{V}$$

显然，如屏蔽不接地，则屏蔽体受的干扰电压是很可观的。一般屏蔽体完全理想接地，则$U_S=0$。

导体2完全在屏蔽体内，不露任何一点于屏蔽体外，因C_{2S}上无电流流动，导体2至地端的阻值亦为无限大，故导体2上的干扰电压为

$$U_N=U_S$$

因屏蔽体接地$U_S=0$，故$U_N=0$。

对于导体2稍有少许暴露于屏蔽体外的情况，注意其$U_N\neq 0$。

7. 磁耦合干扰的实例和计算

例 3.5 有一封闭回路，面积为A，有一磁通密度为B的正弦时变干扰磁场为θ角切割面积A回路，试求回路感应的干扰电压表示式。

解 磁通密度为B的磁场在面积A的封闭回路上产生的电压为

$$U_N=-\frac{d}{dt}\int_A AB\,dA$$

如果封闭回路静止，且磁通密度为正弦时变，则有

$$U_N=j\omega BA\cos\theta$$

例 3.6 两导线长为1 m，相距30 mm，两导线离接地金属平面高分别为h_1，h_2，且$h_1=h_2=10$ mm，干扰源负载$Z_{L_1}=100\ \Omega$，受干扰回路负载$Z_{L_2}=100\ \Omega$，受干扰回路源内阻$Z_{S_2}=100\ \Omega$，如图3.27所示。设干扰源为1 MHz，$U_1=10$ V。试求①受干扰电路的感应电压U_K；②负载Z_{L_2}上的干扰电压U_N。

解 根据式(3.36)

$$U_K=-M_{12}\frac{dI_1}{dt}\quad 或\quad U_K=-\frac{d\phi}{dt}$$

对如图3.27所示的耦合回路，其互感M_{12}可表示为

$$M_{12}=\frac{\mu_0}{4\pi}\ln\left[\frac{(h_1+h_2)^2+S^2}{(h_1-h_2)^2+S^2}\right]$$

则磁通为

$$\Phi=M_{12}I_1=\frac{\mu_0 I_1}{4\pi}\ln\left[\frac{(h_1+h_2)^2+S^2}{(h_1-h_2)^2+S^2}\right]$$

那么有

$$U_K=-\frac{d\Phi}{dt}=-j2\pi f\Phi$$

U_K求出后，在受干扰电路负载Z_{L_2}上产生的干扰电压，就可通过第二回路负载Z_{L_2}上的分

压得出。为今后方便起见，引入一个电感性串接系数 C，定义为

$$C = 20\lg \frac{L_N}{L_1}$$

有

$$\frac{L_N}{L_1} = \frac{Z_{L_2}}{Z_{S_2} + Z_{L_2} + j\omega L_2 l}\omega M_{12}\frac{l}{Z_{L_1}}$$

$$L_2 = \frac{1.25 \times 10^{-6}}{2\pi} l \ln\left(\frac{2h^2}{r_2} - 1\right)$$

式中，ω 为角频率(rad/s)；M_{12} 为两导线间互感(H)；L_2 为受干扰线路的自感(H)；l 为导线长度(m)。

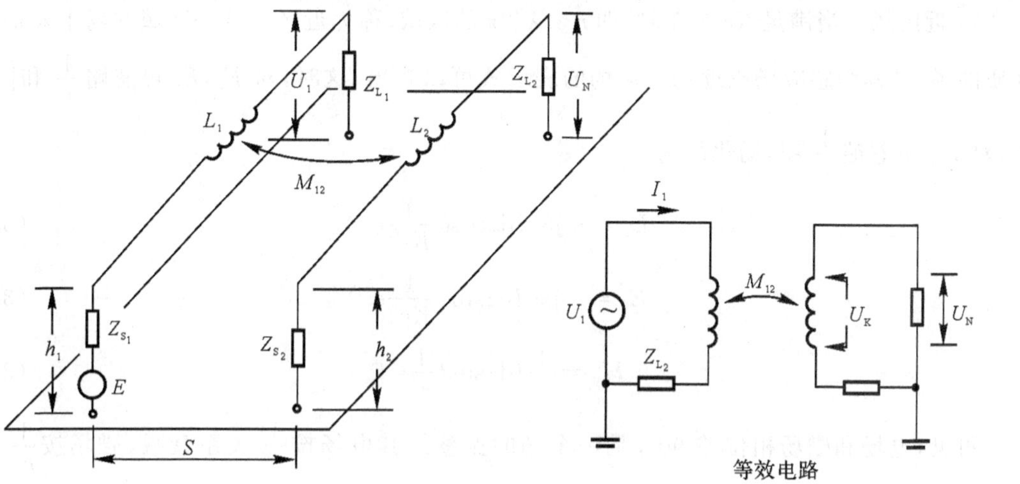

图 3.27　两导线回路间电感性干扰

将有关数据代入 C 的定义式，得

$$C = -61 \text{ dB}$$

即

$$U_N/U_1 \approx 10^{-6}$$

故

$$U_N = 10 \times 10^{-6} \text{ V} = 10\ \mu\text{V}$$

3.2　辐射干扰

1. 辐射干扰源的基本单元

辐射干扰源的种类很多，就人为干扰源来说，都可归为电偶极子和磁偶极子的辐射，任何辐射源的辐射都可从这两个基本单元的辐射进行分析推导。

(1) 电偶极子的辐射。所谓电偶极子，是一段很短的载流导线，线长远远小于线上电流的波长，线上电流为均匀分布，随时间作正弦变化。

为了分析方便，将电偶极子置于一个球坐标系下，如图 3.28 所示。电偶极子元线长为 dz，线上电流为 $Ie^{j\omega t}$，则该电偶极子产生电场和磁场为

$$E_r = 60K^2 I\mathrm{d}z\left[\frac{1}{(Kr)^2} - \frac{\mathrm{j}}{(Kr)^3}\right]\cos\theta \mathrm{e}^{-\mathrm{j}Kr} \quad (3.40)$$

$$E_\theta = \mathrm{j}30K^2 I\mathrm{d}z\left[\frac{1}{Kr} - \frac{\mathrm{j}}{(Kr)^2} - \frac{1}{(Kr)^3}\right]\sin\theta \mathrm{e}^{-\mathrm{j}Kr} \quad (3.41)$$

$$H_\varphi = \mathrm{j}\frac{K^2}{4\pi} I\mathrm{d}z\left[\frac{1}{Kr} - \frac{\mathrm{j}}{(Kr)^2}\right]\sin\theta \mathrm{e}^{-\mathrm{j}Kr} \quad (3.42)$$

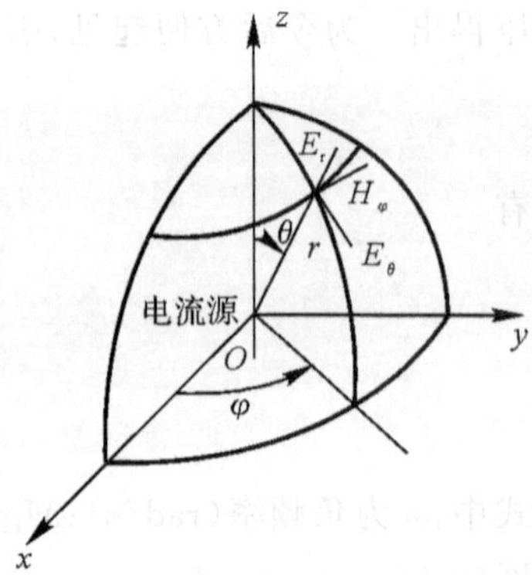

图 3.28　电偶极子坐标

式中，$K = 2\pi/\lambda$，λ 为波长；E 为电场强度；H 为磁场强度。

式中的时间因子 $\mathrm{e}^{\mathrm{j}\omega t}$ 已略去，E_r，E_θ，H_ϕ 分别为球坐标系下的三个分量，其他分量的场均为零。

(2) 场区划分。根据电偶极子产生的场的特性，可将其在空间的场分为三个区域：近区场；中区场；远区场。

1) 近区场。当满足 $Kr \ll 1$ 时，即 $r \ll \lambda/2\pi$ 的区域，称为近区。这一区域的场主要是感应性质的场，又称为感应场或近场。从场的表示式可以看出，这时，对 E_θ，E_r 可忽略 $\frac{1}{r}$ 和 $\left(\frac{1}{r}\right)^2$ 项，对 H_φ 可忽略 $\frac{1}{r}$ 项，场化简为

$$E_r = -\mathrm{j}60 I\mathrm{d}z\cos\theta \frac{1}{Kr^3}\mathrm{e}^{-\mathrm{j}Kr} \quad (3.43)$$

$$E_\theta = -\mathrm{j}30 I\mathrm{d}z\sin\theta \frac{1}{Kr^3}\mathrm{e}^{-\mathrm{j}Kr} \quad (3.44)$$

$$H_\varphi = \frac{1}{4\pi} I\mathrm{d}z\sin\theta \frac{1}{r^2}\mathrm{e}^{-\mathrm{j}Kr} \quad (3.45)$$

可见，电场和磁场相位差 90°，是一个场的振荡。其电场按 $\frac{1}{r^3}$ 关系衰减，磁场按 $\frac{1}{r^2}$ 关系衰减。

2) 远区场。当满足 $Kr \gg 1$ 时，即 r 在 $r \gg \lambda/2\pi$ 的区域，称之为远区。这时，可忽略场表示式中的高次项，仅保留 $\frac{1}{r}$ 项，场化简为

$$E_r = 0 \quad (3.46)$$

$$E_\theta = \mathrm{j}\frac{60\pi I\mathrm{d}z}{r\lambda}\sin\theta \mathrm{e}^{-\mathrm{j}Kr} \quad (3.47)$$

$$H_\varphi = \mathrm{j}\frac{KI\mathrm{d}z}{4\pi r}\sin\theta \mathrm{e}^{-\mathrm{j}Kr} \quad (3.48)$$

且有

$$\frac{E_\theta}{H_\varphi} = \sqrt{\frac{\mu}{\varepsilon}} = 120\pi = \eta \quad (3.49)$$

称 η 为自由空间的波阻抗。

可见，这时，电场与磁场同相位，能量传输方向为 r 径向，表示场在向 r 径向传输或辐射，所以，称这一区域的场为远场或辐射场。

场量 E_θ 和 H_φ 均正比于因子 $\mathrm{e}^{-\mathrm{j}Kr}/r$，这表明电偶极子的辐射场是一个球面波，当 r 足够大时，局部可认为是平面波。另外，场量还与 $\sin\theta$ 成比例，表明辐射场是有方向性的，在不同的方向产生的辐射场也不同。

以上结论虽然仅适用于电偶极子，但是很容易地用它们求出任何电流分布已知时导线的辐射场。具体方法是把导线进行微分，每一个微分元可看作是一个电偶极子，然后把所有的电偶极子产生的场相加，实际上是一个积分的过程。如果导线为直导线，长为 l，其上电流分布为 $I(z)$，则该导线的辐射场为

$$E_{\theta}=\mathrm{j}\,\frac{60\pi\sin\theta}{\lambda}\,\frac{\mathrm{e}^{-\mathrm{j}Kr}}{r}\int_{0}^{l}I(z)\mathrm{d}z\mathrm{e}^{-\mathrm{j}Kz}\cos\theta \tag{3.50}$$

$$H_{\varphi}=E_{\theta}/\eta \tag{3.51}$$

3) 中区场。在远区场与近区场的分界区域，即 $r=\lambda/2\pi$ 附近，称为中区。这时，场的各项都不能忽略，因而保持式(3.40) ～ 式(3.42) 的形式，这一区域既有感应场，又有辐射场。

(3) 磁偶极子的辐射。磁偶极子可认为是一个直径远小于波长的载流圆环导线。将其也置于球坐标系下，如图 3.29 所示。

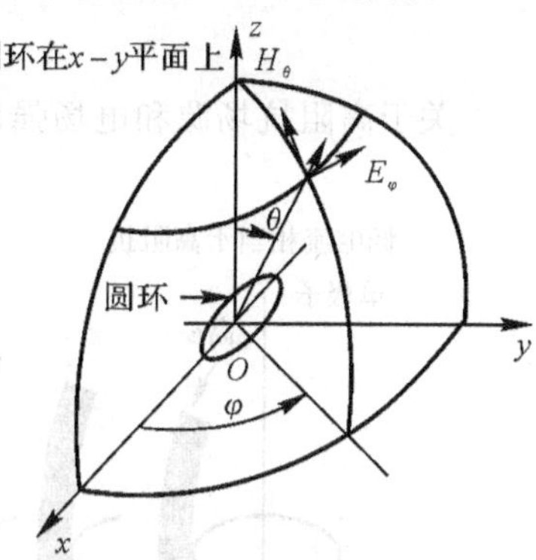

图 3.29　磁偶极子坐标

该坐标系下，磁偶极子产生的场为

$$E_{\varphi}=30K^{2}\mathrm{d}m\left[\frac{1}{Kr}-\frac{\mathrm{j}}{(Kr)^{2}}\right]\sin\theta\mathrm{e}^{-\mathrm{j}Kr} \tag{3.52}$$

$$H_{\mathrm{r}}=\frac{K^{2}}{2\pi}\mathrm{d}m\left[\frac{\mathrm{j}}{(Kr)^{2}}+\frac{1}{(Kr)^{3}}\right]\cos\theta\mathrm{e}^{-\mathrm{j}Kr} \tag{3.53}$$

$$H_{\theta}=-\frac{K^{2}}{4\pi}\mathrm{d}m\left[\frac{1}{Kr}-\frac{1}{(Kr)^{2}}-\frac{1}{(Kr)^{3}}\right]\sin\theta\mathrm{e}^{-\mathrm{j}Kr} \tag{3.54}$$

式中，$\mathrm{d}m$ 为磁偶极子的微分磁矩，它的大小为导线电流 I 与圆环的面积 A 的乘积。

仔细观察磁偶极子的场，发现它与电偶极子的场极为相似，不同之处仅仅是将电与磁的量互换。这正是电磁理论中的对偶原理。所以，对磁偶极子的分析可以仿照电偶极子的分析，把场区分为三个区域，每个区域的特性与电偶极子基本相同。

应该指出，自然界中至今还没有发现理想的磁偶极子，这里讲的磁偶极子只是一种假定，因为，微分小环的辐射与理想的磁偶极子的辐射完全相同。当圆环的直径小于 $\lambda/10$ 时，场的表示式是相当精确的。

(4) 无穷大金属平面的窄缝辐射。还有一种结构，其辐射特性与磁偶极子的辐射特性非常相似，那就是无穷大金属平面上的窄缝。这种结构的电场横跨缝隙的窄边，它的辐射相当于一个正好填满该缝隙的电偶极子的辐射。两者的唯一的区别仅在于是将电和磁的量互换。

2. 辐射干扰的物理模型

(1) 辐射干扰的物理模型。一个干扰源，它向自由空间传播电磁波，其电场强度为 $\boldsymbol{E}$，磁场强度为 $\boldsymbol{H}$，它的普通表示式是式(3.40) ～ (3.42)，当 $r\gg\lambda/(2\pi)$ 时，有 $\boldsymbol{E}/\boldsymbol{H}=\eta$。当 $r\ll\lambda/(2\pi)$ 时，如果干扰源具有大电流低电压，则磁场 $\boldsymbol{H}$ 起主要作用；如果干扰源具有高电压小电流，则电场 $\boldsymbol{E}$ 起主要作用。

另有一个干扰对象，它的两根导线 3 和 4 就好像是天线，接收 $\boldsymbol{E}$ 和 $\boldsymbol{H}$。这两根导线可能连成一个环，也可能其中一根导线接地。

如图 3.30 所示就是上述辐射干扰的物理模型。

(2) 高阻抗场与低阻抗场。自由空间远区场的波阻抗 $\eta=120\,\pi$，而在近区场时，对于电偶

极子作为干扰源的感应场区间，则会出现高阻抗场，并且干扰场主要是电场发生源起主要作用。

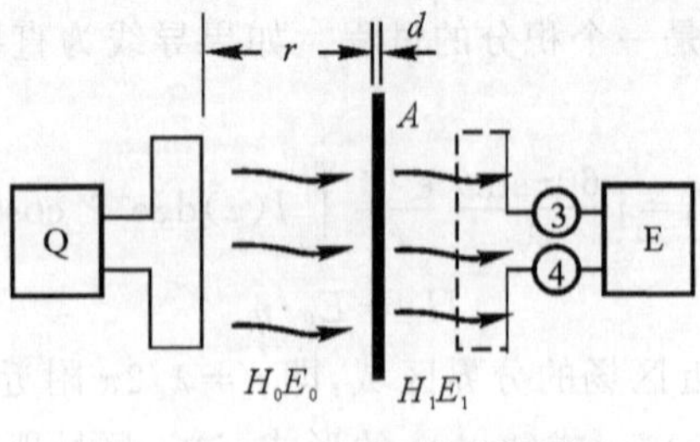

图 3.30　辐射干扰原理

Q— 干扰源；E— 干扰对象

关于高阻抗场源和电场强度之间的关系概念图如图 3.31(a) 所示。

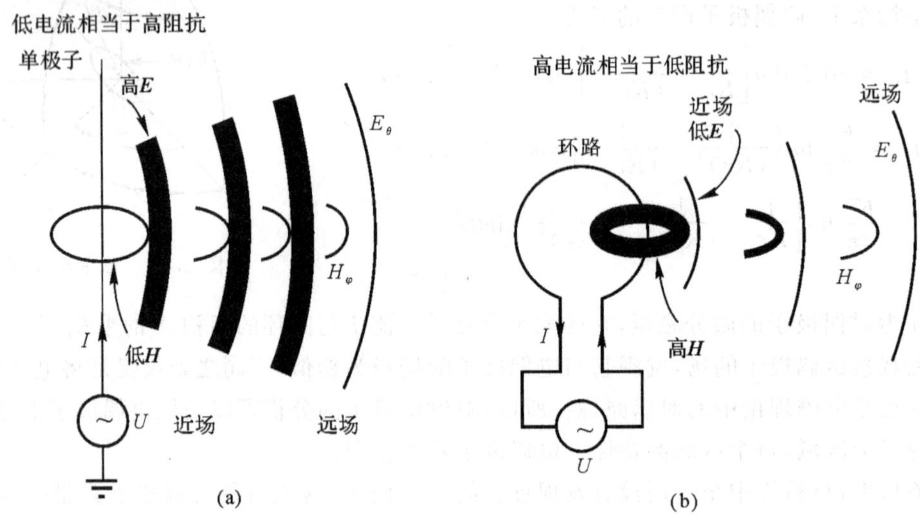

图 3.31　源种类与场强之间的关系

(a) 高阻抗场的源及波；(b) 低阻抗场的源及波

从式(3.44) 和式(3.45) 出发，设定电场与磁场的比值为近场区的空间阻抗，记为 Z_E，则有

$$Z_E = \frac{E_\theta}{H_\varphi} = -j\eta\frac{\lambda}{2\pi r} \tag{3.55}$$

令 $x = \frac{2\pi r}{\lambda}$，则

$$Z_E = -j\eta/x \tag{3.56}$$

由于是近区场，故 $x < 1$。这时，必然有

$$Z_E > \eta = 120\ \pi \tag{3.57}$$

正因为 Z_E 大于自由空间波阻抗，所以，称为高阻抗场，它与距离的关系如图 3.32 所示。

同样道理，对于磁偶极子作为干扰源的感应场区间，即磁场源的近场区，将会出现低阻抗场，用 Z_H 表示。很易推得

$$Z_H < \eta = 120\pi \tag{3.58}$$

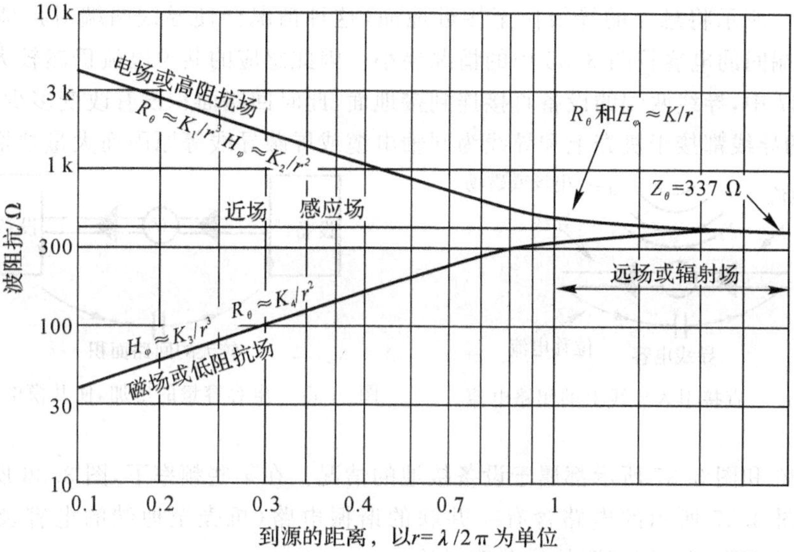

图 3.32　空间阻抗源的距离变化情况

(3) 减小辐射干扰的措施。根据辐射干扰的性质，就可以制定减小辐射干扰的措施，主要有：

1) 辐射屏蔽，即在干扰源和干扰对象之间插入一金属屏蔽物，以阻挡干扰的传播，如图 3.33 所示。

2) 极化隔离，即干扰源与干扰对象在布局上采取极化隔离措施，使二者的极化正交。

3) 距离隔离，即增大干扰源与干扰对象之间的距离，这是由于在近场区，场强与距离成$\frac{1}{r^2}$或$\frac{1}{r^3}$的比例关系。

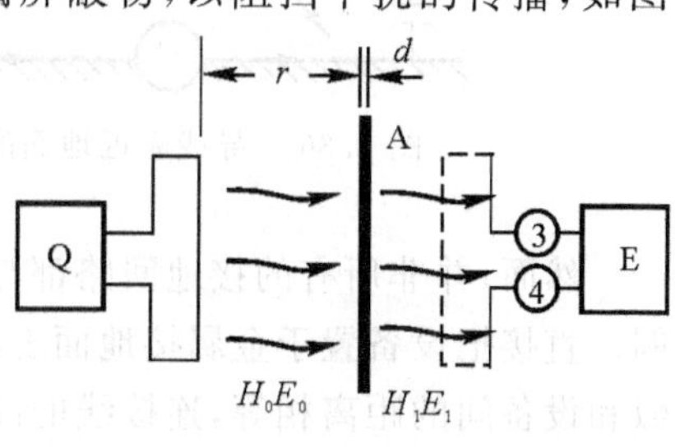

图 3.33　辐射屏蔽示意图

4) 方向性隔离，即利用天线方向性的特点，让干扰源方向性最小点对准干扰对象，以达到减小干扰的目的。

5) 吸收涂层，即在干扰对象表面涂复一层吸波材料。

3. 辐射对电路产生的共模干扰

电磁辐射干扰源产生的辐射场，在设备之间的连接上会感应一个干扰电压 U，且有

$$U = \int_0^l E\mathrm{d}l \approx El \quad (l \ll \lambda) \tag{3.59}$$

此干扰电压将在导线上产生一共模干扰电流，它通过位移电流或地回路电流流动，形成一个闭合回路，从而存在一个回路面积。

如图 3.34 所示为一设备连线的回路面积，就是天线的等效面积，因低频处容抗较高，其电流值较小。

如果导线的两端接有设备，如图 3.35 所示。回路面积与导线电容都会增加，从而导致共

模电压及电流相应地增加，但电流的增加率较快，因大的回路面积产生的电压高，而高电容值的阻抗又较小，所以电流急剧上升。

如图 3.36 所示将悬浮的导线拉至接近地面，这种情况会使导线两端对接地面的容量增加，而导线两端间的电容较图 3.35 中的情况要小。因此感应的共模电流仍然较大。

在图 3.37 中，导线两端的设备直接连到接地面，此时回路面积没有改变多少，但共模电流会因设备内的导线都接于机壳上和导线为同轴电缆或屏蔽导线等原因而大量地增加。

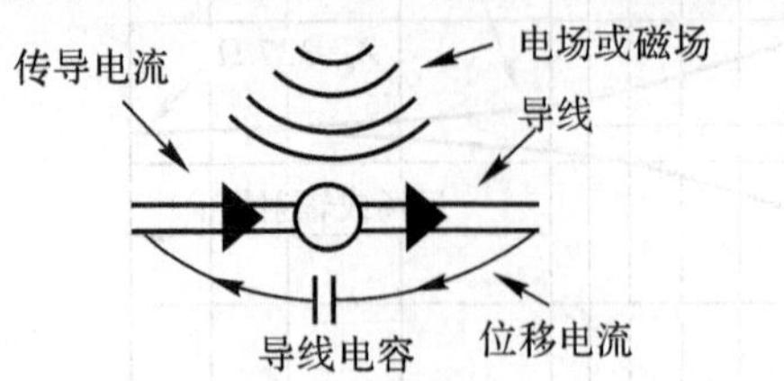

图 3.34　直接引入导线上的闭路电流

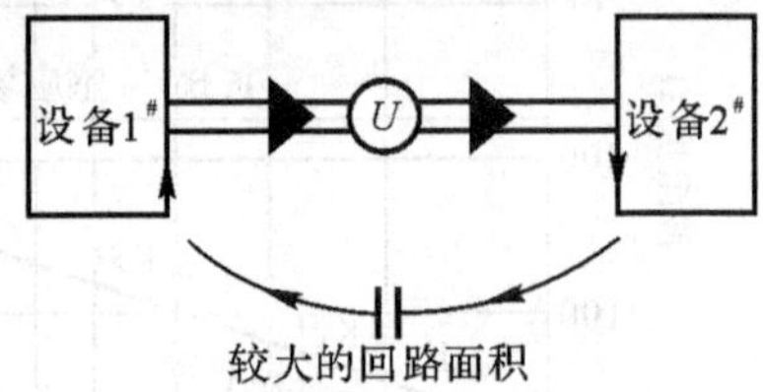

图 3.35　电容容量的增加，使共模电流增加

如图 3.36 和图 3.37 所示都属于设备接地的情况。在某些频率下，图 3.36 所阻抗较低。这是因为如图 3.37 所示的电路含有一并联的谐振电路（机壳至地端的电容及导线的电感值）。所以对回路面积和回路阻抗应分开讨论。

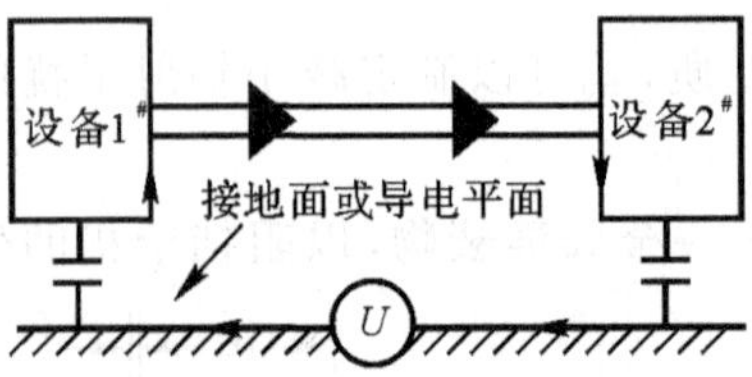

图 3.36　导线靠近地面的情况

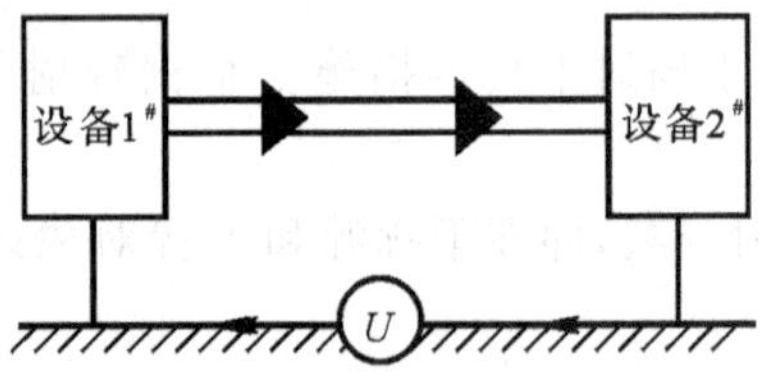

图 3.37　设备接地的情况

然而，并非所有的接地回路都与图 3.36 和图 3.37 所示相同。如图 3.38 所示就是其中一例。直接把设备置于金属接地面上，连线稍有下垂，形成的回路相当具体。连接线的长度可近似和设备间的距离相等，连接线的高度可取其平均高度。

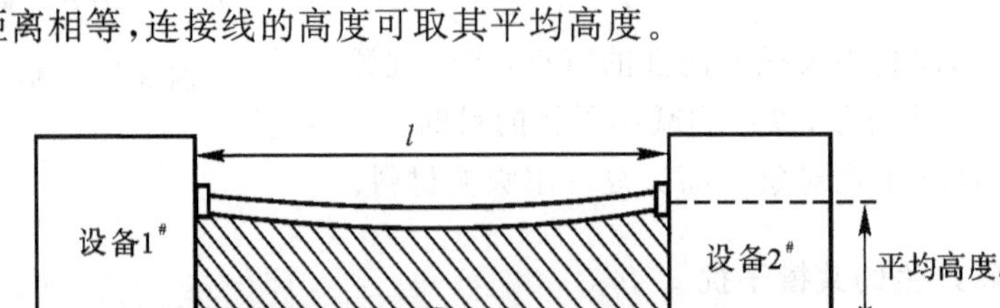

图 3.38　较具体的接地回路

实际中常常存在另外一种情况，如图 3.39 所示。这种情况的接地回路就不容易确定。如果其中一个电气设备或二者为浮接，则设备机壳底部与接地面很容易形成杂散电容。造成浮接的原因可能为这些设备置于钢筋混凝土的地面，或是设备上有橡胶轮支撑，故无法直接与金属接地面接触。图中的阴影部分提出一个计算接地回路的方法。有时连接线太长，某些部分甚至落在电气设备底端的地面上，使地回路更难确定。

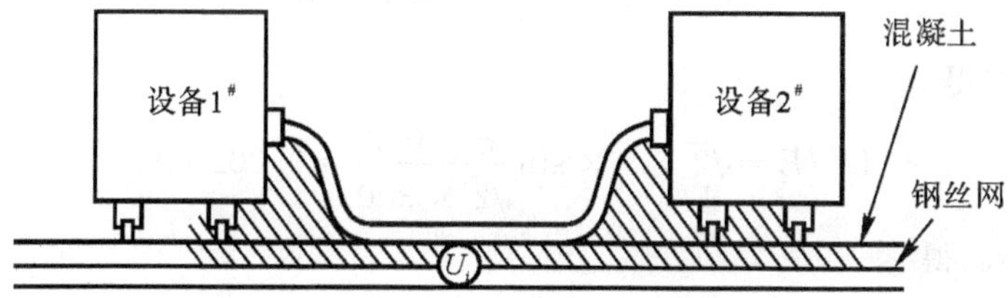

图 3.39　不太明显的地回路

电场或磁场对封闭的回路很容易形成噪声电流而串入导线中。电场对电路形成的共模干扰(Common Mode Coupling,CMC)为

$$\mathrm{CMC}=20\lg(U_i/E)=20\lg\left[2l\cos\theta\sin\left(\frac{\pi h}{\lambda}\cos\alpha\right)\right]\ \mathrm{dB} \tag{3.60}$$

式中,U_c 为感应的回路电压(V),即共模干扰电压;E 为进入的电场强度(V/m);h 为回路的平均高度,$h\ll\lambda$;l 为回路长度,$l\ll\lambda$;λ 为波长;α 为回路所在平面与电场传播方向的夹角;θ 为 l 与 E 的夹角。

通常设 $\alpha=\theta=\pi/4$,当 $\frac{l}{\lambda},\frac{h}{\lambda}\leqslant 0.5$ 时,则由式(3.60)可得

$$U_c/E=\sqrt{2}\,l\sin\frac{\pi h}{\sqrt{2}\lambda} \tag{3.61}$$

由式(3.61)可知,当 $l,h\ll\lambda$ 时,共模干扰随着频率的增加而增加,直到 $l/\lambda=0.5$ 时为止。当 $l/\lambda>0.5$ 时,式(3.61)不再适用,而需要做一些修正。将 $l=\lambda/2$ 代入式(3.61),有

$$U_c/E=\frac{\sqrt{2}}{2}\lambda\sin\left(\frac{\pi h}{\sqrt{2}\lambda}\right)\approx\frac{212}{f}\sin\frac{2.22h}{\lambda} \tag{3.62}$$

这便是 $l\geqslant 0.5\lambda,h<0.5\lambda$ 时适用的公式。当 $l<0.5\lambda,h\geqslant 0.5\lambda$ 时,有

$$U_c/E\approx\sqrt{2}\,l \tag{3.63}$$

这时的共模干扰与频率无关。

式(3.61) ~ 式(3.63)就是计算辐射电场对电路形成的共模干扰电压的公式。

同样道理,磁场对电路形成的共模干扰为

$$\mathrm{CMC}=20\lg(U_c/B)=20\lg\left[2lc\sin\left(\frac{\pi h}{\lambda}\cos\alpha\right)\right]\ \mathrm{dB} \tag{3.64}$$

式中,B 为磁通密度(T);c 为电磁波速度,空气中 $c=3\times10^8$ m/s;α 为回路平面与磁场传输方向的夹角。

当 l,h 取不同值时,U_c/B 分别为

$$U_c/B=\sqrt{2}\,lc\sin\frac{\pi h}{\sqrt{2}\lambda},\quad l,h\leqslant 0.5\lambda \tag{3.65}$$

$$U_c/B=\frac{\sqrt{2}}{2}\lambda c\sin\frac{\pi h}{\sqrt{2}\lambda},\quad l>0.5\lambda,\quad h<0.5\lambda \tag{3.66}$$

例 3.7　设 $f=1$ MHz 的干扰场强为 $E=1$ V/m,两设备连线长 $l=1$ m,平均高度 $h=20$ cm,试计算电磁辐射对该回路产生的共模干扰电压 U_c 和共模干扰 CMC。

解　$f=1$ MHz 对应的波长为

$$\lambda = c/f = \frac{3\times10^8}{10^6} = 300\ \text{m}$$

由公式(3.61)可求得

$$U_c/E = \sqrt{2}\times1\times\sin\frac{\pi\times0.2}{\sqrt{2}\times300} = 0.002\ 09$$

将 $E=1$ V/m 代入，得

$$U_c = 0.002\ 09\ \text{V} = 2.09\ \text{mV}$$

$$\text{CMC} = 20\ \lg(U_c/E) = -53.6\ \text{dB}$$

4. 电磁辐射对电路产生的异模干扰

电磁辐射对电路产生的异模干扰通常出现在电路的输入端。如图 3.40 所示就是一个产生异模干扰的典型情况。

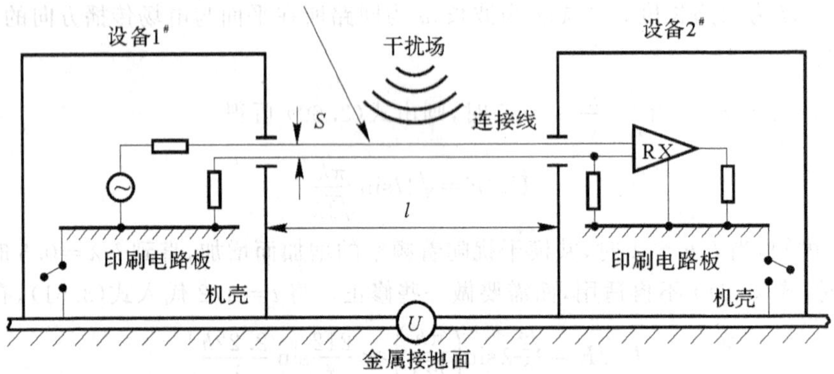

图 3.40　电路的异模干扰

异模干扰电压的计算与共模干扰电压的计算基本相同，只须将导线间隔 S 代替平均高度 h 代入共模干扰电压的计算公式即可，且把 U_c 换成 U_d，即

$$U_d/E = \sqrt{2}\,l\sin\frac{\pi s}{\sqrt{2}\lambda},\quad l,s < 0.5\lambda \tag{3.67}$$

$$U_d/E = \frac{\sqrt{2}}{2}\lambda\sin\frac{\pi s}{\sqrt{2}\lambda},\quad l \geqslant 0.5\lambda,\quad s < 0.5\lambda \tag{3.68}$$

$$U_d/B = \sqrt{2}\,lc\sin\frac{\pi s}{\sqrt{2}\lambda},\quad l,s \leqslant 0.5\lambda \tag{3.69}$$

$$U_d/B = \frac{\sqrt{2}}{2}\lambda c\sin\frac{\pi s}{\sqrt{2}\lambda},\quad l > 0.5\lambda,\quad s \leqslant 0.5\lambda \tag{3.70}$$

异模干扰值用符号 DMC 表示，其定义为

$$\text{DMG} = 20\ \lg(U_d/E) \tag{3.71}$$

同轴线也会产生异模干扰，可以将其分成两部分：第一部分为辐射场对导线的干扰，使同轴线表层产生干扰电流；第二部分为同轴线的阻抗转换，它将干扰电流转换为异模干扰电压。同轴线的异模干扰值为

$$\mathrm{DMG}=20\lg\left(\frac{I_c}{E}\times\frac{Z_t}{2}\right)=20\lg\left(\frac{I_c}{E}\right)+Z_t(\mathrm{dB\Omega})-6\mathrm{dB} \tag{3.72}$$

式中，I_c 为同轴线表层的干扰电流；Z_t 为同轴线的转换阻抗。

同轴线 I_c 的推导较为烦琐，这儿，给出 I_c/E 的结果如下：

$$I_c/E=3.9\times10^{-5}l^2f\ ,\quad l/\lambda\leqslant0.5 \tag{3.73}$$

$$I_c/E=0.88/f\ ,\quad l/\lambda>0.5 \tag{3.74}$$

式中，l 为同轴线长度，f 用 MHz。

Z_t 定义为同轴线外导体表层单位长度的干扰电压与干扰电流之比，如图 3.41 所示。必须注意，转换阻抗与特性阻抗是两个完全不同的概念，为便于计算，如图 3.42 所示给出了几种同轴线的转换阻抗与频率的关系曲线。

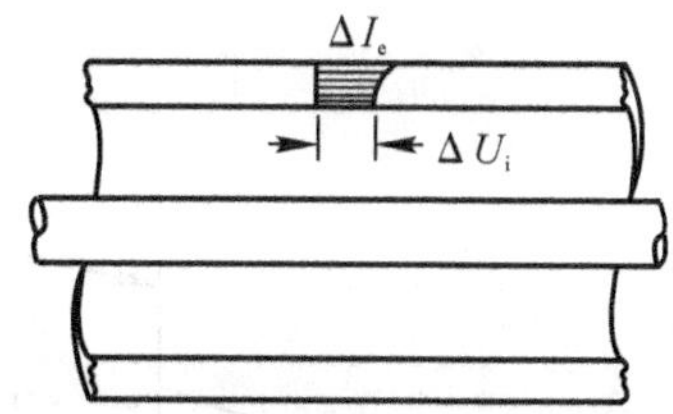

图 3.41　同轴线转换阻抗含义示意图

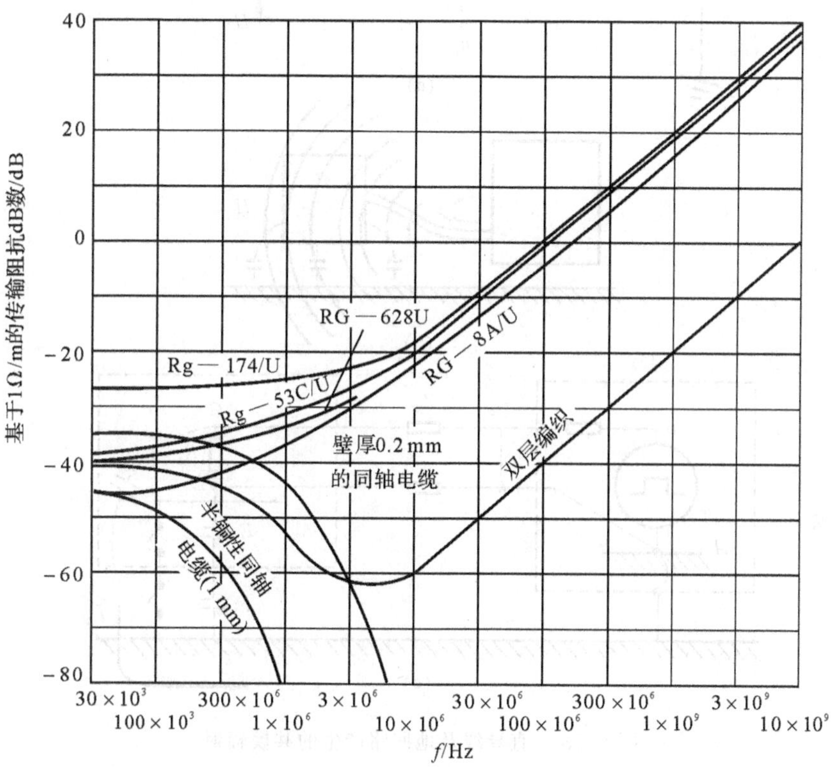

图 3.42　同轴线的转换阻抗

5. 外导线及地回路产生的辐射

当引出线的长度大于设备的最大外尺寸时，则此导线将成为电磁干扰发射源的主要部分。若当线位于接地面上 h 高度处，并带有信号时，导线与接地面间会形成一共模电压，迫使其产生共模电流。这个共模电流就会产生一个共模辐射场。如图 3.43 所示为导线及地回路产生共模辐射干扰的结构图，产生的共模电流为

$$I_{\mathrm{CM}}=\frac{U_c}{Z_{\mathrm{CE}}+Z_{\mathrm{EF}}}+\frac{U_c}{R_L+Z_{\mathrm{DE}}+Z_{\mathrm{EF}}} \tag{3.75}$$

式中，U_c 为共模电压；Z_{CE} 为 R_L 的“热端”至设备的机架上的杂散电容阻抗；Z_{EF} 为设备至接地面的阻抗。如设备接地，此值为零；若为浮接，此值为电路板至机架的容抗。Z_{DE} 为电路板零伏特至机架上的阻抗。若电路板接地，此值为零；若为浮接，此值为电路板至机架的容抗。

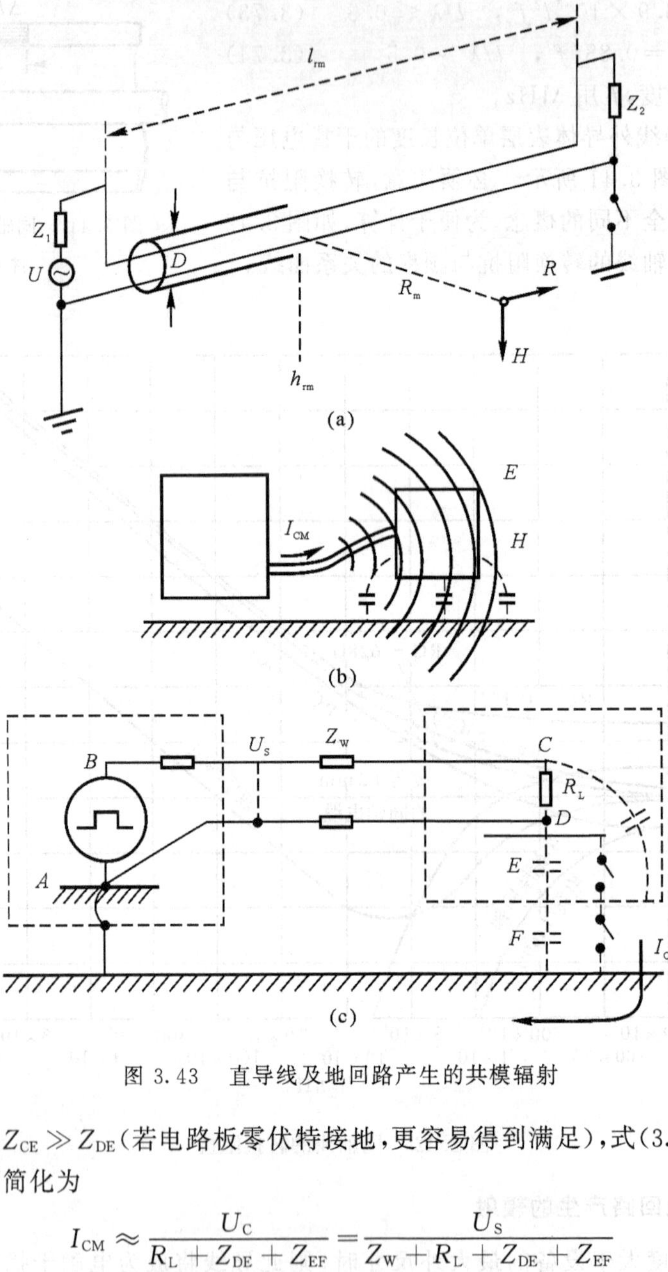

图 3.43　直导线及地回路产生的共模辐射

某些情况下，$Z_{CE} \gg Z_{DE}$（若电路板零伏特接地，更容易得到满足），式(3.75)第一项可略去不计，共模电流可简化为

$$I_{CM} \approx \frac{U_C}{R_L + Z_{DE} + Z_{EF}} = \frac{U_S}{Z_W + R_L + Z_{DE} + Z_{EF}} \tag{3.76}$$

式中，$Z_{DE} + Z_{EF}$ 为电路板零伏特点至接地面的浮接阻抗，令 $Z = R_L + Z_{DE} + Z_{EF}$，则

$$I_{CM} = \frac{U_S}{Z_W + Z} \tag{3.77}$$

6. 长载流导线的磁场

当观测距离与直导线或环路尺寸相差不远时，不属于近场的情况，须作以下讨论。

由安培环路定律可知，一载有电流 I 的长导线所产生的磁通密度 B 为

$$B=\mu_0 H=4\pi\times10^{-7}\times\frac{1}{2\pi R}=\frac{2I}{R}\times10^{-7}\,(\mathrm{T}) \tag{3.78}$$

$$H=I/(2\pi R)\ (\mathrm{A/m}) \tag{3.79}$$

式中，R 为场点与导线间的距离，如图 3.44(a) 所示。

根据共模电流和异模电流的含义，单根导线上的电流可以看成是共模电流。而对于如图 3.44(b) 所示的导线对，则可看成是异模电流的情况，其产生的磁场为

$$B=\mu H_1-\mu H_2=\frac{\mu I}{2\pi}\left(\frac{1}{R-\dfrac{S}{2}}-\frac{1}{R+\dfrac{S}{2}}\right) \tag{3.80}$$

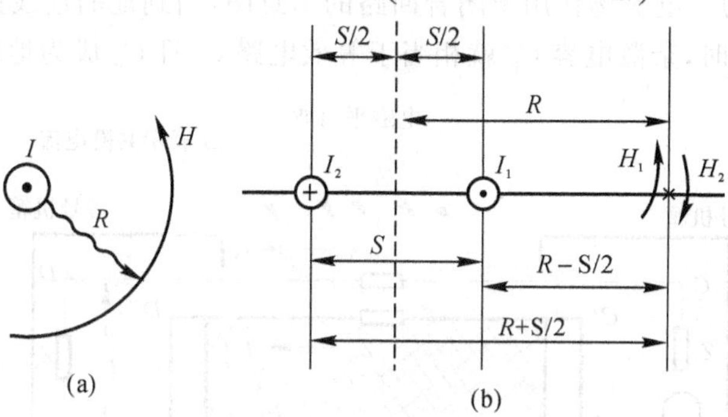

图 3.44　直导线共模及导模电流产生的磁场

7. 地回路耦合干扰

场对导线的共模干扰和共地阻抗的共模干扰，均是地回路耦合的主要干扰源，为讨论共模干扰电压对受害的电路会有多大的影响，定义一个地回路耦合(ground loop coupling，GLC)，它与共模抑制密切相关

$$\mathrm{GLC}=20\lg(U_0/U_c) \tag{3.81}$$

式中，U_0 为受害放大器或逻辑电路输入端的电压；U_c 为由公共地阻抗或电磁辐射耦合到回路面积所产生的共模电压。

如图 3.45 所示是一个平衡系统，信号源与负载皆为平衡型。它也可以改为非平衡系统，适用于同轴电缆传输线，如图 3.46 所示。当然，不同的结构会有不同的性能，所以地回路的干扰将根据传输线的种类而分别加以讨论。

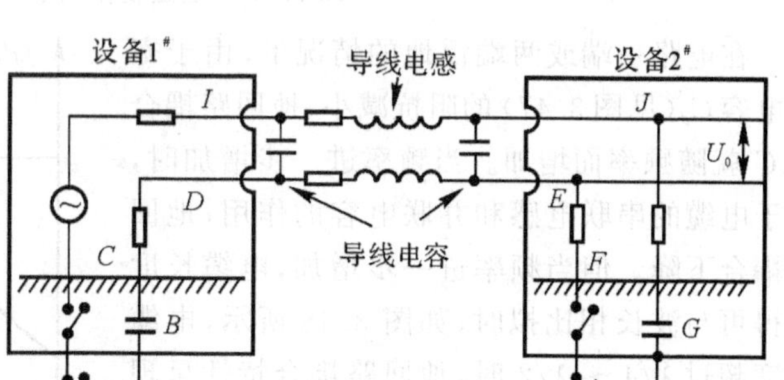

图 3.45　平衡系统的地回路耦合

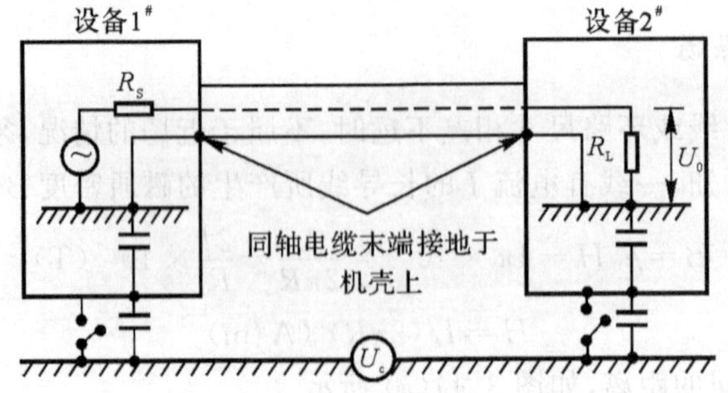

图 3.46　非平衡系统的地回路耦合

在如图 3.45 所示回路中，感应的共模电压 U_c 产生一共模电流沿回路 ABCDEFGHA 及 ABCIJFGHA 单导线对流动。因两个回路的阻抗并不相同，故会在受害放大器或逻辑电路的输入端产生一电压 U_0。

如图 3.47 所示为一电磁场作用于闭合回路的示意图，当到地的连线如 B 点到机壳或 E 点到机壳的连线被去掉时，杂散电容 C_p 就相当于等效电路 C，且 C_p 成为地回路的一部分。

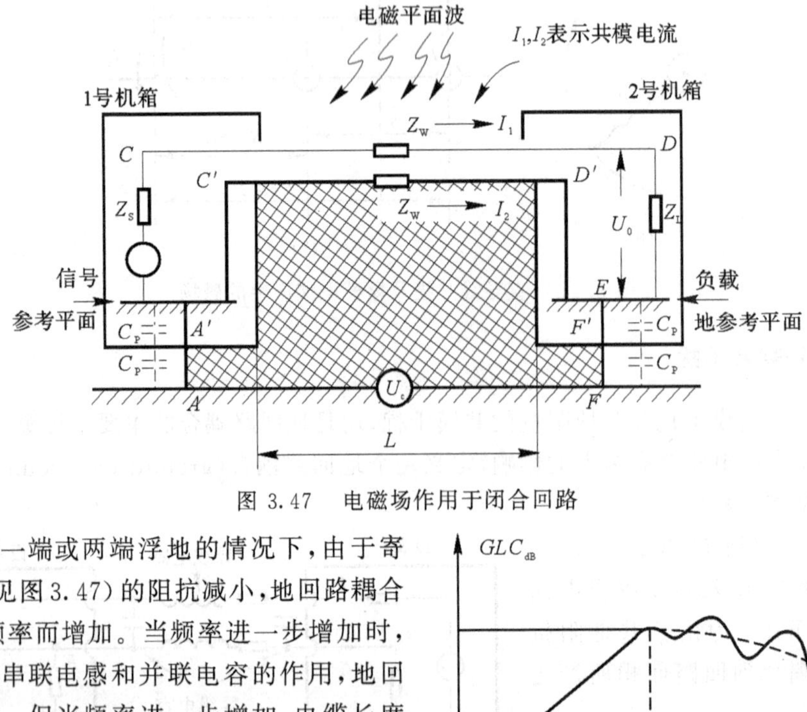

图 3.47　电磁场作用于闭合回路

在电路一端或两端浮地的情况下，由于寄生电容 C_p（见图 3.47）的阻抗减小，地回路耦合 GLC 就随频率而增加。当频率进一步增加时，由于电缆的串联电感和并联电容的作用，地回路耦合下降。但当频率进一步增加，电缆长度变得可与波长相比拟时，如图 3.48 所示，电缆长度超过 $\lambda/4 \sim \lambda/2$ 时，地回路耦合特性呈现振荡形式，出现的最大值与最小值的位置，取决于电缆参数（单位长度的电感、电容、电阻、电导）、电缆长度与电路阻抗。这些参数随各电缆的型号、源以及负载阻抗而变，必须按各种应用场合确定。

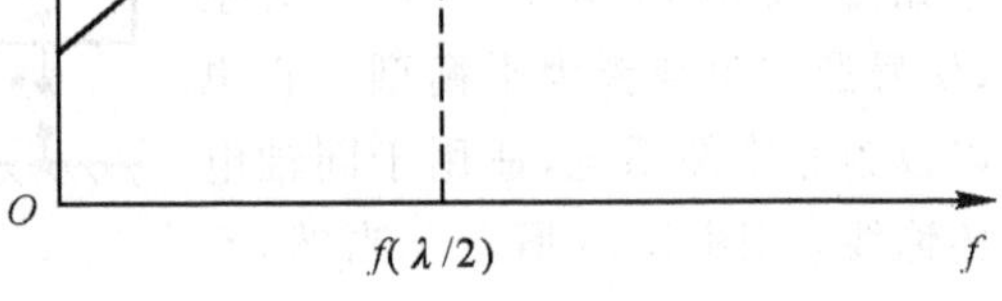

图 3.48　地回路耦合随频率变化情况

8. 输电线与电源系统的耦合干扰

输电线和电源之间的电磁耦合涉及交流和直流非稳压输电线上的传导发射，其发射频率可以是 50 Hz，60 Hz 或 400 Hz 电源的谐波，来自有意发射器的窄带信号或来自脉冲型或瞬变发生源的宽带能量。有害发射形式可能耦合到电源线上，因为其他用户也连接在同一电源线上。每当两个或两个以上的负载从公共电源或配电系统取自变量功率时，总会发生公共阻抗耦合。每当负载之一从配电系统吸取功率时，由于配电系统的内部阻抗，在电力系统与导体上，总会发生稳态或瞬变异模电压降。此异模电压降落在电力系统的所有负载上都可能呈现，若它超过设备敏感度电平就会造成系统失效。它对上升时间快的高速开关数字系统与高频模拟系统服务的配电系统是特别危险的。除此之外，若输电线受到外来辐射(特别是闪电) 能量影响，则有害发射表现为共模瞬变过程或共模噪声。

如图 3.49 所示为电力线及电源系统的共模与异模阻抗以及相关接地结构的示意图，它可作为一般的通用耦合模型。对于实际的接地及相关的阻抗应注意如下事项：

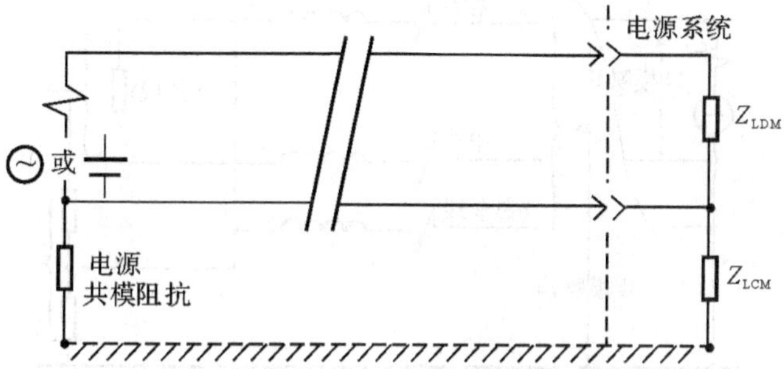

图 3.49　一般耦合模型

(1) 了解从电网到设备电源系统或从设备电源系统到电网占优势的耦合通路。

(2) 求出共模(CM) 及异模(DM) 的转换比。

(3) 选择适当的滤波器来抑制发射和减小敏感度。

(4) 确定系统的安全要求。

主要电网的耦合模型如图 3.50 所示，其中 Z_s 表示电网源阻抗，Z_L 是电力线系统输入阻抗。对于图 3.50 所示的电网，首先考虑电网的阻抗值，原则上在直流至几千赫频率时，电网的共模与异模阻抗大致等于其直流电阻，其值约在 1 Ω 左右，如果直流至数千赫低频处的阻值为未知，则可使用下面的参数值：

(1) 大型高压的建筑物用户进线，3 ～ 10 mΩ。

(2) 大型商业 / 工业用室内配电盘 (100 kVA)，20 mΩ。

(3) 分支电路的电源插座，20 mΩ ～ 1 Ω。

这些值为电源总阻抗，即安全地线、地回路以及源供应线三者阻抗之和。

当频率高于几千赫时，电网的共模及异模阻抗值取决于如下因素：频率、配电网长度以及电网的性质和线路(导线尺寸、架空线或地下线、电线管类型等)，在电网中的电抗装置(功率因数补偿电容器组、消谐波扼流圈等)，在一天的特定时间内给定位置上的用户负荷量的波动。

如图 3.51 所示给出电网耦合的通用发射与敏感度模型，如图 3.52 所示给出欧美国家确定的集合电网阻抗值的范围。参看如图 3.52 所示的推荐准则。

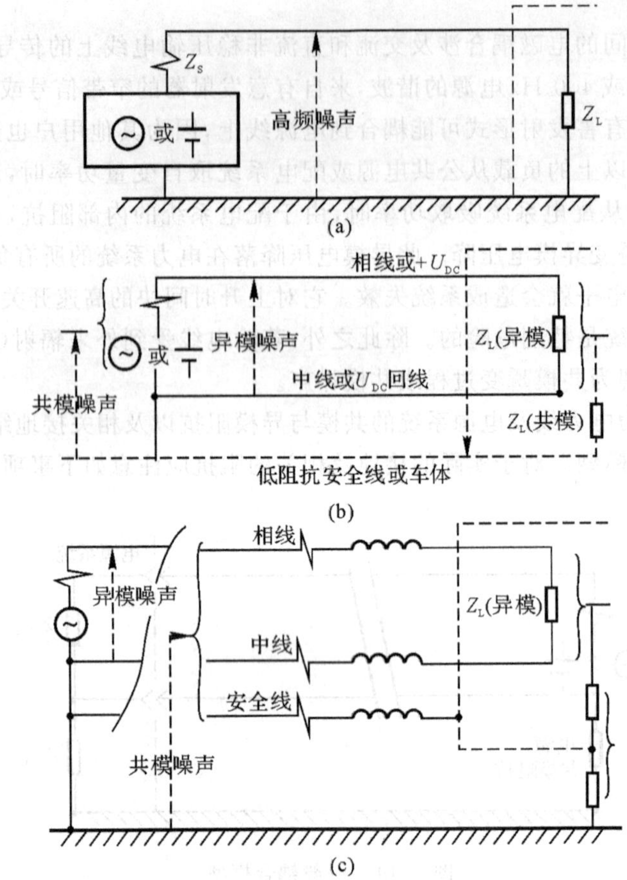

图 3.50　基本的电源耦合模型

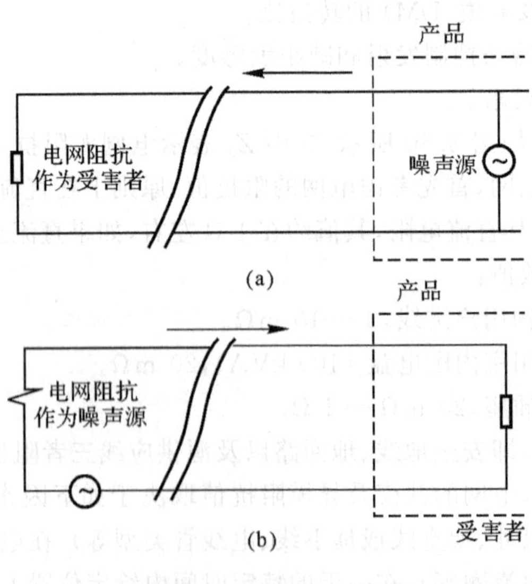

图 3.51　电网耦合中的发射 / 敏感度的一般概念

(a) 发射准则;(b) 敏感度准则

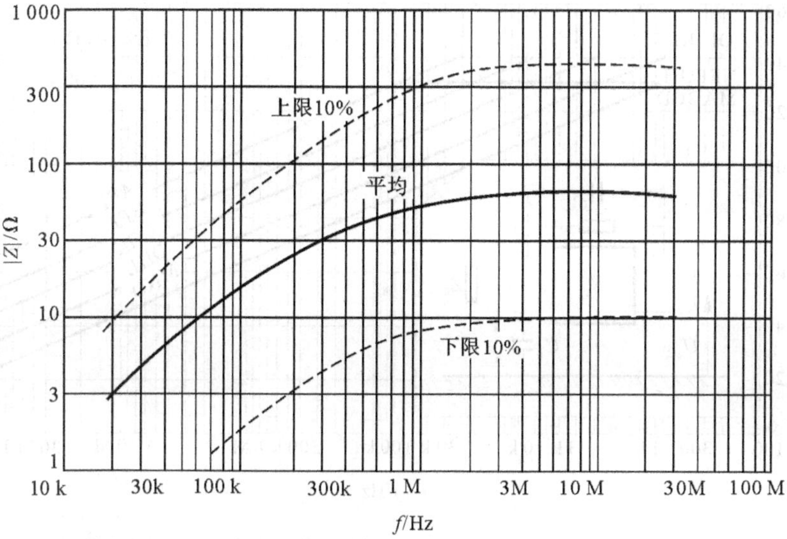

图 3.52　综合美国和欧洲电网的电网阻抗绝对值(CM 或 DM)

(1) 对发射准则而言,临界情况是由于设备发射而出现的交流电网上的电压,应使用比电网阻抗高 10% 的值,以便在多达 90% 的有代表性的整个电网系统中能容忍最高的干扰风险。

(2) 对敏感度准则而言,应使用比电网阻抗低 10% 的值,以保证 90% 有代表性的全体产品安装后,敏感度的合格率达到 90%。

其次是产品的电源系统其输入阻抗为多大?这个问题要从电源系统的前端电路谈起。在使用输入电源变压器(假设无输入滤波器)的情况下,低频时异模输入阻抗相当于输入电压与额定电流之比。随着频率的增加,异模输入阻抗因导线与变压器输入电感的缘故而直线增加。共模输入阻抗在低频下通常是较高的,这是因为电源输入相对于底板是浮地的。它随着频率增加而减小,主要是因为布线、印制电路板和底板对地电容的缘故。电源系统输入阻抗的态势如图 3.53 所示。

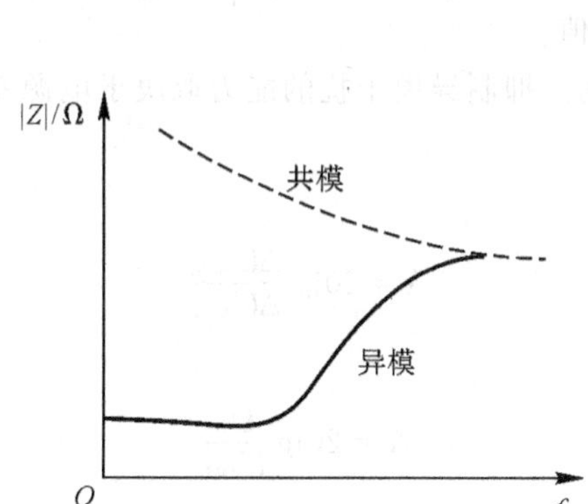

图 3.53　电源系统输入阻抗的态势

欲精确地确定共模与异模输入阻抗,建议进行实际测量。

(1) 电源系统的共模干扰。电源系统本身出现的共模干扰,也会对受害电路产生干扰,这一干扰取决于输入与输出之间的绝缘阻抗及漏电容,如图 3.54 所示。

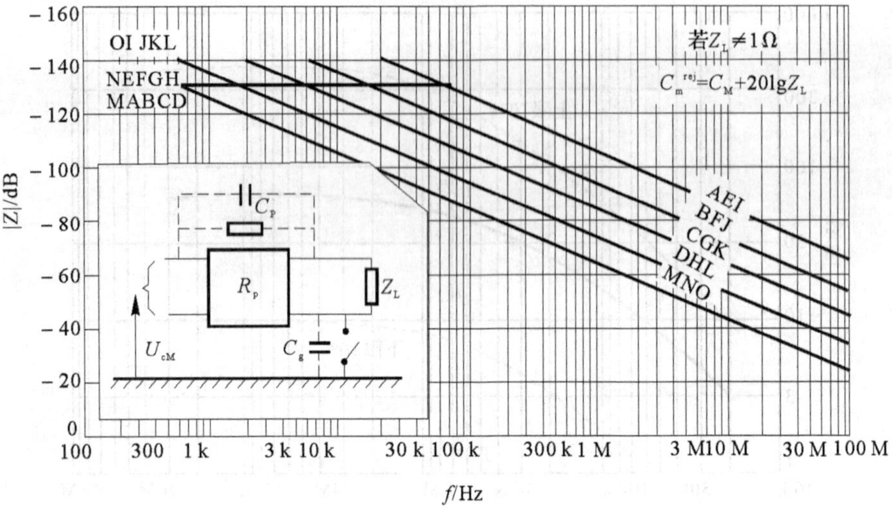

图 3.54　各种输入、输出隔离的变压器的抑制对共模输入变化的作用图

图中，C_p 为输入、输出间杂散电容，R_p 为输入、输出间绝绝电阻，C_g 为次级对地杂散电容。落在次级负载上的电压为

$$U_L = U_{cM} = \frac{Z_L}{\dfrac{Z_{C_p}}{R_p + Z_L + Z_{C_g}}} \tag{3.82}$$

式中，U_{cM} 为共模干扰电压；Z_{C_g} 为次级参考点接于机壳，且次级电压为零时，零伏特点至接地端杂散电容的阻抗。

如图 3.54 所示中的曲线同时显示出各种输入、输出隔离变压器的抑制值对共模输入变化的作用。其中假设次级接地于机壳，或次级不接于地而用一个 30 pF 电容接地。另外，图中的负载阻抗归一化为 1 Ω，若负载不为 1 Ω，则求出值再加上 20 $\lg Z_L$，即

$$\text{共模抑制值} = K_{dB} + 20\lg Z_L \tag{3.83}$$

式中，K_{dB} 为通过曲线求得的值。

(2) 电源系统的异模干扰。抑制异模干扰的能力取决于电源系统对输入变化的动态程压程度 A。

稳压程度可以表示为

$$A = 20\lg \frac{\Delta U_{输出}}{\Delta U_{输入}} \tag{3.84}$$

对于异模输入，有

$$A = 20\lg \frac{U_0}{U_{DM}} \tag{3.85}$$

从而

$$U_0 = U_{DM} \times 10^{A/20}$$

式中，U_0 为次级输入电压；U_{DM} 为初级输入异模电压。

当频率较低时，A 的衰减量不随频率变化，仅与电力调整度有关。当频率超过电源稳压系统可以控制的最大频率后，衰减量以 20 dB/10 倍频率的速率减小。所以在已知电源可以控制的最大频率 f_{max} 的情况下，如果设电力调整度为 0.1%，则有

$$A=\begin{cases}-60\ \text{dB}, & f<f_{\max}\\ -60+20\lg\dfrac{f}{f_{\max}}, & f\geqslant f_{\max}\end{cases}$$

图 3.55 所示出了电力调整度为 0.01%，0.1%，1% 三种情况下衰减量对异模输入变化的作用。

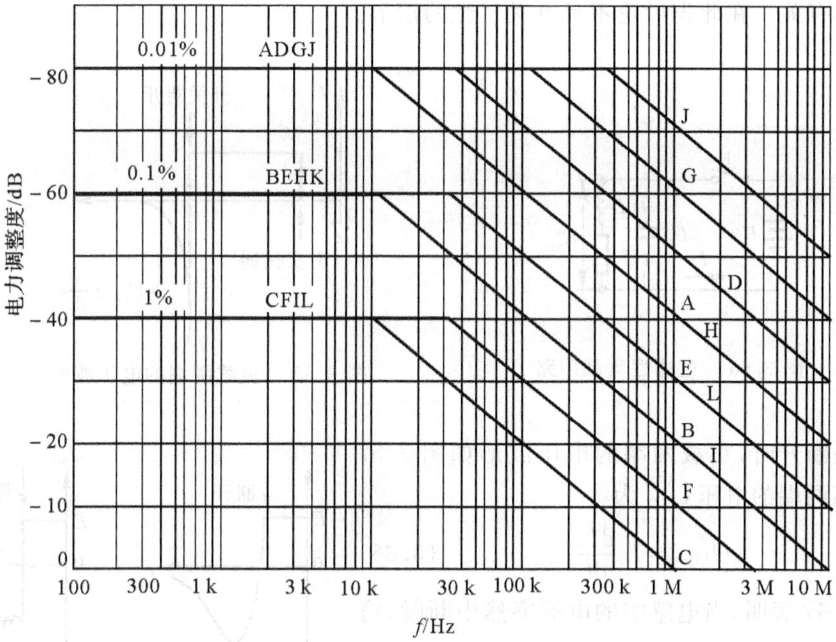

图 3.55　不同电力调整度时，稳压电源系统对异模输入变化的动态响应

9. 电磁脉冲辐射干扰

电磁脉冲辐射干扰是辐射干扰中的一类特殊而重要的干扰形式。电磁脉冲(EMP) 产生于瞬态的电磁场变化。电磁脉冲大致分为三种：第一种为系统产生的电磁脉冲；第二种为雷电脉冲；第三种为核电磁脉冲。系统产生的电磁脉冲是最常见的脉冲现象，例如感性负载的接通和断开瞬间，会产生高压放电。雷电脉冲和核电磁脉冲的形式相近，但强度远大于系统的电磁脉冲。雷电脉冲产生于雷电放电的瞬间，核电磁脉冲产生于核武器爆炸的瞬间。一般地讲，核电磁脉冲的强度和影响范围都比雷电脉冲大。然而，无论何种形式的电磁脉冲，都伴随着很强的辐射产生。即使在传导线路中(非辐射装置) 产生的电磁脉冲，也会沿传输导线或从其产生空间向外辐射脉冲电磁场，干扰附近甚至远处的电子设备。因此，电脑脉冲辐射干扰的强度大、频谱宽，干扰危害更大。

(1) 系统产生的电磁脉冲干扰。在电子系统的工作环境中，往往存在各种电气控制装置和电气运行装置。这些装置一般都是感性负载，如交直流继电器、交直流电磁铁和交直流电机等。这些感性负载的控制器件，有触点式开关，也有电子式开关(又称无触点开关)。无论哪一种控制器件，当其断开或接通负载的供电电源时，都将在电感线圈的两端产生高于电源电压数倍至数十倍的高反压。这一高达百伏甚至数千伏的冲击电压，不仅能使触点或控制器件的触点间产生电击穿，出现飞弧放电和辉光放电现象，而且能使电子式开关产生破坏性击穿。与此同时，还能够产生对低电平电子系统危害很大的高频电磁辐射。因此，为区别来自系统外部的电磁脉冲辐射，特将此类电磁脉冲归类为系统产生的电磁脉冲。

1) 高反压脉冲的产生。将感性负载的工作回路如图 3.56 所示。图中 U 为电源电压，L 为负载电感，r_0 为负载内阻。当开关 K 闭合或断开时，在电感 L 两端就会产生高反压(反向电动势)。该高反压除与电感 L 的大小有关外，还与继电器的触点 K 的开关特性、回路分布电容 C_{fb} 及工作电流有关。在此先讨论不计开关特性的情形。

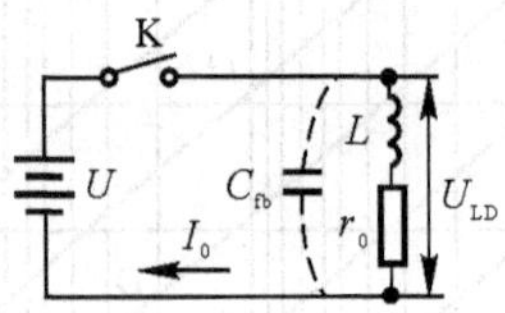

图 3.56 电感性负载回路

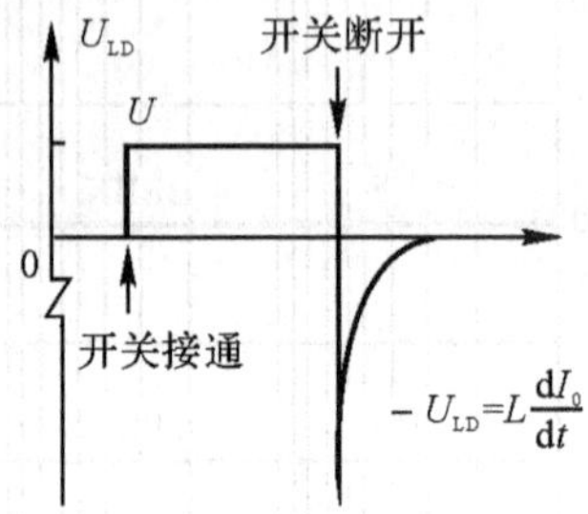

图 3.57 负载两端的电压波形

当开关断开时，负载两端的电压波形如图 3.57 所示。电感两端的电压 U_{LD} 为

$$|U_{LD}|=L\frac{dI_0}{dt} \tag{3.86}$$

式(3.86)表明，当电感中的电流突然中断时，将产生一个很高的瞬间电压。如果$\frac{dI_0}{dt}$变化很大，且为负值时，则可形成一个高的反向冲击电压。从理论上来讲，当电流以某一个有限值瞬间变化到零时，可以产生一个无限大的感应电压，但由于开关接点的击穿放电以及回路分布电容 C_{fb} 的影响，电路断开时的波形如图 3.58 所示。

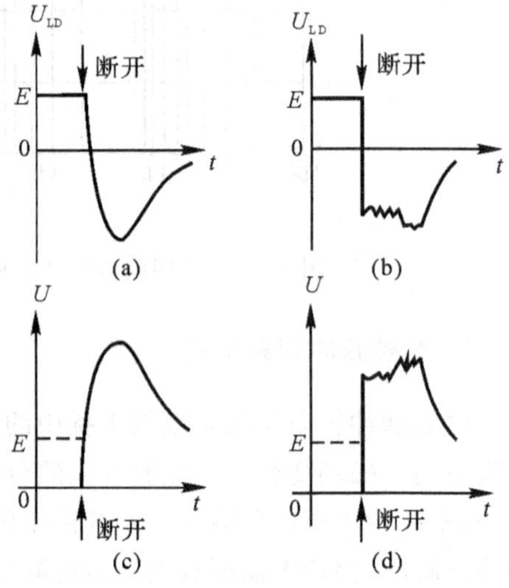

图 3.58 电压断开时的电压波形

在实际电路中，当一个电感线圈被不同控制电器触点通断时，由于触点的分布电容不同，动作速度不同，以及触点间电压击穿程度不同。所产生的反向电势也不会一样。再者，不同的电流回路，稳态电流 I_0 也不同。即使是同一电路，各次断开的反向电势会不相同。因此，感性负载引起的高反压脉冲干扰具有难以确定的属性。这对研究此类干扰带来一定的困难。

然而，理论和实验已显示出一些规律：双向电势与稳态电流 I_0 的关系很大，工作电流大的反向电势就高；反之反向电势就低。

实际上，从电感线圈的储能和断路时能量转换的角度，可以粗略地找出反向电势与电流 I_0 和电感 L 之间的关系。设回路分布电容为 C_{fb}，断路时线圈引起储存的磁能全部转移到分部电容 C_{fb} 上，则有

$$W_C=W_L \tag{3.87}$$

$$W_C = \frac{1}{2} C_{\text{分}} U_C^2 \tag{3.88}$$

$$W_L = \frac{1}{2} L I_0^2 \tag{3.89}$$

式中，U_C 为分布电容两端的等效电压

$$U_C = I_0 \sqrt{\frac{L}{C_{\text{分}}}} \tag{3.90}$$

由式(3.90)可知，在忽略了线圈内阻及假定断路时不产生电击穿的情况下，分布电容 $C_{\text{分}}$ 上的电压(即线圈两端的电压)与电感线圈中流过的稳态电流成正比，与电感 L 的平方根成正比。通常，这个高反向电压脉冲幅值是电源电压 U 的 20 ~ 200 倍。

2) 开关接点放电。断开感性负载所产生的高反向电压迅速加在开关接点两端，在两接点脱离过程中，该高反向电压产生火花放电。高反向电压是前沿很陡的传导电压脉冲；火花放电则将高反向电压能量转换成瞬间的空间电磁场变化。它们对邻近的敏感电路，尤其是数字电路，有很强的干扰影响，严重时还能造成数字电路的信息错误，存储丢失，程序混乱等严重错误。

火花放电可分为两个过程：一是飞弧放电；一是辉光放电。二者不一定在一次放电中都出现。

飞弧放电(低电压大电流击穿)。开关接点由高反压形成的场强导致接点表面电子发射。电子发射所产生的高温使金属表面汽化，引起电离导电，形成飞弧放电。飞弧放电的微观物理描述是，接点表面微视点起点的电场强度最高，因而从负极上拉出电子流，由于焦耳效应使负极温升很高；又由于电子冲撞，正极金属原子发生电离，正离子向负极移动，在负极表面附近形成空间正电荷区；该正电荷分布加强这一区域的电场，使更多的电子发射和电子冲撞，形成雪崩过程。这个雪崩过程的物理表现就是飞弧放电。飞弧放电的条件是：

起弧条件：

$$E_F \geqslant 2 \times 10^8 \text{ V/m} \tag{3.91}$$

保弧条件：

$$I_A \geqslant 0.4 \text{ A} \tag{3.92}$$

式中，E_F 是开关接点间的电场强度；I_A 是最小飞弧电流。

飞弧放电与金属汽化有关，故在飞弧放电过程中，两接点可能发生熔性粘着，构成"金属桥路"使飞弧放电中断。随着接点进一步断开，又发生第二次飞弧放电。这种断续的飞弧放电对外界的干扰极大。同时对接点的损坏也很大，如图 3.59 所示。

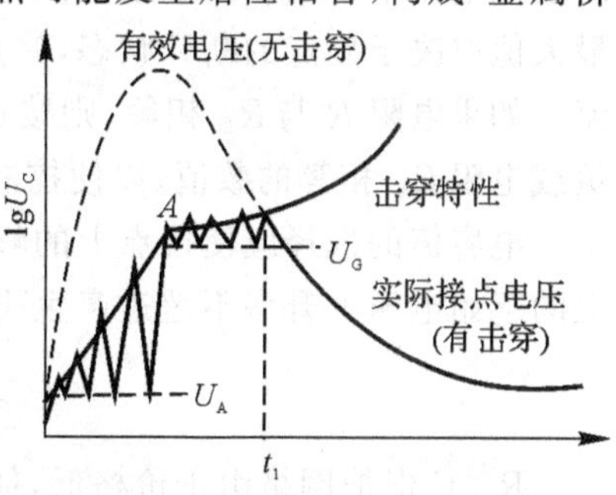

图 3.59　U_c 与时间对数的关系曲线

辉光散电(高电压小电流击穿)。开关接点间的气体分子在高电压下电离导电，形成辉光放电。辉光放电的微观过程是，原存在于空气中的少数电离子，在极大的场强作用下加速，与其他气体分子碰撞产生新的电子和离子，形成链式反应；两种电荷相向运动，撞击开关正负极板，在正极上产生二次电子，加剧链式反应，最终形成电子流导电，其过程伴随辉光。辉光放电的条件是：① 足够

高的电场强度；② 起辉电压 $U_{\mathrm{H}} > 300$ V。

辉光放电条件不满足时，亦呈现断续的辉光放电，如图 3.59 所示。

上述放电形成的尖峰脉冲将极宽频带的电磁能量向周围空间辐射，对外界环境中的电子设备构成高频干扰。

接点保护方法。为了保护感性负载的控制开关接点，同时也为了减小电磁脉冲辐射干扰，在接点或电感负载两端须加保护网络。接点保护网络有多种形式，其中一些已经实践和理论验证，具有显著效果。通过在接点或负载两端加装保护网络，可以使电源在断开时感性负载的高反压降到最低值。如图 3.60 所示为几种典型的保护网络。

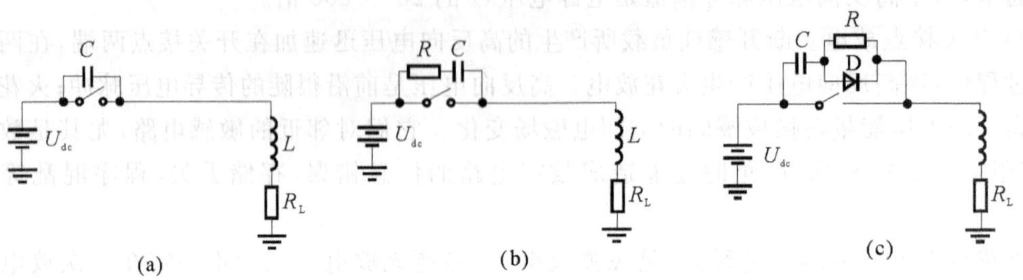

图 3.60 典型的保护网络

图 3.60(a) 为 C 网络，它是在接点上跨接一个电容器。如果电容器的容量足够大，当接点断开瞬间，负载电流可以通过电容器流过；当接点完全断开后，电容器充电到电源电压 U_{dc}；当接点再闭合时，电容器通过接点放电，这时放电电流只受配线和接点电阻限制，电容器容量越大，供电电压越高。电容器中所储存的能量就越大，则接点闭合时所受到的损坏程度也越大。闭合接点产生弹跳时，由于电流多次断续，会形成更严重的干扰和破坏现象。因此，只在接点间跨接电容器的方法一般不采用。

图 3.60(b) 是将一个电阻器与一个电容器串联后再跨接到接点两端，称为 R—C 网络。这个电阻可以克服图 3.60(a) 的缺点。当接点闭合时，希望有一个尽可能大的电阻限制放电电流；但当接点断开时，则希望有一个尽可能小的电阻，以防止发生飞弧放电。所以，在选定电阻值时必须兼顾这两个方面的要求。电阻 R 的最小值取决于接点闭合状态。应使闭合电容器的放电电流小于接点的最小飞弧电流 I_{A}。对于一般接点，I_{A} 可取为 0.1 ～ 0.5 A。电阻 R 的最大值取决于接点的断开状态，接点在断开瞬间的起始电压为 I_0R_{L}，这儿的 I_0 为稳态工作电流。如果电阻 R 与 R_{L} 相等，则接点上的瞬时电压等于供电电压。因此，R 的最大值一般取与负载电阻 R_{L} 相等的数值，以便控制断开后的接点电压不超过电源电压。

电容值的选择应使接点上的峰值电压不超过能产生辉光放电的电压(300 V)，并使接点上的起始电压上升率不超过产生飞弧的电压梯度(1 V/μs)。电容取值按下式确定：

$$C \geqslant \max\left[\left(\frac{I_0}{300}\right)^2 LI_0 \times 10^{-6}\right] \tag{3.93}$$

R—C 保护网络由于价格低，体积小，所以应用广泛。但它对负载的释放时间有影响。此外，由于有电阻存在，在被断开的接点上会加载瞬间电压(I_0R)，可能导致早期飞弧。

图 3.60(c) 为一 R—C—D 保护网络，它可以提供很好的接点保护，但成本较高。由于使用了二极管，该网络不适用于交流电路。当接点断开时，电容 C 按图示的极性充电，二极管导通，

将电阻短路。这样负载电流将在瞬间通过电容器。当接点闭合时，电容 C 将通过内阻 R 来限制放电电流，所用二极管应具有比供电电压稍高的击穿电压。电阻 R 的值应能保护把电流限制在飞弧电流的 1/10 以下即可

$$R \geqslant \frac{10U_{\mathrm{dc}}}{I_{\mathrm{A}}} \tag{3.94}$$

接点保护网络还有单二极管、双二极管、压敏电阻等形式。从效果上看，一般都没有 R—C—D 网络好，这里不作介绍。

(2) 雷电电磁脉冲干扰。雷电放电是一种自然现象，这种现象虽为人们所熟知，但对其放电机理、效应及其防护方法，仍是人们长期研究的课题。这里着重讨论雷电的产生机理和电磁脉冲效应。

1) 产生机理。利用高速摄影观察方法，人们知道雷电的放电过程大致分为三个阶段：首先是先导阶段或称先导放电。此时，从雷云向大地方向的电离空气分子，一步一步地发展出一条导电通道，为紧接而来的主放电阶段提供良好的放电途径。这就像用导线一段一段地把雷云和大地连接起来，为即将流过强大电流做好准备一样。在这一过程中，电流不大，发光非常微弱，肉眼难以觉察。接着是主放电阶段，雷云中的电荷沿着先导阶段形成的放电通道，迅速泄放进入大地。这一过程电流很大，时间短促，瞬时功率极大，闪光耀眼，空气受热膨胀，发出强烈的雷鸣声。人们平常所说的雷电就是这一阶段的放电。最后是余辉放电阶段，云中的剩余电荷继续沿上述放电通道向大地泄放，虽然电流较小，但持续时间较长，能量也较大。

一次雷电放电经过三个阶段即告结束。但有一半以上的雷击，在第一次对地闪击后，隔了几十毫秒的时间，又会发生第二次或连续多次沿通道的对地闪击，这就是多重雷击。它与初次闪击的区别是没有先导放电阶段，有一插到底的所谓标枪先导，它的主放电电流也较小。如图 3.61 所示是高速相机拍得的三次主放电的多重雷击，其先导放电、主放电、标枪先导等清晰可见。

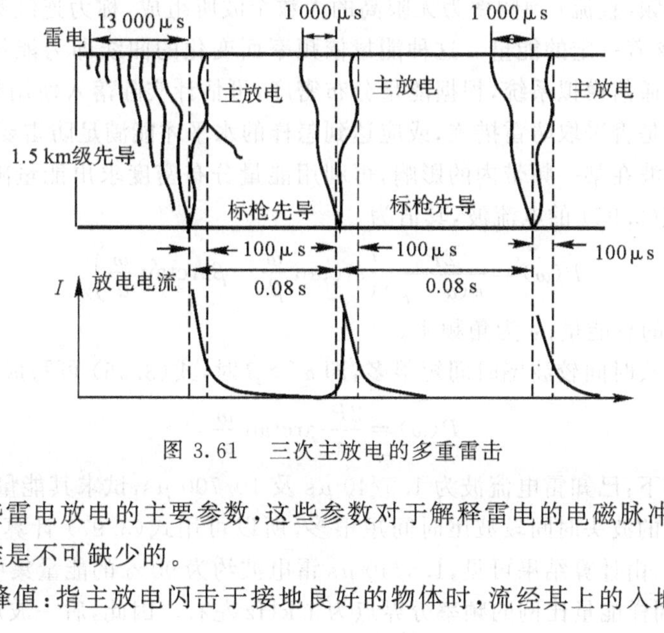

图 3.61　三次主放电的多重雷击

下面介绍一些雷电放电的主要参数，这些参数对于解释雷电的电磁脉冲特性，研究防雷措施和制订防雷标准是不可缺少的。

a. 雷电电流峰值：指主放电闪击于接地良好的物体时，流经其上的入地电流峰值。雷电

放电的电流是随时间变化的。如图 3.62 所示是图 3.62 是理想化的雷电电流波形，其中 I_m 定义为雷电电流峰值。雷电电流随时间增加而近似于指数规律上升，至峰值后，又按近似指数规律下降，因此又称作双指数函数波，可用下式表示：

$$I = I_m(e^{-\alpha t} - e^{-\beta t}) \tag{3.95}$$

式中，I_m 为指数波峰值，α，β 为指数波的衰减因子。

实际的雷电电流波形并没有那么平滑，形状不可能那么规则，甚至还有振荡的。但不管怎样，总可以在曲线上找到最大电流值（峰值）I_m。根据多数资料介绍，最大电流值可达 300 kA。一般来说，100 kA 的雷电流已属少见，200 kA 则属罕见。

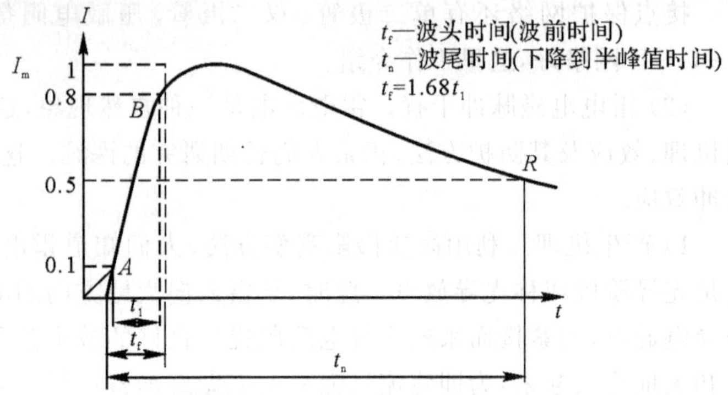

图 3.62　理想化的雷电电流波形

b. 波头波尾时间。如图 3.62 所示的电流波形具有电流上升和下降阶段。上升阶段称为波头时间或波前时间（t_1），为 1 ～ 4 μs，平均为 2.6 μs。从电流峰值至电流值下降为峰值一半的时间称为波尾时间（t_n），约为 20 ～ 90 μs，平均 43 μs。波头和波尾时间是理想化上升和下降沿时间。实用中常写成“波头时间 / 波尾时间”的形式来描述一个近似双指数曲线的雷电波。如 1.5/40 μs，指的就是波头时间为 1.5 μs、波尾时间为 40 μs 的雷电冲击波。波尾时间越长，雷电波形所含能量越大。

c. 陡度。指雷电电流随时间增大的速度，该值均为 8 kA/μs，最大可达 50 kA/μs。由于设备上感应的电感压降是与电流陡度 $\frac{di}{dt}$ 成正比的，因此，陡度越大对电子设备的危害越大。

d. 雷电频谱。雷电频谱是我们了解雷电能量的频率分布的重要参数。一个雷电脉冲，理论上可以看成从零频（直流）到频率为无限高的无数个波所组成，称为连续频谱。在该频谱中的每一个频段，包含着一定的能量。这种能量依频率而变化的曲线即为能量分布密度。对采用频率分割的多路通信模拟系统，根据能量分布密度，可估计实际落入使用频带内雷电冲击的能量值。进而确定是否采取防雷措施，或应达到怎样的水平才能满足防雷要求。

为了估算雷电波在某一频带内的影响，可利用能量分布密度求出能量随频率升高的累积分布 $P(\omega)$，对如式（3.95）的电流波，其值为

$$P(\omega) = \frac{2P_0}{\pi(\alpha - \beta)}\left(\arctan\frac{\omega}{\beta} - \beta\arctan\frac{\omega}{\alpha}\right) \tag{3.96}$$

式中，P_0 为雷电波的总能量；ω 为角频率。

当雷电波的波头时间较波尾时间短很多，即 $\alpha \geqslant \beta$ 时，式（3.96）可写成

$$P(\omega) = \frac{2P_0}{\pi}\arctan\frac{\omega}{\alpha} \tag{3.97}$$

现举例说明如下：已知雷电流波为 1.5/40 μs 及 10/700 μs，试求其能量累积分布规律。

因为给定波形的波头时间较波尾时间短很多，所以可用式（3.97）计算，得能量累积百分比，如表 3.2 所示。由计算结果可见，1.5/40 μs 雷电波约为 90% 的能量集中在 17 kHz 以下；而 10/700 μs 波，同样能量比例的频率分界点为 1 kHz 左右。因此，后一波形的低频能量要多

很多。

表 3.2　雷电能量累积分布($\alpha=0.0174\times10^6$)

$P/P_0/(\%)$ 波形 上限频率 /kHz	1.5/40	10/700
0.5	11.3	80.4
1	22	90
12	85.4	99.2
17	90	99.4
20	91.2	99.4

如果要知道某一频段某一电子设备对雷电放电能量的实际接受值，只要求出 P_0 值代入到相关公式即可。P_0 的计算方法如下：

设袭入设备的冲击电压峰值为U_0，设备的输入阻抗为 Z，并设$\beta\geqslant\alpha$，则进入设备的雷电波总能量为

$$P_0=\frac{U_0^2}{2Z} \tag{3.98}$$

2) 雷电电磁脉冲效应。雷电放电的效应有热效应，机械效应和电磁脉冲效应(静电感应，电磁感应和行波及干扰效应)。这里，着重介绍电磁脉冲效应。

a. 静电感应。出现雷云放电前，雷云及随后的先导阶段中的通道与大地之间形成了一定的电场，此时位于其中的金属物体会出现与雷云异号的感生电荷，一旦发生了雷云放电，该物体上的电荷来不及泄放，本身就会出现很高的对地电位，可能引起对其他物体的火花放电。如果这种情况发生在存储有易燃易爆的油库，弹药库的内部就会引起起火和爆炸事故。

b. 电磁感应。雷击时，主放电的电流幅值很高，陡度甚大。雷电通道就像一条良好的发射天线。当雷电电流流经通道时，会在周围空间辐射出强大而又变化迅速的电磁场。处在辐射范围内的内属物体因此而感应高幅值的脉冲电压或电流，对与该物体相连的电子设备造成危害。

c. 行波及干扰效应。雷电直击通信线路时，除通过热和机械效应可能造成通信线路损坏外，还会在线路上形成行波，行波也可能由上述的静电和电磁感应引起，不论是雷电直击或雷电感应所形成的行波场要沿线路向两边传播，危害较远处的设备，影响通信质量或产生危害人体健康的音响冲击。

对通信系统来说，无线电接收天线和有线电通信线路，都能接收雷电放电所辐射的电磁脉冲波，使通信受到干扰。通信系统受干扰的程度，除取决于雷电波在该通信系统的使用频段内所含能量的多少外，还与可视作发射天线的雷电通道在该频段上的辐射能力有关。

(3) 核电磁脉冲干扰。核武器爆炸时产生的杀伤与破坏效应有冲击波、热辐射、核辐射和放射性污染等。此外，由于这些主要效应作用于周围环境而产生一些其他次级效应，例如，核爆炸所引起的地震现象，便是一种次级效应，还有另一种次级效应，这就是核电磁脉冲，即核辐射与周围环境相作用，发生带电粒子运动，从而产生可以传播很远距离的电磁场。在爆点附近，这种场具有很高的场强，而且可以传播至远的地方，其距离为核爆炸其他效应所望尘莫及的，甚至比核辐射本身传播的距离还要远。这一次级效应会对未加固和采用防护措施的电子

设备和武器系统，产生干扰和破坏作用。

由于核爆炸产生的电磁脉冲的产生机理、辐射规律、干扰与破坏效应，以及防护措施等所涉及的理论与实践问题较复杂，限制于篇幅，这里只能从概念上予以介绍。

1）核爆电磁效应。核爆炸环境是一个相当复杂的问题，除冲击波，热辐射和核辐射等主要效应外，还有各种电磁效应，如瞬发辐射效应，电波传播效应，噪声效应和“百眼巨人”效应等。

a. 瞬发辐射效应。这指的是核爆炸所产生的瞬发辐射对电子元器件和系统的破坏效应，主要是中子流和 γ 射线与其直接作用，从而引起位错、电离和化学等作用，使电子电路发生故障。

b. 电波传播效应。核爆炸产生的各种辐射使大气发生异常电离，电离层受到骚扰，使电波传播发生衰减、反射、折射等现象，从而影响电子设备或系统的正常工作。

c. 噪声效应。当大量核爆炸时，由于爆炸区附近或其共轭区中的电缆的噪声大大增加，长时间超过正常接收信号电平几十分贝，对电子设备或系统的正常工作产生一定的影响。噪声效应分为三种：核电磁脉冲效应、火球噪声和同步加速噪声。对于核电磁脉冲效应将专门讨论，这里先介绍火球噪声和同步加速噪声。

• 火球噪声：低空核爆炸时所形成的早期火球，其辐射噪声不仅有可见光波长，而且也有电磁频谱的射频部分，在爆炸后的头几分钟里，高灵敏度的低噪声微波雷达接收系统如果直接将高增益天线对准火球，由于接收信号时伴有噪声而使雷达系统灵敏度降低，而且接收机前端也会受到损伤。

• 同步加速噪声：这是核爆炸时 β 粒子沿地球磁力线按螺旋形轨道运动时辐射出的噪声，β 粒子是核爆炸裂变碎片的放射性衰变所释放的产物，这种噪声可能长达数小时甚至数天。

d. “百眼巨人”效应。这个效应是1958年美国在南大西洋上空进行“百眼巨人”系列高空核试验时发现的，因而得名。当时，核试验当量约为2 000 t，爆高约为480 km，在爆炸空域，地球磁场受到严重骚扰；而且，在地球赤道的镜像点上也产生“共轭”效应。

综上所述，可以把核爆炸电磁效应分为直接效应和间接效应两类。核爆炸时辐射出的射频电磁信号，如直接为电子设备或系统的天线所接收，可使保险丝熔断，电子线路损伤，或使接收的有用信号受到干扰，此即为直接效应。前述的核电磁脉冲、瞬发辐射效应、噪声等，就同属直接效应一类，核爆炸产生的中子，x 射线，γ 射线和 β 粒子等，使大气严重电离，形成附加电离区，电波传播发生衰减、反射和折射等现象，从而影响无线电通信和电子系统的工作，这种效应一般称为间接效应。

2）核电磁脉冲。核电磁脉冲与雷电电磁脉冲都是高强度的瞬态电磁现象，但它在产生机理、频谱分布以及影响范围等方面都不相同。雷电放电产生的电流，密度高并且是耗散的；核电磁脉冲产生的电流，密度低且呈球形分布，核电磁脉冲的上升时间极快，比雷电高两三个数量级，与雷电脉冲比，核电磁脉冲的影响范围更广，而雷电则仅影响局部区域。

核电磁脉冲效应，是核武器爆炸时产生的电磁脉冲与电子系统相作用，在其内感应出电流或电压的结果，这种效应轻则使电路收到的电磁能量增加，从而影响正常工作；重则因焦耳热使电子系统本身受到破坏。

a. 核电磁脉冲的产生机理。核爆炸产生电流脉冲的机理主要有三个：康普顿电流、磁场-电子作用和地磁排斥作用。

・康普顿电流：核爆炸时产生的高能粒子（γ 射线）以非弹性散射方式与空气分子撞击，产生康普顿反冲电子，后者形成康普顿电流。在散射电子与体离子之间产生一个电场，如果这时存在不对称条件，不平衡电流将产生电场和磁场，共同辐射出电磁信号。所谓不对称条件包括：① 地球与空气的界面（地面爆炸产生电磁脉冲时，这种不对称性起主要作用）；② 核武器弹体的不对称性；③ 大气层空气密度按指数规律变化，因而出现不对称性（中等高压核爆时，这种不对称性对产生电磁脉冲起重要作用）；④ 宇宙空间与大气层的界面（高核爆炸时，这种不对称性起重要作用）。

・磁场-电子作用：这里所指的磁场，包括地球磁场和康普顿电流自身产生的磁场。磁场使运动电子在洛仑兹力作用下产生曲线运动，磁场-电子作用的空域有两个，一是离地面 20～30 km处，一是离地面约 100～110 km处，在这两个空域内，地球磁场使电子按圆型轨道运动，被加速的电子产生电磁辐射。这一辐射的电磁信号具有较低频率，能量较高，并能传播到很远的距离。

・地磁排斥作用：核爆炸时产生的电离球体在膨胀时对磁场进行排斥；此时，磁力线发生张驰现象，辐射出电磁信号。该机理的作用次于前两个机理的作用，因而不是重要的电磁脉冲源。

b. 高空核爆电磁脉冲。高空核爆炸，一般指在绸密大气层以上的核爆炸，爆高约在 30 km 以上。在此高度或更高，由于空气十分稀薄，高空核爆炸在地球表面并不产生强的冲击波，几乎所有其他核武器爆炸效应都因大气稀薄而大大减弱，以至失去威力。但高空核爆炸产生的 x 射线和 γ 射线，具有很大的平均自由程，分别在 100～110 km 和 20～40 km 的空域与大气强烈作用，形成范围十分宽广的源区，从而产生很强的电磁脉冲。可以说，核电磁脉冲是高空核爆炸唯一而重要的干扰和破坏源。

3）核电磁脉冲的传播与接收。核电磁脉冲的传播，同其他辐射电磁场一样，也可以分近区场、中区场和远区场三种，近区场包含一个非辐射分量和若干迅速衰减分量；在远区场则只有一个偶极分量较为重要；而中区场则是上述近区场和远区场的综合。

电磁脉冲可以看作不同频率三角级数函数的总和，即傅里叶级数。因为不同频率的辐射电磁信号在大气中的传播特性不同，故核电磁脉冲的波形随距离变化而不同。在空气中电磁信号传播时发生衰减的情况不同，频率越高，衰减越迅速，在电离层中，电磁信号传播的衰减视电子密度而定。核爆炸使电子密度发生变化，从而也影响到辐射电磁脉冲的传输。

核电磁脉冲对电子系统造成的损害，简单来说，就是核电磁脉冲分别以磁场或电场引起的感应电流或传导电流进入易损的电子系统，使其正常工作受到干扰或使系统本身受到破坏。这种效应与接收面积、电阻率、耦合系数、元器件的容限等因素有关。

有关核电磁脉冲的破坏机理及防护措施，是近 30 年来各军事大国的重要研究课题。由于课题本身的复杂性，这方面的研究尚处在发展阶段。防护核电磁脉冲的措施比防护雷电的措施难以实现。这方面的技术还远未成熟。但是，随着高科技的发展，正陆续研制出一些实用的防护系统。

习　题　3

1. 举例说明电磁干扰的传输途径。

2. 传导干扰波的性质有哪些？

3. 传导干扰的耦合途径有哪些？

4. 采取哪些措施可以抑制电路性干扰？

5. 采取哪些措施可以抑制电容性干扰？

6. 磁耦合干扰的抑制措施有哪些？

7. 试解释辐射干扰中的高阻抗区和低阻抗区。

8. 减小辐射干扰的措施有哪些？

第4章　电磁敏感性

电磁敏感体是产生电磁干扰的最终受害体，电磁干扰源产生的干扰信号经过传输通道最终到达敏感体，这时，干扰能否产生就取决于敏感体自身抵抗干扰的能力。通常把系统或设备抑制外来的能量的能力，叫做系统或设备的电磁敏感性。不同的系统，不同的设备，其电磁敏感性也就不同。

本章主要讨论电磁敏感性的有关标准、现象、评估和阈值。

4.1　电磁敏感性的有关标准和规范

对系统的电磁敏感性规范，目前在世界各国，尤其是军品中，使用的是电磁干扰安全因数(DMISM)，定义为

$$\text{电磁干扰安全因数} = \text{敏感度阈值} / \text{现存量大干扰值}$$

用分贝表示为

$$m = P_0 - P \tag{4.1}$$

式中，m 为安全因数(dB)；P_0 为敏感度阈值(dB)；P 为现存最大干扰值(dB)。

美国军用规范规定系统的电磁干扰安全系数不应小于 60 dB，对武器和电爆装置不应小于 20 dB。

一个系统或一台设备，应将其最敏感的元件在最敏感的频率上的干扰临界值作为系统或设备的敏感度阈值。这个阈值是衡量系统和设备受电磁干扰易损性参数。电磁敏感性阈值越低，说明系统和设备越易受到干扰。从概率统计学来定义，电磁敏感性阈值是在一定置信度、一定概率下的物理量。

为了保证系统的电磁干扰安全因数，设备在安装之前必须达到一定的敏感度水平，这在军标和国际中都有明确规定。传导干扰的敏感性是用电压和电流的量值来衡量的，它要求设备在标准的试验方法中，对规定要求的电压或电流不敏感。而辐射干扰的敏感性是用电场和磁场的量值来衡量的，它要求设备在标准的试验方法中，对规定的场强不敏感。

4.2　系统和设备的敏感性现象

简单地说，系统和设备对电磁干扰产生了敏感，就是系统和设备出现了一些不希望的响应。这些响应有以下几个方面：

(1) 过载。过载是由于有用信号的幅度上升而使该信号的通道进入饱和状态，这样它对输入信号就不再会产生输入响应。

(2) 闭锁。闭锁是当不需要的信号进入通道时而使通道失效。例如，雷达接收机被雷达的发射脉冲所闭锁。雷达的同一波导和天线系统常常为发射机和接收机共用，虽然在发射脉

冲时，接收机与天线和波导组件隔离，但如果发射脉冲泄漏进入接收机，接收机会把这种射频能量当做大幅度的返回信号而使接收机饱和，并且当此脉冲过去后，接收机仍保持闭锁状态。在系统中，一种功能被另一种功能无意地闭锁，可能连续出现，也可能仅仅在一个工作周期内产生一个盲点。如果在功能检查和试验期间，发射干扰源，则连续的闭锁总是能探测出来的。当各种设备装入系统后，通常会出现断续的或周期性的部分时间内闭锁。

(3) 偏移。所谓偏移是指系统或设备的输出偏离了正确的位置。偏移既可能由传导干扰造成，也可能由辐射干扰造成。干扰可能是系统内部的，也可能是来自系统外部的。比如，位移传感器，电输出常常是与位移成正比的，对干扰发生敏感后成一固定输出，或者与位移不成正比的输出。

允许的偏移总是存在的，只有超出偏移误差的要求才是不希望的，所以要有一个偏移的容许误差。容许误差可以用两种方式定义。第一种方式，可以规定机械容差。例如，安装在飞机上的俯仰陀螺，应规定一个可测的基准平面，如果陀螺必须位于重心附近，那么要确定一个可容许的容差尺寸。第二种方式，可规定电气容差。例如，方位传感器，其输出必须具有可测量的容差。

(4) 介质加热。高频时，介质材料会有损耗。这种损耗类似于磁性材料中的磁滞损耗。桥丝和电爆管外壳之间的材料对这种效应是敏感的。在大功率干扰源(例如雷达)的照射下，由于介质加热，可能使电爆管起爆。

(5) 电阻热。当交流或直流电流流过电阻性器件时，热损耗的能量为 I^2R。热能够作为不需要的信号起作用，并能引起器件发热。正常的情况下，器件是不会过热的。但当存在高频的情况下，就不能把直流电阻与高频电阻等同起来。一方面，高频时会使电阻值增加。例如，具有 1 Ω 以下直流电阻的雷管，在超高频时，实际的电阻达 30 ～ 40 Ω。另一方面，电抗是随频率而变化的，它虽不消耗功率，但能使流过的交流电流发生变化。例如电爆管的电抗，可以直流时的零欧姆，变化到超高频时的几百欧姆，并从感性变为容性。与电抗相串联的电阻上的电流，当然也会随之变化。

同时，电阻元件还具有温度系数。它定义为，温度每升高 1℃，每单位电阻的阻值变化。电阻可按下式计算：

$$R_t = R_0(1 + dt) \tag{4.2}$$

式中，R_t 为温度为 t(℃) 时的电阻；R_0 为温度为 0℃ 时的电阻；d 为温度系数；t 为在 0℃ 以上的温度数。

因此，电阻上的热损耗，不仅和流过它的电阻有关，同时与频率和周围温度有关。

(6) 火花击穿。在绝缘的电路或者是浮地的电路上，容易积累静电电荷。这种静电积累可建立很高的电压，以致击穿绝缘材料 —— 火花击穿。例如，未接地的变压器次级给未接地的放大器栅极馈电，有时会出现错误。再比如，电爆管的点火屏蔽电缆，如果不接地或接地不良，电爆管易遭受火花击穿，引起意外爆炸。

(7) 假触发。无论是传导干扰信号还是辐射干扰信号都容易引起触发电路的假触发。如果一个干扰信号呈现真实信号的特性，是很难探测到的，但可以从逻辑出错判断是否假触发，可采用控制脉冲形状、上升时间或脉冲宽度的技术措施来降低设备的敏感性。

(8) 假信号。落入设备通带内，不需要的信号是假信号。所以，当估计设备会对假信号发生敏感时，首先要考虑设备的带宽。假信号产生的原因常有以下几种：

1) 寄生谐振。高增益放大器特别容易发生寄生谐振。在理论上为低阻抗的电容器，实际上往往会自谐振或者对地为高阻抗。电感器的引线过长，也会在工作频率以下跟旁路电容谐振。例如，在 10 MHz，一个 1 000 pF 的旁路电容，只要和 0.25 μH 的电感串联，就会发生谐振。把引线捆绑在一起，也会形成串联谐振电路。

2) 亚声频干扰。亚声频的干扰是在车、船和飞机出现结构共振时产生的。当这些载体行驶时，设备和电缆束振动而产生的电扰动。这种电扰动的结果有两种方式：一种是传感器和敏感元件产生位移、速度或加速度，并产生不需要的输出信号；另一种是导线、电缆及线束相对电场和磁场运动而形成感应电压和电流，这种感应电压和电流，在飞机上，会使速率陀螺产生不需要的输出，从而引起严重的导航故障。

亚声频的频率与载体和结构的大小及形式有关。隔板和设备架可在几百赫兹至几赫兹频率上共振。它的特点是，持续时间常常不超过几秒；且难于探测；往往是叠加在有用信号上。

3) 音频干扰。音频的干扰是普遍的。因为在基本的制导、导航和控制设备中，广泛使用继电器、电动机、计算器、开关、序列发生器、步进开关、放大器、电源和伺服机构环路，使音频传导敏感性成了电磁兼容性工作的一个重要组成部分。

(9) 削波。削波能够在解调器和检波器中产生意外的影响。为了获得线性检波，要求检波器输出响应输入信号的包络。线性二极管检波器被广泛应用，因为它具有产生较少谐波畸变的优点，特别是在大调制度的情况下。但是检波用的阻容时间常数应该恰当。如果太大，输出的负峰值将被削掉，从而产生谐波和畸变。如果后面的电路对此敏感，则将出现不需要的响应。

(10) 限幅。限幅是使有用信号的波峰功率、电压幅度限制在一定范围内，从而使波形畸变。典型的例子是稳压二极管，当反向电压超过"雪崩击穿"点时，将使电压幅值限制在稳压值上。由于限幅会产生一些新的较高的频率，如果网络对这些频率敏感，就会产生假输出，调谐电路也可能在这些频率上出现寄生谐振。当限幅作用很强时，信号的波形会更陡，产生的频率会更高更多，这些频率分量耦合到变压器、电阻器、放大器和杂散电容等上面，从而使设备敏感。

4.3　接收机的敏感性

如果接收机受到干扰，那么它对不同的干扰信号将产生不同的响应，具体的可按干扰的性质分为线性干扰响应和非线性干扰响应。

1. 线性干扰响应

在线性干扰中，接收机的响应相当于带通滤波器，能接收进入接收通带内的任何频率分量。常见的线性干扰就有同频道干扰和邻道干扰等。这些从接收机输入端进入的干扰信号又可分为两大类：宽带干扰和窄带干扰。

(1) 宽带干扰。宽带干扰有不相干和相干两种。不相干干扰(例如自然干扰源)可用其功率密度 $N_1(f_0)$ 表示，经接收机放大器进入的干扰噪声的均方值 $\langle U_0^2 \rangle$ 为

$$\langle U_0^2 \rangle = N_1(f)\,|\,H(f)\,|^2 \Delta f \tag{4.3}$$

式中，$N_1(f)$ 为接收机输入端噪声功率谱密度(U^2/Hz)；$H(f)$ 为从接收机输入到中放输出的

复转移特性。

如果是相干干扰(如电动机和荧光灯),则相干噪声可用噪声脉冲的电压谱密度 $U(f)$ 来表示。当干扰信号进入放大器时,放大器的瞬时输出电压 $U_0(t)$ 为

$$U_0(t)=U(f)H(f)\exp(2\pi ft)\Delta f \tag{4.4}$$

(2) 窄带干扰。窄带干扰的信号频带与接收机中频带宽相比较窄,故可以按有用信号的计算方法来估算中放输出的干扰功率。

2. 非线性干扰响应

非线性干扰响应是由于接收机输入滤波电路对无用信号抑制不充分,以及器件中某些非线性过程所造成的。此外,接收机滤波电路前面的导线连接不好也会产生非线性干扰。

接收机常见的非线性干扰现象有乱真响应、镜像响应、交调、互调和灵敏度降低等。

(1) 乱真响应。当带外干扰信号与本机振荡频率或其谐波,在接收机前级非线性器件上混频而产生的频率又接近接收机中频时,会产生乱真响应。在接收机的每个调谐频率上都存在一定的乱真响应频率。其乱真响应的频率 f_s 为

$$f_s=|pf_0\pm f_i|q \tag{4.5}$$

式中,f_s 为乱真频率;f_0 为本振频率;f_i 为接收机中频;$p=0,1,2,\cdots$;$q=1,2,3,\cdots$。

(2) 镜像响应。镜像响应是镜像响应频率信号在接收机中的响应。镜像频率是以本振频率为参考,与信号频率对称的频率。它是乱真频率的一个特例。

如果信号频率 $f_m=f_0+f_i$,那么镜像频率就为 $f_{im}=f_0-f_i$;如果信号频率为 $f_m=f_0-f_i$,那么镜像频率 $f_{im}=f_0+f_i$。

(3) 互调。接收机的互调是由两个或两个以上干扰信号同时出现在非线性器件输入端,混频后产生新的干扰频率信号落入带内造成的。

设两个干扰信号的频率为 f_1,f_2,接收机调谐频率为 f_0,则产生互调时满足下式关系:

$$|mf_1\pm nf_2|=f_0 \tag{4.6}$$

式中,m,n 为不等于零的正整数。

互调阶数 k 为

$$k=m+n \tag{4.7}$$

对两个以上的干扰信号,互调产物可由下式求出

$$\sum_{i=1}^{N}n_i f_i=f_0(n_i\ 为整数) \tag{4.8}$$

式中,f_i— 为第 i 个干扰信号频率。

互调阶数 k 为

$$k=\sum_{i=1}^{N}|n_i| \tag{4.9}$$

值得提出的是,两个干扰信号的三阶互调产物,对接收机的影响最大。因为其幅值最强,频率也最容易满足接收机的调谐频率。

(4) 交调。交调是有用信号被干扰信号调制。这种受干扰调制的有用信号在接收机引起的响应,称交调响应。交调可以看做是互调的一种特殊情况。

(5) 灵敏度降低。由于不需要信号在接收机通带内而引起有用信号电平的降低称为灵敏

度降低。增益的降低是由于强信号引起接收机某部分过载，使接收机不再对增加的输入电压响应。这两种情况，从宏观上看都是接收机灵敏度降低。接收机遭受灵敏度降低的程度取决于接收机的动态范围和过载特性。大功率发射机的发射，常常使邻近的接收机前级过载而引起的这类响应。

4.4　电磁敏感性评定标准

评定系统或设备的电磁敏感性标准是根据该系统或设备的使用目的来确定的。本节仅以话音通信系统、图像通信系统、雷达系统为例来说明各种评定标准。话音通信系统是利用在主观清晰度试验中得到的可懂度试验数据，来判断电磁干扰对系统正常功能的损害程度。图像通信系统敏感性则是以各种干扰情况下观察人员对图像质量评分的主观性试验的统计数据来确定。雷达系统与电视、传真系统不同，把电磁干扰引起的目标探测时间增加量，作为干扰影响的评判标准。数字数据系统采用的衡量标准是出错率，模拟数据系统通常用均方误差作为估量系统质量的基础。

操作人员的经验和疲劳也是影响系统性能的一个重要因素。一个有经验的操作员往往能在受干扰时正确读出没有经验的操作员无法读出的信号。此外，操作员精力充沛时与疲劳时相比，在有干扰情况下接收信息的质量是有差别的。总之，人的因素对系统性能的影响难以精确确定，这里只是作为一个必须引起重视的问题提出而已。

为了便于系统电磁兼容性分析，把各种性能评定标准与信噪比联系起来，并提出可接受比即阈值。

1. 话音通信系统

由于发送和接收信号的随机性、信息内容的千变万化以及接收机操作员在听力和理解力上的差异，要规定话音通信系统工作性能的测量标准是很复杂的。

一种评定标准是可懂度即清晰度，它是清晰度试验时听话人能听懂的单词数量与试验所用的单词总数的百分比。

清晰度试验由经过训练的发话人和听话人参加。试验程序是，一个发话人或一个标准化的话音发生器（如磁带记录的语音）读出一组经选择的单词或音节，经过通信系统传输后，听话人把听到的单词或单节写在试卷上。试验时将各种电平的干扰注入传输信道，根据听话人听懂的单词或音节的数量来评定分数，清晰度得分代表了可懂度水平。

为了便于在系统电磁兼容性预测过程中确定话音通信系统的性能，把得到的经验数据转换成适当的电特性，例如，信号 — 干扰比（S/I）。如图 4.1 所示为在有用信号和干扰信号几种不同组合情况下，信号 — 干扰比（S/I）与清晰度得分即可懂度之间的关系。图中的各种干扰情况均为同频道干扰情况。很明显，话音通信系统的性能随 S/I 变化从良好到差劣的转换速率很快。

采用清晰度试验法既费时又费钱，可用分析法代替。这种方法利用语言的预定频谱特性和干扰信号的频谱特性来得出清晰度的估计值，即“清晰度指数”。它是以如图 4.2 所示的频谱分布为估算的依据。图中的曲线示出大声说话时离讲话人 1 m 处的声压频率密度电平。大声说话时的话音电平比正常话音电平高 6 dB。图中的三条曲线为话音峰值电平曲线、话音

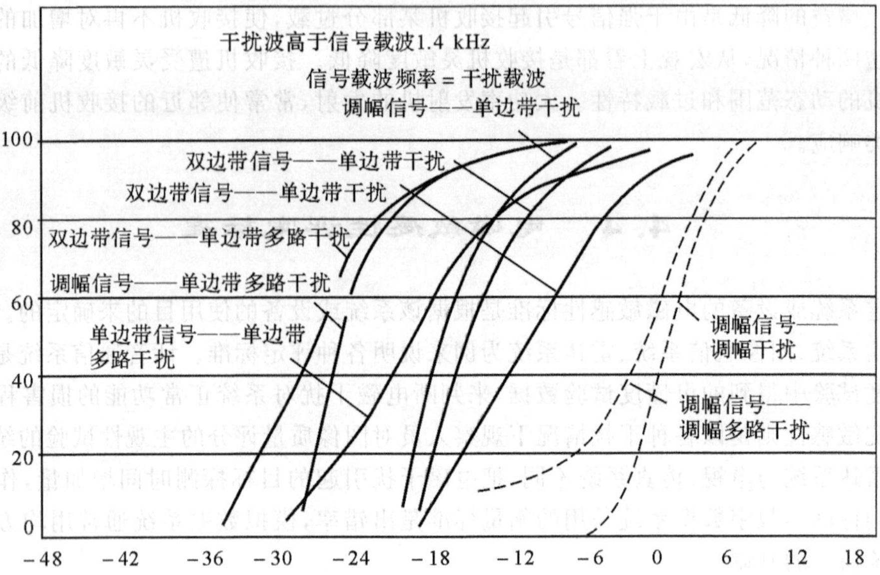

图 4.1 话音通信系统性能——清晰度得分与信号干扰比关系

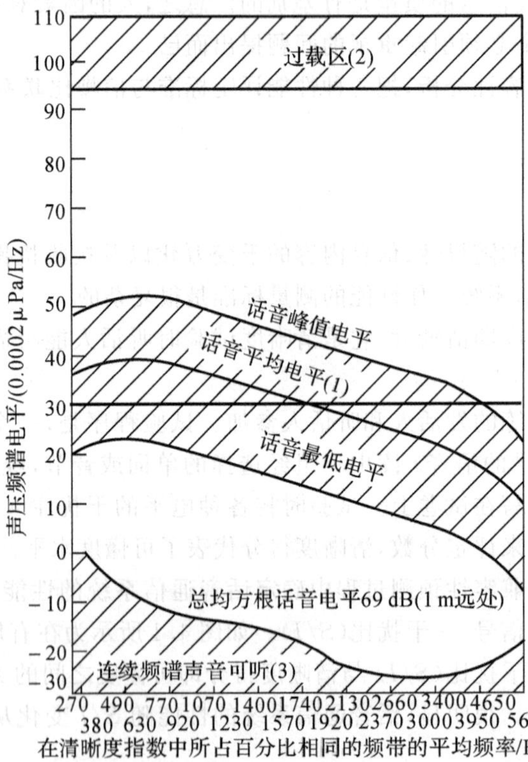

图 4.2 话音频谱电平图

根据频谱电平画出的曲线图，表示：① 一个人说话时的话音区；② 一般男人耳朵不能听见的“过载”区；③ 年青人耳朵的可听阈（所有曲线均按特殊比例的频率标尺上的频率函数画出）。

平均电平曲线和话音最低电平曲线。峰值电平比平均电平高 12 dB，最低电平比平均电平低 18 dB。频率范围为 200 ～ 6 100 Hz，分成 20 个评判频带，使每个评判频带在横坐标上占相等的宽度，这样在清晰度指数中所占百分数相同。若峰值电平曲线与最低电平曲线之间的区域未被干扰所污染，没有被滤掉，也没有降到可听阈以下或进入过载区，则清晰度为 100%。若这个区域中有一部分听起来模糊不清，则清晰度指数的降低值由听不清区域的面积所确定。横坐标上标出的数值是 20 个评判频带的中心频率，每个频带占清晰指数的 5%。清晰度指数的估算公式如下：

$$A=\sum_{n=1}^{20}0.05W_n \tag{4.10}$$

式中，A 为清晰度指数；W_n 为清晰度参数＝[(第 n 个频带话音峰值)－(第 n 个频带中的噪声均方根)]÷30。

W_n 的分子中的两项以相对于 0.00 2 μPa/Hz 的分贝数度量，话音峰值电平从图 4.2 曲线中选取。分母中的 30 表示峰值与最低值之间的分贝数为 30 dB。若方程的得数是负的，则 W_n 为零；若得数大于 1，则 W_n 为 1。图 4.2 还有一条频谱电平约 31 dB 的水平线。此电平是在 200 ～6 100 Hz 频带内总均方根值等于平均话音电平曲线总均方根电平的噪声干扰信号的假定电平。在 5 900 Hz 带宽内，这一噪声曲线的均方根电平为 69 dB，在 1 Hz 通带中平均值为31.3 dB。

干扰对图像通信系统性能影响的评定结果数据带有几分主观性。有一种评定标准是根据系统受干扰程度把其性能分成如下等级：① 很好；② 好；③ 合格(可以)；④ 勉强合格(还可以)；⑤ 劣；⑥ 不能用。

曾应用上述标准对电视机的电磁干扰敏感性能作过一次广泛的测量，试验对象包括彩色电视机和黑白电视机，试验时注入了各种不同类型的干扰。有近 200 个人参加了这次试验，得到了约3 800 个评判数据。清晰度指数与语言可懂度的这些关系，如图 4.3 所示。清晰度指数取决于所用的材料及说话人和听话人的技能。

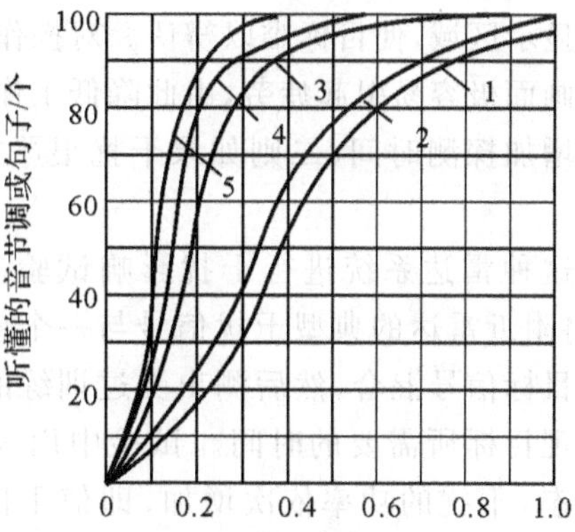

图 4.3　清晰度指数与语言可懂度的关系

1—PS 词(1 000 个不同词汇)；2— 无意义音节(1 000 个不同音节)；3— 测验词汇为 255 个音素均衡词汇；4— 句子；5— 测验词汇为 32 个 PS 词汇

典型试验结果如图 4.4 和图 4.5 所示。图 4.4 为来自另一电视台的同频道干扰情况，图 4.5 为随机干扰情况。对于同频道干扰的情况，随着同频道干扰和信号之间频率间隔的增大，50% 以上观察者给出合格或优于合格的评判所需要的信号和干扰比(S/I) 减小。对于随机干扰情况，50% 以上观察者给出至少是合格的评判结果所要求的 S/I 是27 dB。这是同步信号幅度的均方根值与 6 MHz 电视通道内噪声均方根值之比。

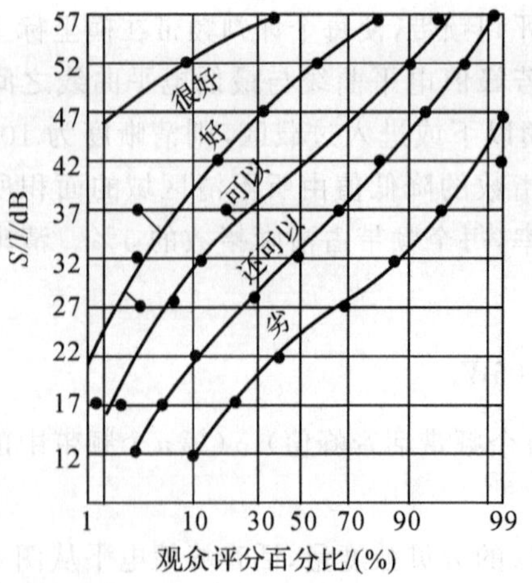

图 4.4　对电视机同频道干扰(载波间隔为 604 Hz)

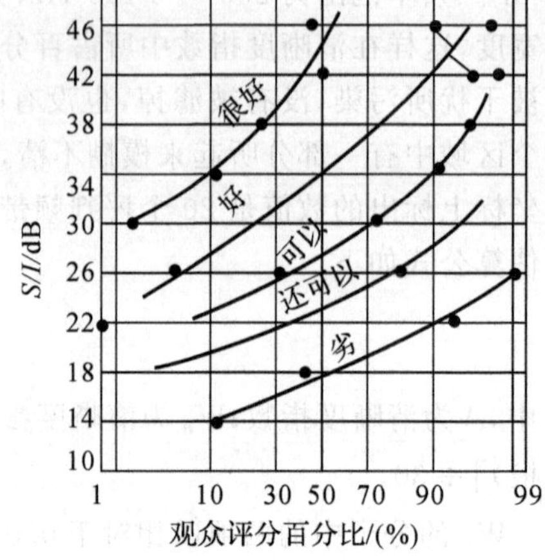

图 4.5　随机噪声干扰

3. 雷达系统

雷达最常见的干扰是由其他雷达的发射脉冲所引起的,被干扰现象是在雷达显示屏上出现干扰点或干扰螺旋线。这种称作"兔子"的干扰常常在显示屏上不停地移动,甚至很可能覆盖大部分显示区域,使目标难以辨认。对操作人员来讲,这种干扰相当烦人,长时间监视有干扰的显示画面极容易引起疲劳,由此降低工作效率和质量。若干扰扇形区包含有一个目标,一则有可能增加探测时间,二则如果干扰很严重,甚至很可能会把干扰误认为目标,造成虚警错误。

曾对这种雷达系统进行干扰影响试验。试验时,将附近雷达的典型干扰信号与一个或几个有用目标信号混合,然后测出受过训练的雷达员发现目标所需要的时间。试验中用 35 种干扰状态,干扰的功率依次增加,即信干比逐渐减小探测距离的减小可换算成探测时间的增加,此量与 S/I 和目标速度的函数关系如图 4.6 所示。

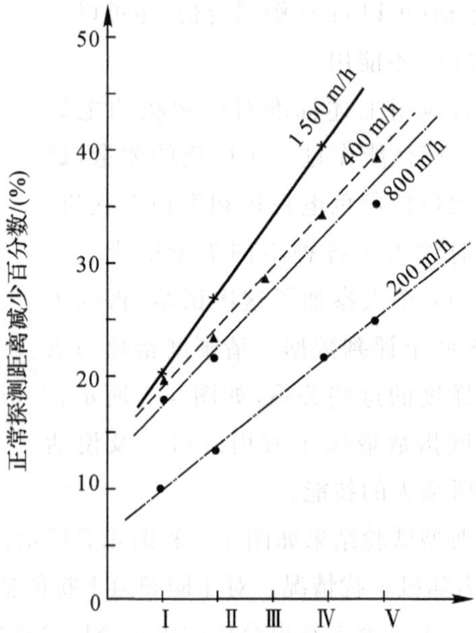

图 4.6　警戒雷达探测距离与干扰状态的关系

4. 可接受比

以上阐述了三类系统性能受干扰影响的评定标准,并给出这三类系统性能标准与信号干扰比(S/I)之间的关系。每个系统都有一个最低性能指标,即"可接受"标准,此最低性能指标可转换成可接受的信号与干扰比。

5. 同步误差

用于检测脉冲信号和数字信号的定时信息，是用跟踪一个其频率与数字率有关的分量的方法，从接收到的波形中获得的。这个分量往往是用锁相环路提取。这种环路在处于稳定跟踪状态时，等效于一个中心频率与所接收到的正弦波一致的窄带滤波器。

跟踪一滤波器的输出 U_0 为

$$U_0 = S_{\cos\omega t} + n(t) \tag{4.11}$$

式中，V_0 为跟踪一滤波器输出电压；S 为输入有用信号幅值；$\omega = 2\pi \times$ 数字数据率；$n(t)$ 为相加性干扰；t 为时间。

没有干扰时，余弦波的过零点能提供准确的定时信息。但是，有噪声时，过零点没有准确的周期性，由于过零点时间相对于未受扰动时的值的偏差 τ 的随机性，使检测过程出现了不稳定的抖动现象。

若相加性干扰 $n(t)$ 在滤波器带宽范围内具有高斯噪声特性，则均方定时误差为

$$< \tau^2 > = \frac{2N_0B_e}{S^2\omega^2} \tag{4.12}$$

式中，τ 为过零点时间相对于未受扰动值的偏差；N_0 为输入噪声频谱密度；B_e 为有噪声功率带宽；S 为输入信号电平。

缩小跟踪一滤波器带宽可减少抖动，但却会造成跟踪器反应缓慢，从而降低了跟踪器得到准确定时和发射定时的变化作出响应的速度。

抖动会使比特错误率增大，这是因为对一个信号间隔中发射的信号作出判决时，信号取样只有一部分是在这个间隔中进行的，而另一部分却是在相邻间隔中进行的。

在依赖于相干和定时的系统中，严重破坏同步性的噪声和干扰会将整个信号全部破坏。所以许多系统都必须设计几种不同级别的同步。有的系统靠射频相干，如相干移相键控和单边带传输发送非话音信号。有的系统可能需要位同步和各种更高级的同步，例如，普通电视系统则需要行同步（水平同步）和帧同步（垂直同步）。保护同步电路是极其重要的。在设计得好的接收机中，这些电路因噪声干扰而完全失去同步，只能发生在因相加噪声的影响使性能大幅度降低之后，即对同步要求有更高的可靠性。

习　题　4

1. 什么是设备的电磁敏感性，它与哪些因素有关？
2. 何为接收机的敏感性阈值？
3. 系统和设备的敏感性现象有哪些？
4. 常见的线性干扰分为几类？
5. 产生非线性干扰的原因有哪些？

第 5 章　电磁干扰的抑制

前面几章分析了产生电磁干扰的三大要素，只有三个要素同时具备时，才能产生电磁干扰。所以，抑制电磁干扰应该从三个要素入手采取相应的措施，以保证设备的电磁兼容性。从理论上讲，抑制干扰源、抑制干扰的传输和提高敏感体的电磁敏感度是抑制电磁干扰的基本措施，实际上在采取抑制措施时并不是针对某一要素本身的，而是对三个要素综合的抑制。

接地与搭接、屏蔽和滤波是抑制电磁干扰的三大技术，这是电子设备和系统在进行电磁兼容性设计过程中通用的三种主要的电磁干扰抑制方法，主要作用是降低设备产生的干扰电平，增加干扰在传播途径上的衰减，增强设备干扰的能力。虽然每一种方法在电路和系统设计中都有其独特的作用，但它们有时也是相互关联的。譬如，设备接地良好可以降低屏蔽的要求，而良好的屏蔽也可使对滤波的要求低一些。

本章按接地与搭接、屏蔽和滤波这个顺序讨论这三大技术的原理、分析计算和设计方法。

5.1　接地与搭接

1. 接地的基本概念

电子设备中的“地”通常有两种含义：一种是“大地”；另一种是“系统基准地”。接地就是指在系统的某个选定点与某个电位基准面之间建立低阻的导电通路。“接大地”是以地球的电位作为基准，并以大地作为零电位，把电子设备的金属外壳、线路选定点等通过接地线、接地极等组成的接地装置与大地相连接。“系统基准地”是指信号回路的基准导体(电子设备通常以金属底座、机壳、屏蔽罩或粗铜线等作为基准导体)电位设为零电位，把线路选定点与基准导体间的连接称为“接地系统基准”。

理想的接地平面是一个零电位、零阻抗的物理体，任何干扰信号通过它都不会产生电压降。但在实际上，理想的接地平面是不存在的。即使电阻率接近于零的超导体，其表面两点之间渡越时间的延迟也会呈现某种电抗效应。接地平面上点并非都经常处于零电位，有高电位作用区或大电流作用区，也有高电位和大电流同时作用区，有时在两接地点之间要产生几微伏的电位差。

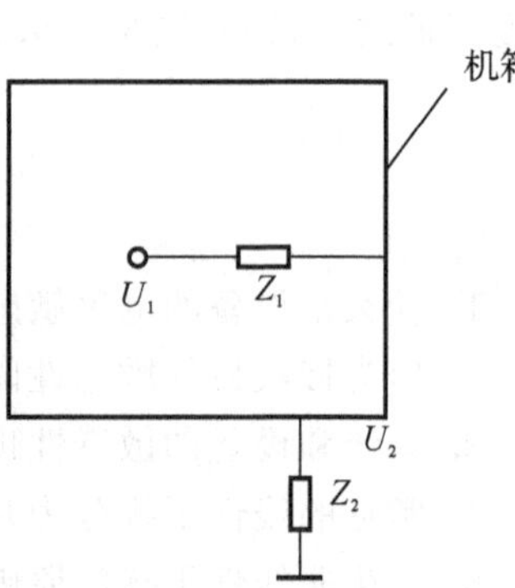

图 5.1　机箱通过杂散阻抗而带电

接地的目的主要有两个：一是为了安全，称为保护接地；二是为信号电压提供一个稳定的零电位参考点，称为信号地或系统地。

一般电子设备的金属外壳必须接大地，这样可以避免因事故导致金属外壳上出现过高的对地电压而危及操作人员和设备的安全。例如，如图 5.1

所示的情况，如果设备外壳不接地，其内部的高频、高压、大功率电路与机箱存在杂散阻抗。设备工作时，机箱上产生的电压为

$$U_2 = \left(\frac{Z_2}{Z_1 + Z_2}\right) U_1 \tag{5.1}$$

式中，U_2 为机箱上电压；U_1 为电路中高压部件的电压；Z_1 为高压部件与机箱间的杂散阻抗；Z_2 为机箱与大地间的阻抗。

机箱上的电压 U_2 取决于 Z_1 和 Z_2 的大小，若 Z_2 比 Z_1 大得多，则机箱上的电压 U_2 就接近高压部件电压 U_1，就会危及操作人员的安全。反之，若 Z_2 比 Z_1 小得多(外壳接地)，则 $U_2 \ll U_1$，且 U_2 近似等于零。

2. 接地的方式

通常采用的接地方式有两种：浮地、单点接地与多点接地。有时还采用另外一种接地方式，把单点接地和多点接地组合起来，称为混合接地。

(1) 浮地。浮地是指设备地线系统在电气上与大地相绝缘，这样可以减小由于地电流引起的电磁干扰。如图 5.2(a) 所示为系统地悬浮的情形，各个电路的系统与地连通，但与大地绝缘。

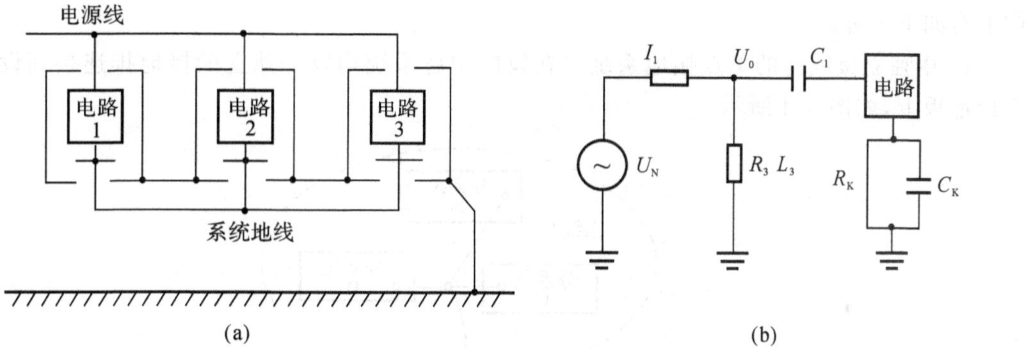

图 5.2　浮地系统及其干扰模式

若浮地系统对地的电阻很大，对地分布电容很小，则由外部共模干扰引起的流过电子线路的干扰电流就很小。如图 5.2(b) 所示为共模干扰作用下的等效电路，来自电源等的外部干扰电压 U_N 通过代表电磁感应和静电感应的等效阻抗 I_1 加到电源变压器、电缆屏蔽层或外壳上，在受干扰部分的阻抗 R_3，L_3 上产生干扰电压 U_0，此电压经线路间的分布电容 C_1 耦合到电子线路，经对地电阻 R_K 和对地电容 C_K 流回大地，并使电子线路对地电位发生波动。若 R_K 很大，C_K 很小(即良好浮地)，则流过电子线路的干扰电流就很小，其影响可以忽略。此外，这种方式对直接进入的传导干扰同样有抑制作用，并能避免因接地不当而产生的干扰。

浮地的缺点是由于设备不与大地相连，容易产生静电积累现象，这样积累起来的电荷达到一定程度后，在设备和大地之间会产生具有强大放电电流的静电击穿现象。为了解决这个问题，在设备与大地之间可以接入一个阻值很大的泄放电阻，以消除静电积累的影响。另外，由于浮地的有效性取决于实际的对地悬浮程度，所以，浮地方式不能适应复杂的电磁环境。特别对于较大的电子系统，因为有较大的对地分布电容，很难保证真正的悬浮。当系统基准电位因

受干扰不稳定时，通过对地分布电容出现位移电流，使设备不能正常工作。

一般地说，低频、小型电子设备，容易做到真正的绝缘，随着绝缘材料的发展和绝缘技术的提高，比较普遍采用浮地方式。大型及高频电子设备则不宜采用浮地方式。

(2) 单点接地。单点接地是指在一个线路或整个电路系统中，只有一个物理点被定义为接地参考点，其他各个需要接地的点都直接到这一点上，如图 5.3 所示。

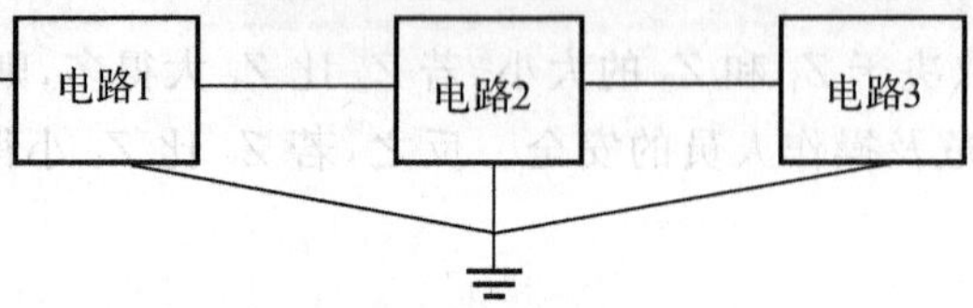

图 5.3　单点接地

当单点接地的几条连接线的长度与电路工作波长相比很小时，可以采用这种方式接地。当系统的工作频率很高，连线长度可以和工作波长相比拟时，就成为微波技术中讲到的长线，这时就相当于一段终端短路的传输线，特别当线长等于 $\lambda/4$ 波长时，连接电路端等效为开路，相当于没有接地。所以，单点接地仅适用于低频设备系统中。

单点接地系统应尽量避免使地线构成回路，因此在配置上经常是使地线成为树叉状，在结构上有如下三种形式。

1) 用独立接线排的单点接地系统。在设施中各系统均以一独立的接地排连接到设施的主接地板上，如图 5.4 所示。

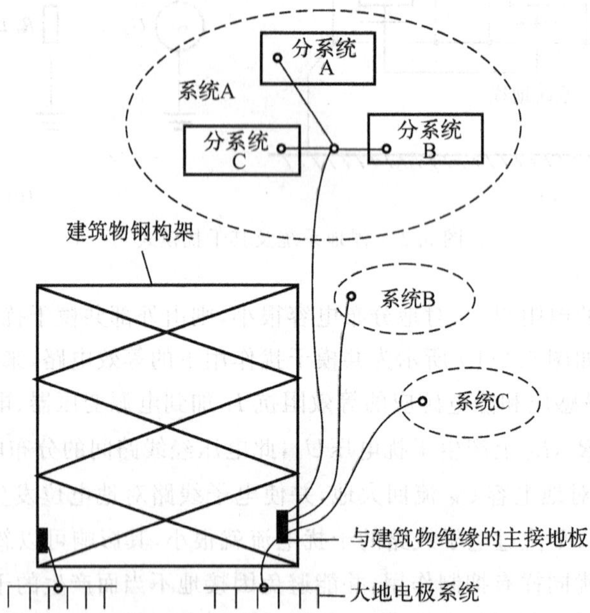

图 5.4　采用独立接线排的单点接地

2) 用公共母线的单点接地系统如图 5.5 所示，每个系统内的各分系统是单点接地，然后利用单根绝缘导线把每个系统的接地点连接到树叉状的接地母线上。

3) 用主板接地和支路接地板的单点接地。在设施中心安装主接地板，设施中的各设备支路接地板都通过主干接地电缆接到该板上，而该板再与设施的大地电极连接。

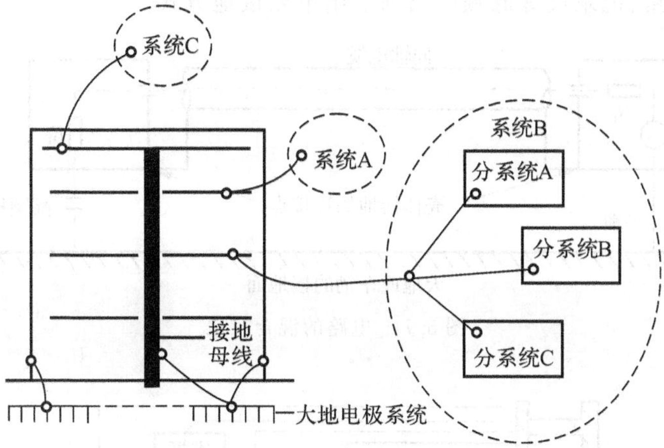

图 5.5　采用公共母线的单点接地

(3) 多点接地。多点接地是指电子设备(或系统) 中各个接地点都直接接到距它最近的接地平面上，以使连接线的长度最短，如图 5.6 所示。这里所说的接地平面可以是设备的底板，也可以是贯通整个系统的接地母线。在比较大的系统中，还可以是设备的结构框架。

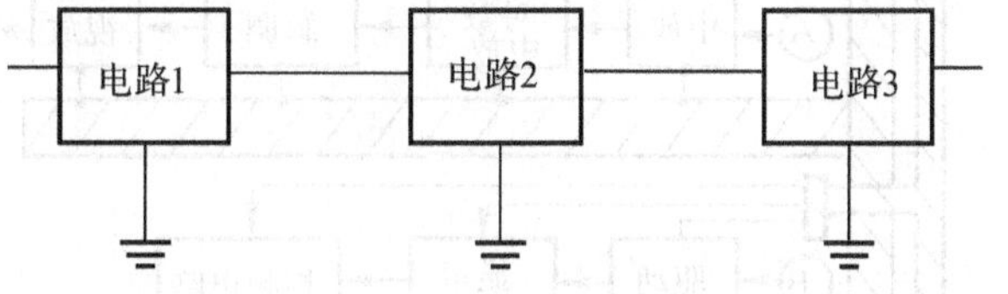

图 5.6　多点接地

多点接地的优点是电路结构简单，接地线上可能出现的高频驻波现象显著减小。因此，它是高频信号电路的唯一实用的接地方式。但是多点接地使设备内存在许多地线回路，因此，提高接地系统的质量就变得十分重要。当导线长度超过 $\lambda/8$ 时，多点接地就需要一个等电位接地平面。系统中每一级或每一装置都各自用接地线分别单点就近接地，其每一级中的干扰电流就只能在本级中循环，而不会耦合到其他级中。

(4) 混合接地。混合接地就是单点接地和多点接地的组合。单点接地的应用频率范围一般为 300 kHz 以下，在有些场合也可用 3 MHz 以下；多点接地的应用频率范围一般为 300 kHz 以上，在很多场合为 500 kHz ～ 30 MHz；混合接地的应用频率范围为 50 kHz ～ 10MHz。

1) 电路混合接地。以一个图像放大电路为例，该电路的工作频率从音频到高频(6 MHz)，如图 5.7 所示。主放大器外壳直接接地；负载端的外壳则通过电容(有时利用分布电容) 接地；同轴电缆屏蔽层经同轴连接器与两外壳相接。这样，在低频时，由于负载的外壳对地呈高阻抗，仅主放大器外壳一点接地。而在高频时，由于负载端外壳被电容旁路到地，实现了混合接地。

2) 电子设备的混合接地。如图 5.8 所示，在该电子设备中既有低频电路又有高频电路，这时应使用混合接地方式。设备中各部分的电源地线都接到电源总地线上，所有的信号地都接到信号总地线上。两根总线最后汇总到一个公共的入地点，即为大地电极。在信号地中，根据不同的工作频率采用相应的接地方式。如射频、中频放大器及中放、视放部分采用多点接地方式;显示器、扫频电路、记录仪等低频电路则采用单点接地方式。

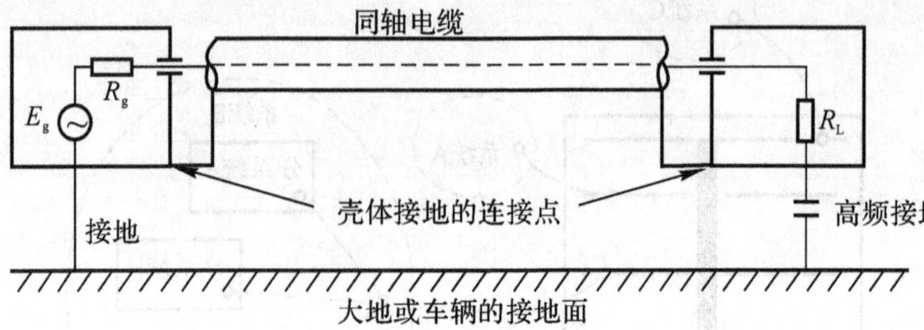

图 5.7　电路的混合接地

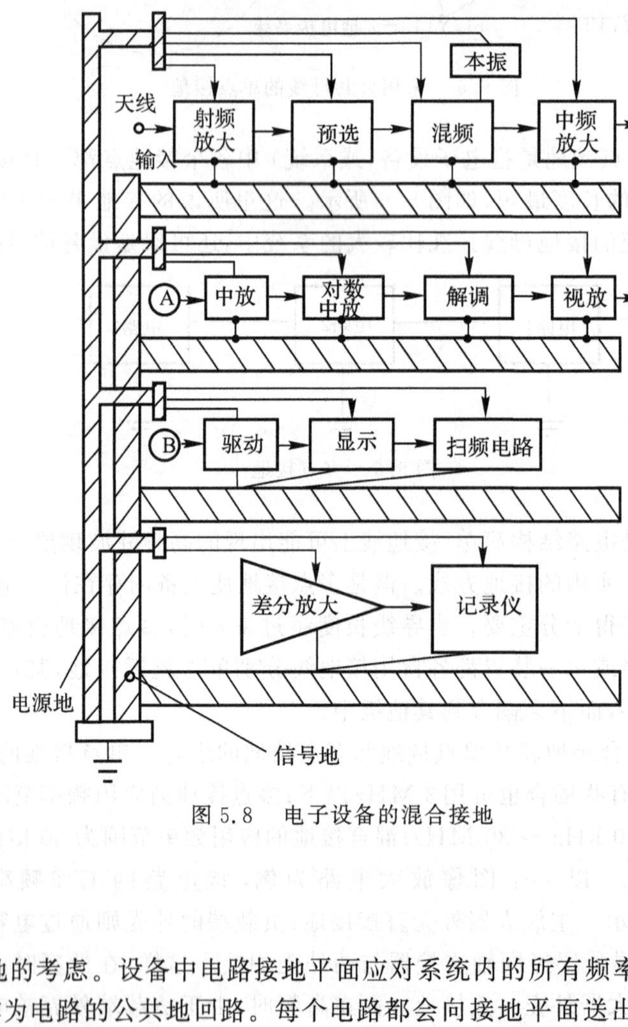

图 5.8　电子设备的混合接地

3. 电路接地

(1) 电路接地的考虑。设备中电路接地平面应对系统内的所有频率都呈现可忽略的低阻抗,该接地平面作为电路的公共地回路。每个电路都会向接地平面送出它自身的电流。任何一个地回流路径,当它绕过或穿过别的地回流路径时,就会引起电路之间或级之间的耦合而产生干扰。这个干扰电压取决于接地平面上两个电路接点之间的阻抗以及该接地平面内的电流。为了减少由于接地平面引入的有害耦合影响,可以把电路元件分为几组接地,以使回流路径尽量短而直,尽量避免交叉。此外,还可以利用隔离变压器电路来抑制地电势的影响。

(2) 单级电路的接地。如图 5.9 所示,同一放大电路采用了两种接地方式即单点和多点接地。但是对于单级电路来说,最好是一点接地,因为地线不是理想的零阻抗。当多点接地时,三个接地点 a,b,c 的电位是不同的,这样在晶体管的输入端就引入了由地电流 I_g 形成的干扰电压,使电路工作不稳甚至失误。而单点接地时,地电流 I_g 对晶体管的输入端没有影响。

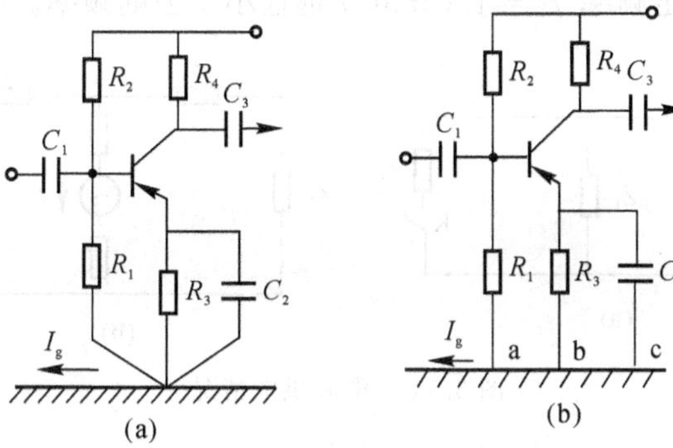

图 5.9　单级电路接地

(3) 多级电路的接地。多级电路接地点的选择是十分重要的。如图 5.10 所示为多级电路的串联式单点接地方式,图 5.10(a) 的接地点靠近高电平端,图 5.10(b) 的接地点靠近低电平端。设 A,B,C 三级电路的电平依次为由低电平到高电平。当接地点选在高电平端 c 点时,则低电平级 a 点的对地电位为

$$U_{cg} = Z_{ab} I_a + Z_{bc}(I_a + I_b) + Z_{cg}(I_a + I_b + I_c) \tag{5.2}$$

式中,Z_{ab} 为地线 ab 段的地阻抗;Z_{bc} 为地线 bc 段的地阻抗;Z_{cg} 为地线 cg 段的地阻抗。

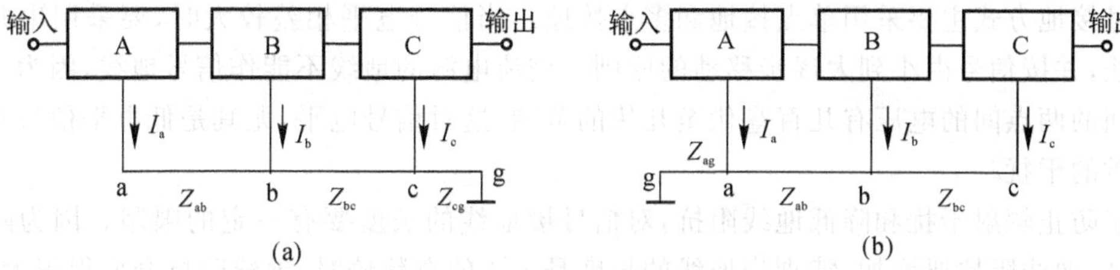

图 5.10　多级电路的接地点选择

(a) 错误;(b) 正确

当接地点选择在靠近多级电路的低电平端 a 点时,则低电平级 a 点的对地电位为

$$U_{ag} = Z_{ag}(I_a + I_b + I_c) \tag{5.3}$$

式中,Z_{ag} 为地线 ag 段的地阻抗。

设 $Z_{ag} = Z_{cg}$,比较式(5.2) 和式(5.3) 可得到 $U_{cg} > U_{ag}$。可见,多级电路的接地点选择应靠近低电平端,这时,地电位对电路的干扰最小。

4. 电源接地

(1) 电源接地的考虑。为了减少供电源母线上的负载感生噪声,电源的一端必须很好地接地。如图 5.11(a) 所示为两负载共用一个电源供电的情况,如图 5.11(b) 所示为两负载采用各自独立的电源供电的情况。这种分开的供电方法有助于减少通过公共电源母线上产生的

负载感生干扰。

当然,最理想的方法是每一个负载有一个单独的电源,但通常是不允许的。比较经济又好的办法是像图 5.11(b) 那样的负载分离法,或者在图 5.11(a) 中接入去耦电路。一般去耦电路由电阻和电容器构成,也可由电阻和齐纳二极管等稳压器件构成。去耦电路中的电容器和电阻值大小的选择,应满足频率 $f_0=1/(2\pi RC)$ 远远小于去耦频率。

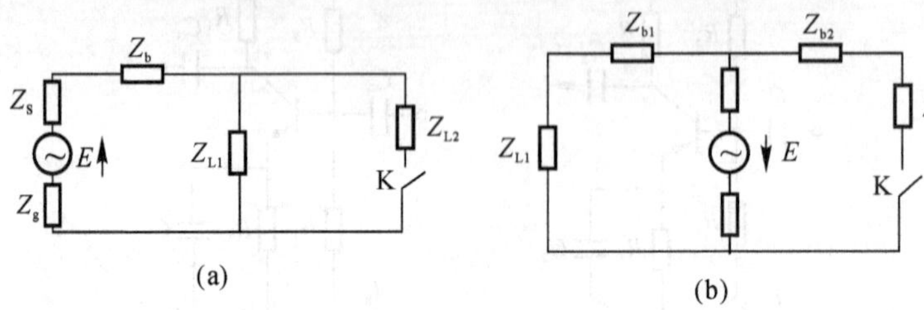

图 5.11　电源供电情况

(2) 电源回线。电源回线主要有两种实施方法,即公共回线(通过接地系统或机壳),也可用一根导线作电源回线。虽然公共回路可以节省导线,但电流通过公共回线时,会在作为回线的接地平面或机壳上产生电压降,这个电压降虽然比电源系统的各种供电电压小得多,但可能高于电子系统中某些级的信号电平。所以在那些用框架和结构作电源回线的电子系统中,就会碰到潜在的干扰问题。采用专用一根导线作为电源回线时,其优点是可以提供一个比较完善的单点接地,而不构成复杂的接地环路,从而减少了最容易引起不兼容的接地环路和公共阻抗。

5. 信号接地

信号接地方式主要采用单点接地和多点接地。当信号电平相差较大时,要采用串并联的接地方法,并按信号由小到大逐步移动的原则。交流电源的地线不能作信号地线,因为一般电源地线间的两点间的电压有几百毫伏至几伏的范围,这对信号电平,尤其是低电平信号是一个非常严重的干扰。

为了防止辐射干扰和降低地线阻抗,对信号接地线的长度要有一定的限制。因为随着频率的升高,地线阻抗要增加,特别当地线的长度是 $\lambda/4$ 的奇数倍时,地线阻抗会变得很大(理论上为无穷大);同时,地线还向外辐射干扰信号。

如图 5.12 所示为信号接地的两种基本形式:其一是信号地引至机壳外表面的连接点,并与机壳安全地单点连接,然后再通过分支和主接电缆单点信号接地,其二是信号地引至壳体外表面的连接点,在电气上与机壳安全地绝缘,信号地再通过分支和主接地电缆单点信号接地。图中的分支接地电缆和主接地电缆横截面尺寸有如下两点要求:

(1) 当主接地电缆的长度在 60 m 以下时,其横截面积一般选 240 mm^2;当主接地电缆的长度大于 60 m 时,主接地电缆的横截面积应按下式确定

$$A=4l \tag{5.4}$$

式中,A 为主接电缆的横截面积(mm^2);l 为主接地缆的长度(m)。

(2) 分支接地电缆的横截面积按下式确定

$$A_1=2.5l_1 \tag{5.5}$$

式中,A_1 为分支接地电缆的横截面积(mm^2);l_1 为分支接地电缆的长度(m)。

当 $A_1 < 20\ \mathrm{mm}^2$ 时，取其为 $20\ \mathrm{mm}^2$。

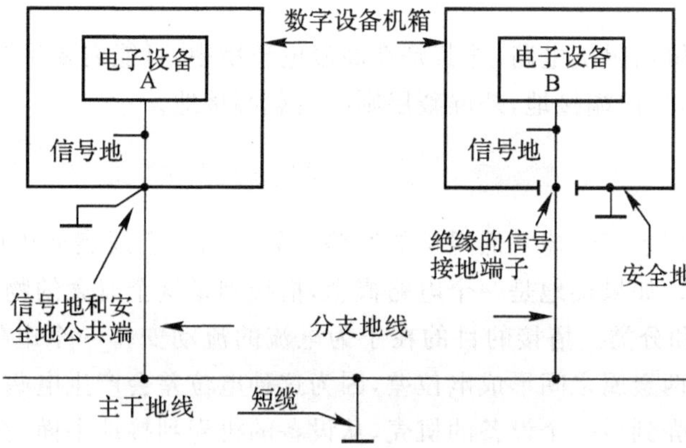

图 5.12　信号地的两种形式

6. 屏蔽装置接地

(1) 信号电路屏蔽罩的接地。为了防止多级小信号放大器和高增益放大器自激，通常用屏蔽罩对它们进行屏蔽。其屏蔽效能除了与屏蔽罩自身结构质量有关外，其接地方式是一个很重要的因素，如图 5.13 所示。

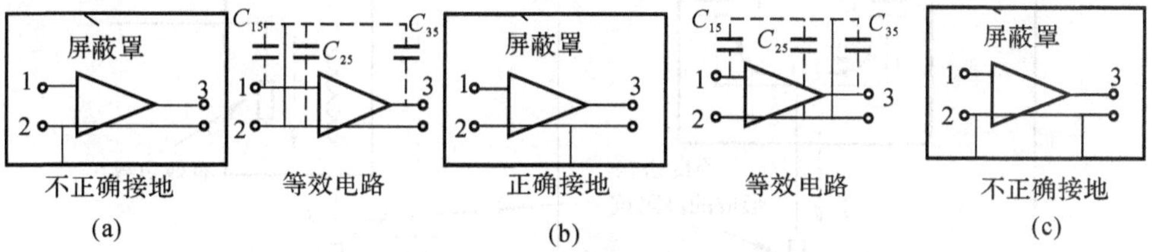

图 5.13　屏蔽罩接地形式

图 5.13(a) 把接地点选在放大器输入端的地线上，这样虽然把寄生电容 C_{25} 短路，但是放大器输出端的信号电流经寄生电容 C_{35} 向输入端流动，会在输入端地线上产生寄生电压，形成反馈，破坏放大器的正常工作。

图 5.13(b) 的接地点选在放大器输出端的地线上，这时寄生电容 C_{25} 被短路，反馈通道也被消除，屏蔽罩既对放大器起到屏蔽作用，又不致于给放大器带来寄生耦合。

图 5.13(c) 的接地点选在放大器输入和输出的地线上，其结果可能在放大器输入端引入了公共地阻抗干扰和地环路干扰。

(2) 屏蔽电缆屏蔽层的接地。屏蔽电缆一般分为低频电缆和高频电缆。对低频信号电缆，屏蔽层应单点接地；对屏蔽的电力电缆和高频电缆的屏蔽层至少应在电缆两端接地。

当电缆的长度 $l < 0.15\lambda$ 时，则要求单点接地。无论是单芯或是多芯屏蔽电缆，在电源和负载电路中，一端为接地点，另一端与地绝缘，其中接地点就是屏蔽层的接地。

当电缆长度 $l > 0.15\lambda$ 时，则采用多点接地。一般屏蔽层按 0.05λ 或 0.1λ 的间隔接地，以降低地线阻抗，减少地电位引起的干扰电压。

对于输入信号电缆的屏蔽层不能在机壳内接地，只能在机壳的入口处接地，此时屏蔽层上的外加干扰信号直接在机壳入口处入地，避免屏蔽层上的外加干扰信号带入设备内的信号电路上。

对于高输入或高输出阻抗电路，尤其是在高静电环境中，可能需要用双层屏蔽的电缆。这时，内屏蔽层可以在信号源端接地，外屏蔽层则在负载端接地。

7. 搭接

搭接是指在两金属表面间建立低阻抗的通路。如果两个金属表面中的一个是接地平面，则这种搭接就是接地。如果接地是一个电路概念，搭接则是这个概念的物理实现。

(1) 搭接的目的和分类。搭接的目的在于为电流的流动安排一个电气上连续的结构面，以避免在相互连接的两金属之间形成电位差，因为这种电位差会产生电磁干扰。

从一个设备的机壳到另一个设备的机壳，从设备的机壳到接地平面，在信号回线和地线之间，电缆屏蔽层与地线之间，接地平面与连接大地的地网或地桩之间，以及静电屏蔽层与地之间，都可以进行搭接。通过搭接可保证系统电气性能的稳定，有效地防止由雷电静电放电和电冲击造成的危害，实现对射频干扰的抑制。

不良的搭接将给电路带来危害，以如图 5.14 所示的两个例子加以说明。

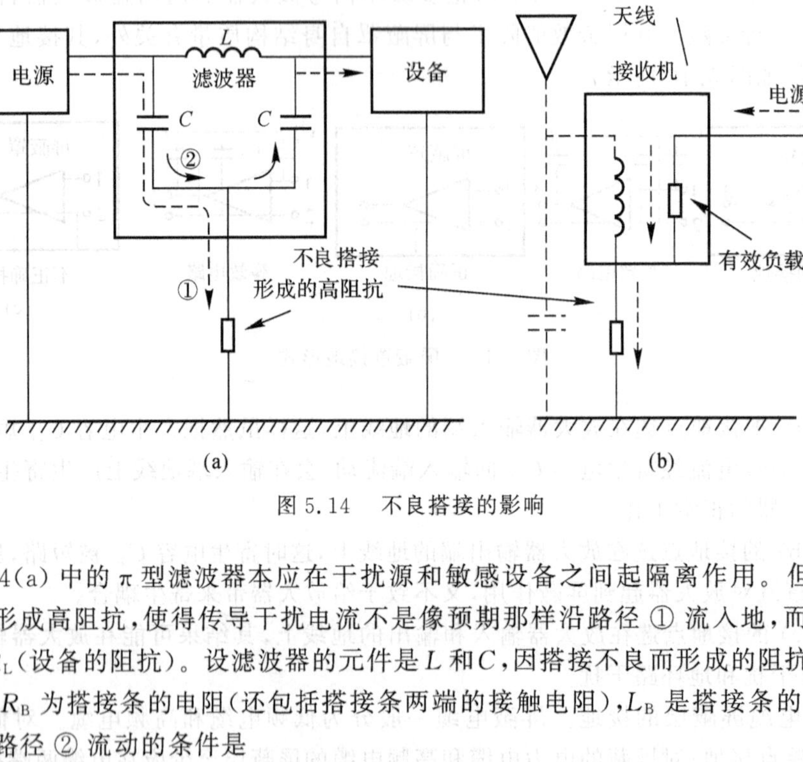

图 5.14　不良搭接的影响

图 5.14(a) 中的 π 型滤波器本应在干扰源和敏感设备之间起隔离作用。但由于搭接不良，地线上形成高阻抗，使得传导干扰电流不是像预期那样沿路径 ① 流入地，而是沿路径 ② 流到负载 R_L（设备的阻抗）。设滤波器的元件是 L 和 C，因搭接不良而形成的阻抗为 $Z_B=R_B+j\omega L_B$，这里 R_B 为搭接条的电阻（还包括搭接条两端的接触电阻），L_B 是搭接条的电感，不难看出，电流沿路径 ② 流动的条件是

$$R_L+\frac{1}{j\omega C}<R_B+j\omega L_B \tag{5.6}$$

可见，要实现良好的搭接，就要想办法减小搭接条本身的阻抗和搭接条与所接触的金属面之间的接触电阻。

在图 5.14(b) 中，由于搭接不良，地线上形成高阻抗。这样，出现在电源线上射频电流和

天线拾取的射频信号都以此阻抗为公共阻抗通路，造成对信号的干扰。

搭接通常按搭接的方式分成两大类，直接搭接和间接搭接。

直接搭接是在互连元件之间不使用辅助导体而建立一条有效的电气通路。其具体方法是把互连部分放在一起使它们直接接触，再通过熔焊或铜焊或锡焊在其接合处建立起一种熔接的金属桥接，或者利用螺栓、铆钉或夹箍使配接表面之间保持强大的压力，以获得电气的良好接触。直接搭接的例子有：母线条带之间的叠接；雷电引下导体与大地电极分系统间的连接；设备前面板与设备机架的配接；以及连接器壳体在设备面板上的安装；等等。

正确的直接搭接，直流电阻很低，并能获得一个低主搭接部分结构所允许的射频阻抗。直接搭接往往是最好的连接方式，但是只有当两个互连元件能够连接在一起，并且没有相对运动时，才能使用直接搭接。

间接搭接是利用中间过渡导体（搭接条或搭接片）把欲搭接的两金属构件连接在一起。当一个综合设备的各部分之间，或者综合设备与其参考平面之间必须在结构上分离时，就必须引入辅助导体作为搭接条。安装防震设备时，通常用搭接条把设备搭接至结构的接地参考系统上。另外，还可用搭接条旁路某些结构元件，如配电箱盖板或设备盖板上的铰链，以防止这些元件在受到强电磁场照射或通过高电平电流时产生宽带噪声。

（2）搭接的一般原则。对搭接的设计必须纳入系统设计，一般应遵循以下原则：

1）在信号接地母线网络的导体之间，在设备与接地线网络之间，电缆层及其部件与接地参考面之间，箱柜屏蔽层与接地参考面之间，构件之间，以及雷电保护网络各单元之间，等等，都应规定具体的注意事项，在设施的设计和施工中，除了机械和工作要求之外，还必须考虑信号通路、人身安全和雷电保护搭接的要求。

2）搭接必须实现并保护金属表面之间的紧密接触。连接表面必须光滑、清洁，并且没有非导电的表面处理层。紧固件必须能施加足够的压力，以便在有关设备和周围环境出现变形应力、冲击和振动时仍能保持表面的良好接触。

3）接点的有效性不仅取决于其结构及其所承载电流的频率和幅值，还取决于它所处的环境条件。

4）搭接条仅是直接搭接的替代连接件。搭接条应能尽量保持最小的长宽比和最低的电阻。

5）接点最好由相同金属连接而成。如不能实现相同金属的连接，则必须特别注意，要通过选择连接材料和选择辅助元件（如垫圈）来控制接点的腐蚀，以保证腐蚀作用仅影响可替换的元件。同时还要采用保护性的表面处理层来控制接点的腐蚀。

6）必须对接点提供保护，以便防潮和防其他腐蚀因素。

7）在设备、系统或设施的整个寿命期间，必须对接点进行检验、测试和维修保养，以确保接点能继续完成其使命。

5.2 屏 蔽

1. 屏蔽的基本概念

屏蔽是利用屏蔽体来阻挡或减小电磁能传输的一种技术，是抑制电磁干扰的重要手段之一。从电磁场理论的观点来看，两个电磁场分界面上存在有物体，如果该物体能将这两个场看成是互相独立存在的，那么这种现象就称为屏蔽，分界面上的物体就称为屏蔽体。

(1) 屏蔽的目的和作用。屏蔽有两个目的：一是限制内部辐射的电磁能量泄漏出该内部区域；二是防止外来的辐射干扰进入内部区域。屏蔽的作用是通过一个将上述区域封闭起来的壳体实现的。这个壳体可以是板式、网状式以及金属编织带式等，其材料可以是导电的、导磁的、介质的，也可以是带有非金属吸收材料的。

(2) 屏蔽的分类。根据屏蔽的工作原理，可将屏蔽分为三大类：

1) 静电屏蔽。静电屏蔽的屏蔽体用良导体制作，并有良好的接地。这样就把电场终止于导体表面，并通过地线来中和导体表面的感应电荷，从而防止由静电耦合产生的相互干扰。

2) 磁屏蔽。磁屏蔽主要用于低频，屏蔽体用高导磁率材料构成低磁阻通路，把磁力线封闭在屏蔽体内，从而阻挡内部磁场向外辐射或外界磁场干扰，有效防止低频磁场的干扰。

3) 电磁屏蔽。电磁屏蔽主要用于高频，利用电磁波在导体表面上的反射和在导体中传播的急剧衰减来隔离时变电磁场的相互耦合，从而防止高频电磁场的干扰。

此外，屏蔽还根据不同的屏蔽对象分为主动屏蔽和被动屏蔽。主动屏蔽的对象是干扰源，主要限制由干扰源产生的有害电磁能量向外扩散；被动屏蔽的对象是敏感体，主要防止外部电磁干扰对它产生有害的影响。

(3) 屏蔽效能。屏蔽效能反应了屏蔽体对电磁场强度的减弱程度，定义为空间某点上未加屏蔽时的电场强度 E_0（或磁场强度 H_0）与加屏蔽后该点的电场强度 E_1（或磁场强度 H_1）的比值，表示为

$$SE = E_0/E_1 \text{ 或 } SE = H_0/H_1 \tag{5.7}$$

用分贝表示为

$$SE = 20\lg(E_0/E_1)\ (\text{dB}) \tag{5.8}$$

一个设备或组件屏蔽体的屏蔽效能由若干个参数决定，最值得注意的是入射波的频率和阻抗、屏蔽材料的固有特性以及屏蔽不连续性的形式和数量。

2. 屏蔽的基本理论

(1) 反向感应场。电磁波遇到金属表面总要发生屏蔽效应。干扰源发出的电磁能量的一部分受到金属面的影响向干扰源方向反射，另一部分在金属内耗散，剩余部分穿过该金属面向前传播。这种屏蔽效应可分别看做是入射电场与磁场使屏蔽体表面感应电荷，并在屏蔽体内感应出电流的结果。感应电荷和电流的极性与方向应使其伴生的电场和磁场抵消入射场，从而削弱穿过屏蔽体的电磁场。虽然这种屏蔽理论不能有效地计算实际屏蔽体的屏蔽质量，但它可以为屏蔽提供一个清晰的物理概念。例如，从这一观点可以看出，屏蔽体上的裂口假设切断了感应电流的流通，则它比顺着电流流通方向的裂口更易使屏蔽效能降低。所以当平面波投射到具有很长狭缝的导电屏蔽体上时，垂直于电场矢量的狭长缝比平行于电场的狭长缝更容易漏过能量，如图 5.15 所示。

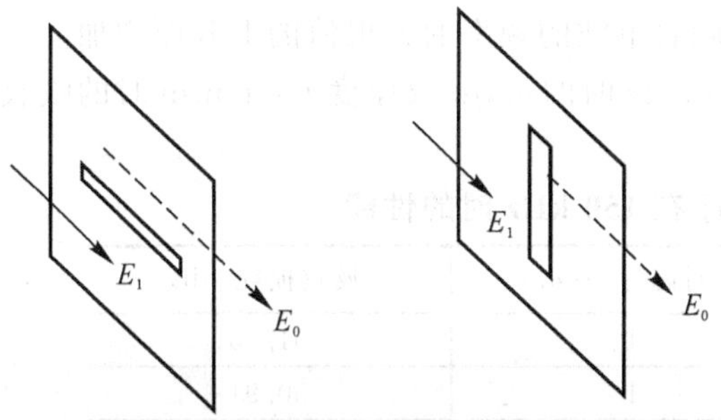

图 5.15　电磁波通过狭缝

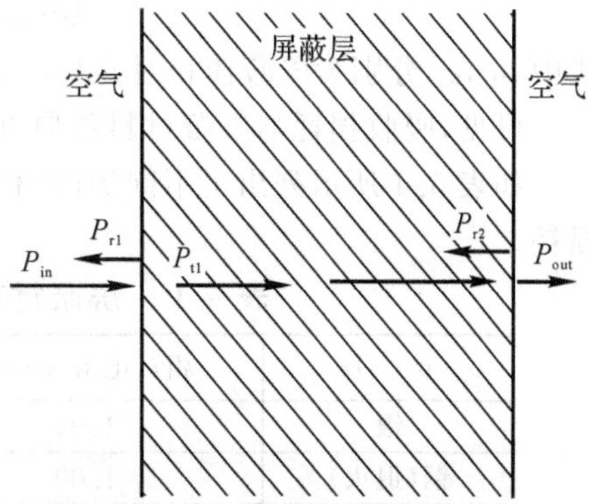

图 5.16　屏蔽体的传输线模型

(2) 传输线模型。最适用于工程计算的屏蔽理论是根据传输线理论所建立的模型。按谢昆诺夫的平面波理论，当电磁波波前与电磁屏蔽体边界的形状相一致时，它在数学上可用双线传输线中传输的电流和电压模拟。假设有一功率为 P_{in} 的入射电磁波照射到如图 5.16 所示的屏蔽板上，当波碰到屏蔽板的这一个表面时，入射功率的一部分 P_{r1} 向场源反射，剩余部分 P_{t1} 进入屏蔽板并穿过它继续传播。反射功率与入射功率的比值(称为反射损耗，用 R 表示) 取决于屏蔽材料的本征阻抗和入射波的波阻抗，这就像两个特性阻抗不同的传输线接合处的情况一样。当电磁波通过屏蔽体时，进入屏蔽的功率 P_{t1} 有一部分随着波的传播转换成热能，这一能量损失称为屏蔽体的吸收损耗，用 A 表示。当屏蔽体内传播的电磁波到达屏蔽体的第二界面时，一部分 P_{r2} 被反射回屏蔽体内部，剩余一部分 P_{out} 则通过第二界面穿出屏蔽层。如果屏蔽体内吸收损耗很小(小于 10 dB)，则有很大一部分功率会在第二界面上反射并传回第一界面。在第一界面，部分功率再次反射回屏蔽体并传到第二界面而成为再次穿出屏蔽体功率的一部分，形成多次反射现象，用多次反射修正因子 B 表示这种现象。可见，屏蔽效能有三个因素决定：反射损耗 R、吸收损耗 A 和多次反射修正项 B(当吸收损耗很小时，是不能忽略的)。所以，这时有

$$SE = R + A + B(\text{dB}) \tag{5.9}$$

对于一无限大金属屏蔽板，有

$$SE = 20\lg|\mathrm{e}^{\gamma t}| + 20\lg|1/T| + 20\lg|-\Gamma\mathrm{e}^{2\gamma t}| \tag{5.10}$$

式中，γ 为电磁波在屏蔽体中的传播常数；t 为屏蔽体的厚度；T 为传输系数；Γ 为两界面间的多次反射系数。

可见，式(5.10) 中的三项正是 A，R，B 三项的具体表示。

1) 吸收损耗。吸收损耗表示为

$$A = 20\lg|\mathrm{e}^{\gamma t}| \tag{5.11}$$

根据传输线理论可知：

$$\gamma = \alpha + \mathrm{j}\beta = \sqrt{\mathrm{j}\omega\mu(\sigma + \mathrm{j}\omega\varepsilon)} \tag{5.12}$$

式中，σ，μ，ε 分别为屏蔽体的电导率、磁导率和介电常数，ω 为角频率。由于金属导体有 $\sigma \gg \omega\varepsilon$，所以

$$\gamma \approx \sqrt{\mathrm{j}\omega\mu\sigma} = (1+\mathrm{j})\sqrt{\pi f\mu\sigma} \tag{5.13}$$

将式(5.13) 代入式(5.11) 得

$$A=20\lg(e^{\sqrt{\pi f\mu_r\mu_0\sigma_r\sigma_0}\,t})=0.131t\sqrt{f\mu_r\sigma_r} \tag{5.14}$$

式中,μ_r,σ_r 分别为屏蔽体相对磁导率和电导率,f 为电磁波的频率。

可见,吸收损耗与屏蔽材料的厚度成正比,且随着电波的频率的方根值的上升而增加。

如表 5.1 所示列出了不同屏蔽材料在 $f=150$ kHz 时的 σ_r,μ_r 及厚度 $t=1$ mm 时的吸收损耗。

表 5.1 屏蔽材料(厚 1 mm) 在 150 kHz 时的性能

金　属	相对电导率(σ_r)	相对磁导率(μ_r)	吸收损耗 /dB
银	1.05	1	51.96
铜(退火)	1.00	1	50.91
铜(冷拉)	0.97	1	49.61
金	0.70	1	42.52
铝	0.61	1	39.76
镁	0.38	1	31.10
锌	0.29	1	27.56
黄铜	0.26	1	25.98
镉	0.26	1	24.41
镍	0.20	1	22.83
磷青铜	0.18	1	21.65
铁	0.17	1 000	665.40
锡	0.15	1	19.69
钢	0.10	1 000	509.10
铍	0.10	1	16.14
铅	0.08	1	14.17
高磁导率镍钢	0.06	80 000	3484.00

当屏蔽层的厚度改变时,仅须将表 5.1 中的吸收损耗乘以屏蔽厚度的毫米数即可。

当电磁波的频率发生变化时,可以将表 5.1 中的吸收衰减值除以$\sqrt{150}$,再乘以实际的频率方根值$\sqrt{f(\mathrm{kHz})}$,就可得到不同频率对应的吸收衰减。

2) 反射损耗。反射损耗 R 包括屏蔽体两个表面上的反射,它除了与入射电磁波的波阻抗及频率有关之外,还与屏蔽材料的电性能有关。

根据传输线理论,不难求得屏蔽体的反射损耗为

$$R=20\lg\frac{(1+K)^2}{4K} \tag{5.15}$$

式中,$K=Z_W/Z_m$,Z_W 为自由空间的波阻抗,Z_m 为屏蔽体的特性阻抗。一般屏蔽体采用的都是金属材料,故有 $Z_W\gg Z_m$,式(5.15) 可以近似为

$$R=20\lg\left|\frac{Z_W}{4Z_m}\right| \tag{5.16}$$

由于在不同的电磁场区有不同的波阻抗 Z_W,所以,金属屏蔽板距场源不同距离时的 R 也不相同。

1) 当金属屏蔽板处于远场区时,$Z_W=377\ \Omega$,$Z_m=3.69\times10^{-7}\sqrt{f\mu_r/\sigma_r}$,代入式(5.16) 并

化简得

$$R_W = 168 - 10\lg\left(\frac{f\mu_r}{\sigma_r}\right)\ (\text{dB}) \tag{5.17}$$

2）当金属板处于近场区，且近场区以电场为主时，$|Z_W| = 1/(2\pi f\varepsilon_0 r)$，代入式(5.16)并化简得

$$R_e = 322 - 10\lg\left(\frac{f^3 r^2 \mu_r}{\sigma_r}\right)\ (\text{dB}) \tag{5.18}$$

式中，r 为金属板至场源的距离。

3）当金属板处于近场区，且近场以磁场为主时，$|Z_W| = 2\pi f\mu_0 r$，代入式(5.16)并化简得

$$R_m = 14.56 + 10\lg\left(\frac{fr^2\sigma_r}{\mu_r}\right)\ (\text{dB}) \tag{5.19}$$

如图 5.17 ~ 图 5.19 所示分别给出了三种情况下典型金属屏蔽板的反射损耗曲线。

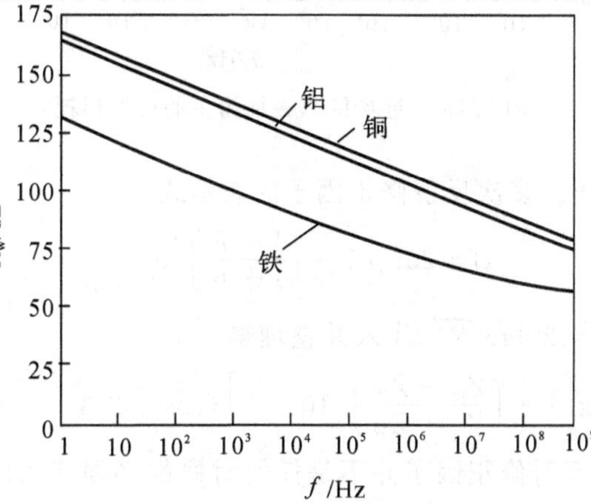

图 5.17　远场区的反射损耗

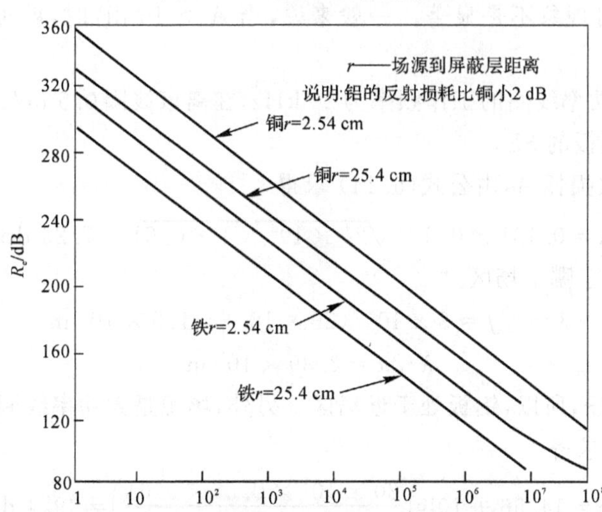

图 5.18　近场区以电场为主的反射损耗

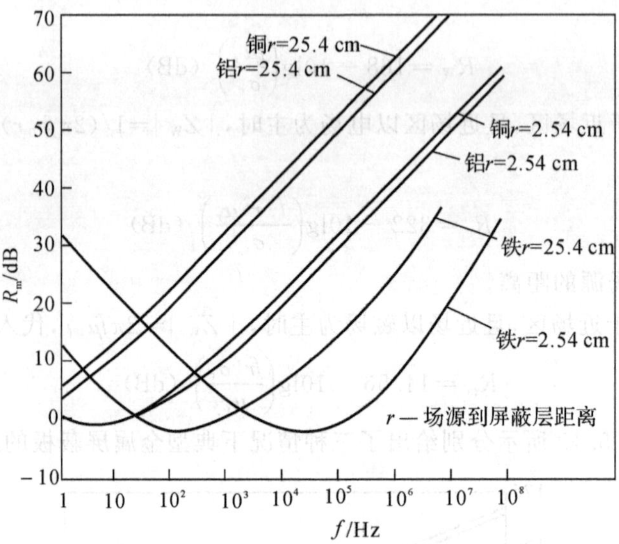

图 5.19 近场区以磁场为主的反射损耗

4) 多次反射修正因子。多次反射修正因子的表示式为

$$B = 20\lg\left[1 - \left(\frac{1-K}{1+K}\right)^2 e^{-2\gamma t}\right] \tag{5.20}$$

将 $\gamma = (1+j)\sqrt{\pi f \mu \sigma}$，$A = 20\lg e^{\sqrt{\pi f \mu \sigma} t}$ 代入并整理得

$$B = 20\lg\left[1 - \left(\frac{Z_m - Z_W}{Z_m + Z_W}\right)^2 10^{-0.1A}\right](\cos 0.23A - j\sin 0.23A) \tag{5.21}$$

需要指出的是,多次反射修正因子并不是任何时候都必须代入的。当频率较高或金属板较厚时,吸收损耗较大,入射波能量进入屏蔽体后,在第一次到达金属板右边的界面之前已被大幅度衰减,多次反射现象不是显著。一般来说,当 $A > 10$ dB 时,就可不考虑多次反射的影响。

例 5.1 有一大功率线圈的工作频率为 20 kHz,在离该线圈 0.5 m 处放一铝板,铝板的厚度为 0.5 mm,试求铝板的 SE。

解 1) 先求吸收损耗 A,由公式(5.14) 求得

$$A = 0.131 \times 0.5 \times \sqrt{20 \times 10^3 \times 1 \times 0.61} = 7.23 \text{ dB}$$

2) 判断屏蔽体处于哪个场区

$$\lambda = c/f = 3 \times 10^8 / (20 \times 10^3) = 1.5 \times 10^4 \text{ m}$$

$$\lambda / 2\pi = 2.39 \times 10^3 \text{ m}$$

由于 $r = 0.5 \text{ m} \ll \lambda/2\pi$,所以,铝板处于近场区。另外,场源是大功率线圈,近场以磁场为主。反射损耗由式(5.19) 求得

$$R_m = 14.56 + 10\lg\left(\frac{20 \times 10^3 \times 0.5^2 \times 0.61}{1}\right) = 49.4 \text{ dB}$$

3) 由于 $A = 7.23 \text{ dB} < 10 \text{ dB}$,所以应考虑多次反射修正因子 B,先计算出 Z_m 和 Z_W。

$$Z_m = 3.69 \times 10^{-7} \sqrt{f} \sqrt{\frac{\mu_r}{\sigma_r}} = 6.68 \times 10^{-5}\ \Omega$$

$$Z_W = 2\pi f \mu_0 r = 0.08\ \Omega$$

$$B = 20\lg\left[1 - \left(\frac{0.08 - 6.68\times10^{-5}}{0.08 + 6.68\times10^{-5}}\right)^2 \times 10^{-0.1\times7.235} \times (\cos 0.23\times7.235 - \mathrm{j}\sin 0.23\times7.235)\right] = -1.81\ \mathrm{dB}$$

最后求解 SE

$$SE = A + R + B = 54.83\ \mathrm{dB}$$

(3) 非实心型屏蔽体。前面的讨论均假设屏蔽材料是均匀的，不存在电气上的不连续性，称为实心型屏蔽体。那么，在电气上存在不连续性的屏蔽，称为非实心屏蔽体。

实际上，理想的实心型屏蔽体是不存在的，以电子设备的机箱为例，由于电气连接电缆进出、通风散热、测试与观察以及电表安装等的需要，总是需要在机箱上打孔。另外，构成箱体时总是存在金属面间的接缝和两金属极间置入金属衬垫后形成的开口和缝隙。这样，电磁能量就会通过孔洞、缝隙泄漏，导致屏蔽效能降低。

可见，非实心型屏蔽体在实际上更为普遍，通常应用非均匀屏蔽理论进行分析，该理论把影响总屏蔽效能的各种因素(如孔、缝、形状等) 考虑为与屏蔽传输平行的传输通道，称为等效屏蔽效能因子，表示为 SE_p 的形式(p 为序号，且 $p \geqslant 2$)。如 SE_2 为孔洞因素(用来估计各种电气不连续孔洞对屏蔽效能的影响)，SE_3 为结构形状因素，SE_5 为固定接缝因素，SE_6 为活动接缝因素，SE_7 为混合屏蔽因素，SE_8 为天线效应因素，等等。

在上述诸多因素中，接缝因素和孔洞因素对屏蔽效能的影响最大。现以固定接缝因素 SE_5 为例作简单分析。如图 5.20 所示表示屏蔽板上存在不合格接缝，场源在屏蔽板左侧，以磁场 H_0 表示。该场将分别通过屏蔽板和接缝这两种不同的途径传到屏蔽板右侧。透入场强分别为 H_1 和 H_s，由于传播途径的不同，所以透入场强的振幅、相位均不相同，可分别表示为 $H_1 = |H_1| e^{j\theta_1}$，$H_s = |H_s| e^{j\theta}$，被屏蔽空间一点上的场强为

$$H = H_1 + H_s = |H| e^{j\theta} \tag{5.22}$$

由此得屏蔽效能为

$$SE = 20\lg\left|\frac{H_0}{H}\right| = 20\lg\left|\frac{H_0}{H_1 + H_s}\right| \tag{5.23}$$

且

$$H_1 + H_s = (|H_1|^2 + |H_s|^2 + 2|H_1 \times H_s|\cos\theta)^{1/2} \tag{5.24}$$

设 $SE_1 = 20\lg\left|\frac{H_0}{H_1}\right|$ 为实心型屏蔽效能，$SE_s = 20\lg\left|\frac{H_0}{H_s}\right|$ 为接缝的屏蔽效能，则有

$$\left|\frac{H_1}{H_0}\right| = 10^{-SE_1/20} \tag{5.25}$$

$$\left|\frac{H_s}{H_0}\right| = 10^{-SE_s/20} \tag{5.26}$$

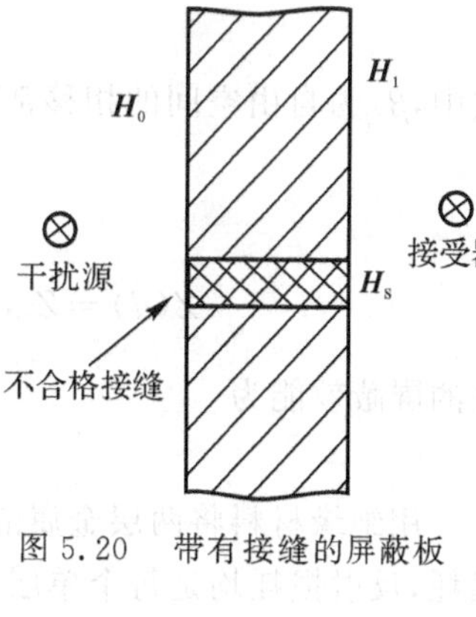

图 5.20　带有接缝的屏蔽板

将上面二式代入式(5.23) 和式(5.24) 中，得

$$SE = -10\lg[10^{-SE_1/10} + 10^{-SE_5/10} + 2\times10^{-SE_1/20}\times10^{-SE_s/20}\cos\theta] \tag{5.27}$$

设屏蔽体有($n-1$) 处缺陷影响其屏蔽效能(即存在 n 个传输通道)，则可把式(5.27) 式写

成更一般的总屏蔽效能计算公式

$$SE = -10\lg\left[\sum_{p=1}^{n}10^{-SE_{p/10}} + 2\sum_{p=1}^{n=1}\sum_{q=1}^{n=p}10^{-(SE_{p}+SE_{p+q})/20}\cos(\theta_p - \theta_{p+q})\right] \quad (5.28)$$

实际上，在电子设备的工程设计中，屏蔽效能的计算仅可能是近似估计，况且要确定不同传播途径引起的相位差是非常困难的。因此一般近似认为 $\theta=\theta_1-\theta_s=0°$，即从屏蔽板和接缝这两种不同途径透入的场强相位相同，则式(5.27)可以简化为

$$SE = -20\lg\left[10^{-SE_1/20} + 10^{-SE_s/20}\right] \quad (5.29)$$

3. 屏蔽的方法

常用的屏蔽方法有双层屏蔽、薄膜屏蔽（二者均为实心型屏蔽）和通风孔洞的屏蔽（非实心型屏蔽）。

(1) 双层屏蔽。双层屏蔽主要用于对电场和磁场都有较高屏蔽要求的场合。如图 5.21 所示为有间隔的双层屏蔽示意图。设场源在第一屏蔽层的左半空间，被屏蔽区为第二屏蔽层的右半空间。

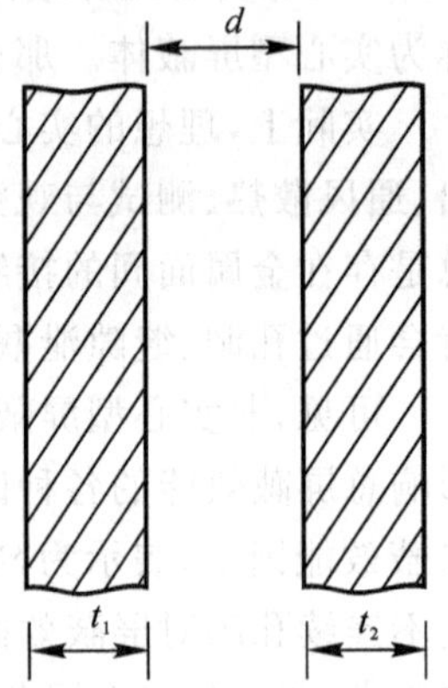

图 5.21 双层屏蔽的示意图

双层屏蔽的屏蔽效能完全类似于单层屏蔽的分析，其吸收损耗为两个单层吸收损耗之和，反射损耗为两个单层反射损耗之和，即

$$A = A_1 + A_2 = 0.131t_1\sqrt{f\mu_{r1}\sigma_{r1}} + 0.131t_2\sqrt{f\mu_{r2}\sigma_{r2}}\ (\text{dB}) \quad (5.30)$$

$$R = R_1 + R_2 = 20\lg\frac{(1+K_1)^2}{4K_1} + 20\lg\frac{(1+K_2)^2}{4K_2}\ (\text{dB}) \quad (5.31)$$

双层屏蔽的多次反射修正项较为复杂，其表示式为

$$B = 20\lg[1 - N_1 e^{-(1+j)0.23A_1}] + 20\lg[1 - N_0 e^{-j2\beta_0 d}] + 20\lg[1 - N_2 e^{-(1+j)0.23A_2}]\ (\text{dB}) \quad (5.32)$$

式中，β_0 为自由空间的相移常数，$\beta_0 = 2\pi/\lambda$。

$$N_0 = \frac{(Z_W - Z_{m1})}{(Z_W - Z_{m2})}\frac{Z_W - Z(d)}{Z_W + Z(d)}$$

$$Z(d) = Z_{m2}\frac{Z_W \mathrm{ch}(1+j)0.115A_2 + Z_{m2}\mathrm{sh}(1+j)0.115A_2}{Z_{m2}\mathrm{ch}(1+j)0.115A_2 + Z_W \mathrm{sh}(1+j)0.115A_2}$$

总的屏蔽效能为

$$SE = A + R + B\ (\text{dB})$$

用绝缘材料将两层金属隔开，使其形成多次反射。当双层屏蔽采用的材料相同时，其吸收损耗，反射损耗均是每个单层板的 2 倍，但多次反射修正项并不是单层修正项的 2 倍。

在大部分频率范围内，修正项是负的，因此双层屏蔽体的屏蔽效能小于两个单层屏蔽体的效能之和，但比总厚度相同的单层屏蔽体要好得多。

(2) 薄膜屏蔽。工程塑料机箱因其造型美观、加工方便、重量轻等优点，得到广泛的应用，但其本身不具备屏蔽功能，所以，通常用喷涂、真空沉积以及粘贴等技术在塑料机箱上包覆一层导电薄膜，其厚度远远小于 $\lambda/4$，这种屏蔽就叫做薄膜屏蔽。

尽管薄膜屏蔽中的导体薄膜的厚度很小，但仍可用实心材料的屏蔽理论加以分析，其吸收损耗非常小，多次反射修正项 B 相当大，且是负数，因此抵消了一部分反射损耗。负数项是因为各种反射有附加的相位关系，从而使屏蔽效能降低。这时屏蔽效能基本上与频率无关。当屏蔽层厚度超过 $\lambda/4$ 时，多次反射项可以忽略，该项对其他损耗不再起抵消作用，所以，材料的屏蔽效能增加，并且与频率相关。

如表 5.2 所示给出不同厚度和不同频率的铜膜屏蔽效能的计算值。

表 5.2　铜薄膜屏蔽层的屏蔽效能

厚度 /nm	105		1 250		2 196		21 960	
频　率	1 MHz	1 GHz	1 MHz	1 GHz	1 MHz	1 GHz	1 MHz	1 GHz
吸收损耗 A	0.014	0.44	0.16	5.2	0.29	9.2	2.9	92
反射损耗 R	109	79	109	79	109	79	109	79
修正因子 B	－47	－17	－26	－0.6	－21	－0.6	－3.5	0
屏蔽效能 SE	62	62	83	84	88	90	108	171

(3) 通风孔的屏蔽。有许多场合是不能用实心材料作屏蔽层的，一个封闭壳体有时必须是透光或通风的，则必然要采用屏蔽网或穿孔材料，这些孔将影响屏蔽结构的完整性。所以，对孔的要求是使其具有相当大的射频衰减但又不会显著防碍空气流动。下面介绍三种常用的通风孔形式。

1) 在通风孔上加金属丝网罩。加金属丝网罩是将大面积通风孔通过网丝构成的许多小孔来减少电磁泄漏。金属丝网的屏蔽作用主要靠反射损耗。丝网的屏蔽效能与网孔密度、网丝的直径、网丝的导电性成正比。但是如果网丝过粗，对空气的阻力就很大。

2) 用打孔金属板作通风孔。在金属板上打许多阵列小孔就可以达到既能通风散热，又不致过多泄漏电磁能量的目的。就结构形式而言，可以直接在屏蔽体的壁上打孔，或将打好孔的金属板安装在屏蔽体的通风孔上。孔眼的形状有方形和圆形，如图 5.22 所示。

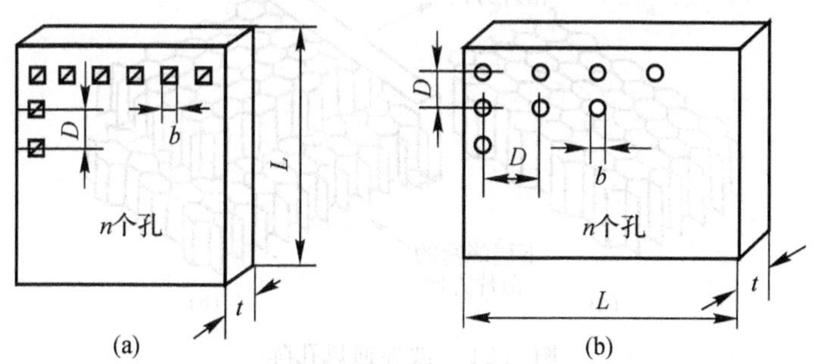

图 5.22　打孔金属板的孔眼形状

3) 截止波导式通风孔。当电磁波频率低于波导截止频率时，波在波导中将被截止，不能传输。利用这一特性可以制成截止波导通风孔，它能有效地抑制波导截止频率以下的电磁波泄漏。常用的截止波导有矩形、圆形,有时也用六边形,如图 5.23 所示。

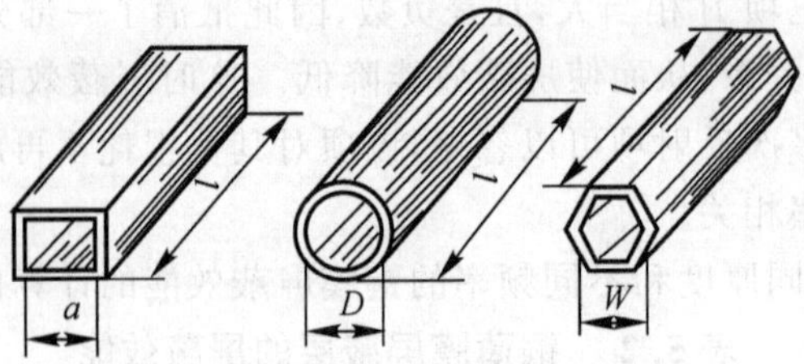

图 5.23　截止波导

波导的截止频率与波导的结构和尺寸有关。矩形波导中最小的截止频率为

$$f_c = \frac{15}{a} \times 10^9 \text{(Hz)} \tag{5.33}$$

圆波导中最小的截止频率为

$$f_c = \frac{17.6}{D} \times 10^9 \text{(Hz)} \tag{5.34}$$

截止波导式通风孔的屏蔽效能(即波导对低于其截止频率的电磁波的衰减量)按下式计算:

$$A_t = 1.823 \times f_c \times l \times 10^{-9} \sqrt{1-\left(\frac{f}{f_c}\right)^2} \text{ (dB)} \tag{5.35}$$

式中,f 为电磁波的频率(Hz);l 为截止波导的长度(cm)。

电磁波在波导中的截止并非一点也不能传输,而是其衰减很大,传输很短的距离后就被真正地截止。所以,为使波导对电磁波有足够的衰减必须满足 $f \ll f_c$,一般取 $f_c=(5\sim10)f$。设计截止波导式通风孔时,先根据欲屏蔽的电磁波的最高频率 f,确定截止频率 f_c,然后选择波导形状,确定波导尺寸。

实际上,在进行电子设备的结构设计时,为获得足够大的通风流量,总是把很多根截止波导排列成一组截止波导通风孔阵(又叫蜂窝形通风板),如图 5.24 所示。其中图 5.24(a) 为单层蜂窝形通风板。为提高屏蔽效能,还可采用双层错位叠置的蜂窝状通风板,图 5.24(b) 即为它的结构,这种结构是利用两层波导孔错位处的界面反射来提高屏蔽效能的。

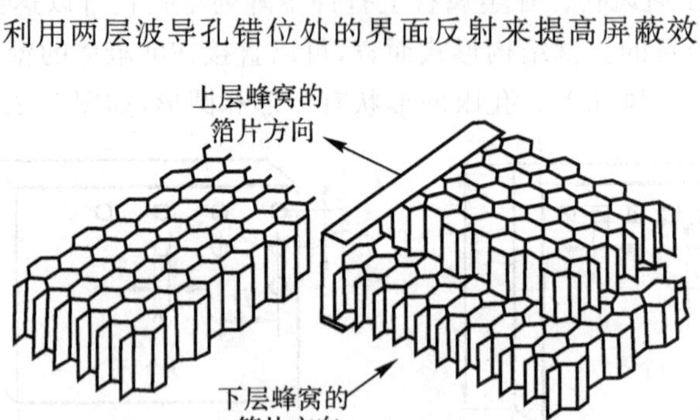

图 5.24　波导通风孔阵

4. 屏蔽设计的要点

(1) 确定屏蔽效能。设计之前,应根据设备和电路单元、部件未实施屏蔽时存在的干扰发

射电平以及按电磁兼容性标准和规范允许的干扰发射电平极限值，或干扰辐射敏感度电平极限值，提出确保正常运行所必须的屏蔽效能值。对于一些大、中功率信号发生器或发射机的功放级，可根据对这类设备辐射发射电平极限值和其自身的辐射场强来确定对屏蔽效能的要求。

(2) 确定屏蔽的类型。根据屏蔽效能要求，并结合具体结构形式，确定采用哪种屏蔽比较合适。一般来说，对屏蔽要求不高的设备，可以采用导电塑料制成的机壳来屏蔽，或者在工程塑料机壳上涂覆导电层构成薄膜屏蔽。若屏蔽要求较高，则采用金属板作单层屏蔽。为获得更高的屏蔽效能，可采用双层屏蔽。

(3) 进行屏蔽结构的完整性设计。所谓完整性设计是把待屏蔽的设备、系统的尺寸、干扰源和敏感体的结构布局、信号的幅度和频率以及屏蔽的费用综合考虑进行设计。有些因素是相互制约的。

1) 尺寸的考虑。如果一个非常灵敏的设备或小型系统安装在一个大型建筑物中，那么为了防护一个小单元而屏蔽整个建筑物是很不经济的。假定所有其他因素相等，则屏蔽的成本是与其所封闭的容积尺寸密切相关的。因此，更经济的方案是只屏蔽安装设备的那个房间或仅给敏感设备建造一个屏蔽罩。另一方面，如果敏感单元是一个相当大的系统，例如一个通信中心或一台大型计算机，那么，可能需要把适当的屏蔽材料掺入房间或建筑物墙壁、地板及天花板内。如果在设施的早期设计阶段就考虑这一要求，也许只要用一般建筑材料经过适当的装配就能提供所需的屏蔽。

2) 配置布局的考虑。如果需要在建筑物内安装敏感设备或系统，并且有几个位置可供选择时，则应尽量利用建筑结构固有的屏蔽特性。房间原来存在的金属墙壁、装饰屏蔽网和其他导电物体都可以提供所需要的屏蔽。另外，设备往往只对某些方向的辐射信号较为敏感。因此，设备取向时将敏感一侧背着入射信号，也能降低对屏蔽的要求。

对于信号和控制电缆应该多加注意，尽量避免长距离平行走线。

3) 信号特性的考虑。所有材料的屏蔽效能都是与频率有关的。用于防护 3 cm 波段雷达信号的屏蔽型式未必能有效地抗御广播发射机的干扰。在为具体对象选择屏蔽时，要将材料的衰减特性与有害信号的频率相比较。

4) 影响屏蔽效能的其他因素。如果屏蔽体是一个矩形屏蔽体，有可能产生射频谐振而降低屏蔽效能。矩形屏蔽体的谐振频率可用下式计算

$$f_{谐} = 150\sqrt{\frac{m^2}{l^2} + \frac{n^2}{w^2} + \frac{p^2}{h^2}} \tag{5.36}$$

式中，l,w,h 分别为矩形屏蔽体的长、宽、高；m,n,p 取正整数。

应保证在工作频段内，屏蔽体不会产生谐振，即谐振频率尽量远离工作频率。

5.3　滤　　波

1. 滤波的基本概念

前面介绍的屏蔽主要是为了防止辐射干扰，滤波则主要是为了抑制传导干扰。滤波的含义是指从混有噪声或干扰的信号中提取有用信号分量的一种方法或技术，能够实现滤波功能的电路或器件称为滤波器。它是由一些集总参数的电阻、电感和电容或由分布参数所构成的一种网

络电路。这种网络电路允许其工作频率(或频段)信号通过,而对其他频率的信号则加以抑制。

滤波器通常分为低通滤波器、高通滤波器、带通滤波器和带阻滤波器。

2. 滤波器的基本特性

这里主要讨论滤波器的传输特性,它包括工作衰减、相移、群延迟以及插入衰减等参量。

(1) 工作衰减。典型的滤波器如图 5.25 所示,它接在信号源 E_s 和负载阻抗 Z_L 之间。设信号源的额定功率为 P_m,负载所吸收的功率为 P_L,则工作衰减 A 定义为

$$A = 10\lg\left(\frac{P_m}{P_L}\right)\ (\text{dB}) \tag{5.37}$$

图 5.25　滤波器工作原理图

当频率改变时,A 的数值会随之改变。如图 5.26 所示为常用的几种滤波器的衰减特性。图中的曲线是理想化的,实际滤波器的衰减特性曲线略有不同。

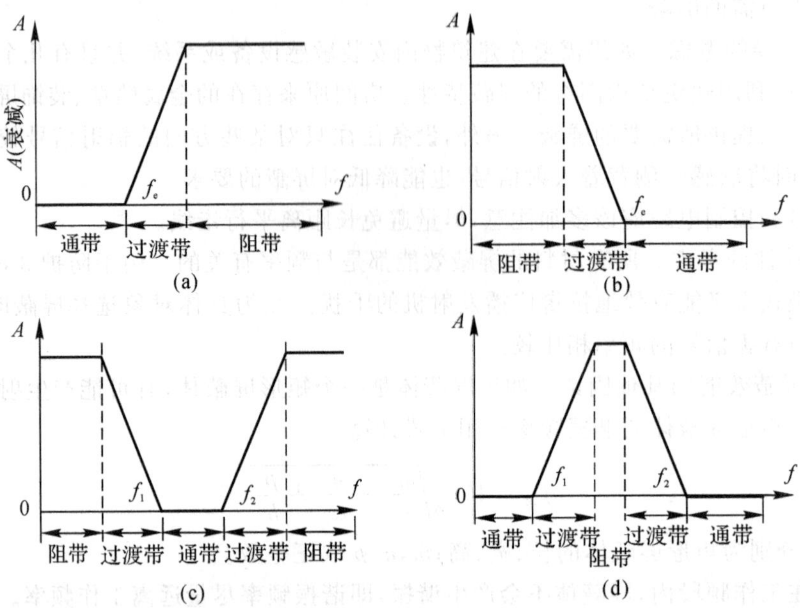

图 5.26　常用滤波器的衰减特性

(a) 低通;(b) 高通;(c) 带通;(d) 带阻

(2) 插入衰减。设未接滤波器的负载吸收的功率为 P_{LO},则定义插入衰减 A_i 为

$$A_i = 10\lg\left(\frac{P_{LO}}{P_L}\right)\ (\text{dB}) \tag{5.38}$$

由图 5.25 可知

$$P_L = \frac{|E_L|^2}{Z_L},\quad P_m = \frac{E_s^2}{4Z_s}$$

$$P_{LO}=\left(\frac{E_s}{Z_s+Z_L}\right)^2 Z_L$$

则有

$$\frac{P_{LO}}{P_L}=\left(\frac{Z_L}{Z_s+Z_L}\right)^2\left|\frac{U_L}{E_s}\right|^2$$

比较 A_i 和 A，不难发现

$$A=A_i+10\lg\frac{(Z_L+Z_s)^2}{4Z_sZ_L}\ (\text{dB}) \tag{5.39}$$

通常称通带内的插入衰减为插入损耗。显然，当 $Z_L=Z_s$ 时，工作衰减与插入衰减相同。

(3) 相移和群延迟。设电源的最大输出电压为 U_{Lm}，则有

$$P_m=\frac{U_{Lm}^2}{Z_L}=\frac{E_s^2}{4Z_s} \tag{5.40}$$

即

$$U_{Lm}=\frac{1}{2}\sqrt{\frac{Z_L}{Z_s}}E_s \tag{5.41}$$

定义 U_{Lm} 与 E_L 之比的相角为滤波器的相移，用 φ 表示，它是频率的函数

$$\varphi(\omega)=\arg\left(\frac{U_{Lm}}{E_L}\right) \tag{5.42}$$

对具有一定带宽的信号，引入群延迟概念，用 τ_d 表示，且

$$\tau_d=\frac{d\varphi}{d\omega} \tag{5.43}$$

显然，若 τ_d 等于常数，则无相位失真，φ 与 ω 的关系为线性关系。

(4) 反射系数。在图 5.25 中，当滤波器的输出阻抗 Z_{out} 与负载阻抗 Z_L 相等时，两者匹配，此时负载无反射。当 $Z_L\neq Z_{out}$ 时，电路失配，终端会产生反射，用反射系数 Γ 描述为

$$\Gamma=\frac{Z_{out}-Z_L}{Z_{out}+Z_L} \tag{5.44}$$

显然，无反射时，$\Gamma=0$；反射最大时，$|\Gamma|=1$。工程中，常用反射系数来表示通带内的最大失配情况。

3. 电源 EMI 滤波器

电源 EMI 滤波器是一种低通滤波器，它能毫无衰减地把直流、50 Hz、400 Hz 的电源功率传输到设备上去，对于其他高频信号则产生很大衰减。

电源 EMI 滤波器，又称电网滤波器、电网噪声滤波器、进线滤波器、噪音滤波器等。

(1) 电源中的共模和差模干扰信号。如图 5.27 表示一单相交流供电系统（以下称单相电源）。把相线 L 与地 E 和中线 N 与地 E 间存在的 EMI 信号称为共模干扰信号，即图中的 U_1 和 U_2，对 L，N 线而言，共模干扰信号可视为在 L 和 N 线上传输的电位相等相位相同的信号。把 L 和 N 之间存在的干扰信号 U_3 称为差模干扰信号，也可把它视为在 L 和 N 线上有 180° 相位差的干扰信号。

对任何电源线上的传导干扰信号，都可用共模和差模干扰信号来表示。并且可把 L—E 和 N—E 之间的共模干扰信号、L—N 之间的差模干扰信号看做独立的 EMI 源，把单相电源内

的 L—E，N—E 和 L—N 看做独立网络端口来分析 EMI 信号和有关的滤波网络。

2) 电源 EMI 滤波器的网络结构。如图 5.28 所示是单相电源 EMI 滤波器的基本网络结构。它是由集中参数元件构成的无源低通网络，虚线框表示 EMI 滤波器的金属屏蔽外壳。L_1，L_2 是电感，C_X，C_{Y1}，C_{Y2} 是电容器。如果把该滤波器一端接入电源，负载端接上被干扰设备，那么 L_1 和 C_{Y1}，L_2 和 C_{Y2} 就分别构成 L—E 和 N—E 两对独立端口间的低通滤波器，用来抑制电源上存在的共模 EMI 信号，使之受到衰减，并被控制在很低的电平上。电路中，L_1 和 L_2 是绕在同一磁环上两只独立的线圈，称为共模电感线圈或共模线圈。两个线圈的圈数相同，绕向相反，使两只线圈内电流产生的磁通在磁环内相互抵消，不会使磁环达到磁饱和状态。这样两只线圈 L_1 和 L_2 的电感值就会保持不变。但是，由于种种原因，如磁环的材料不可能做到绝对均匀，两只线圈的绕制也不可能完全对称等，使得 L_1 和 L_2 的电感量是不相等的。于是 L_1 和 L_2 之差形成差模电感，它和电容 C_X 又组成 L—N 独立端口间的一只低通滤波器，用来抑制电源的差模干扰信号。

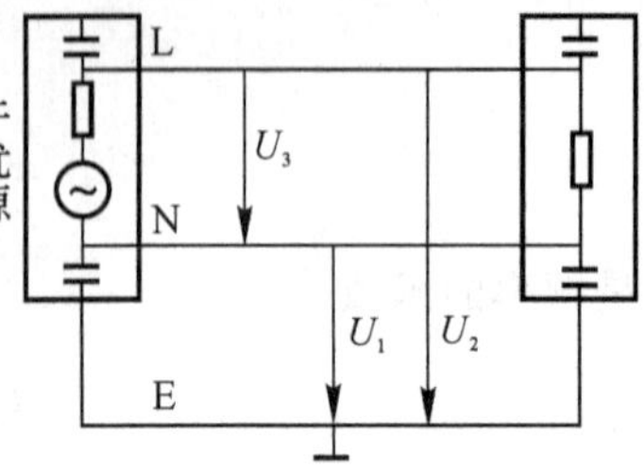

图 5.27　单相电源中的 EMI

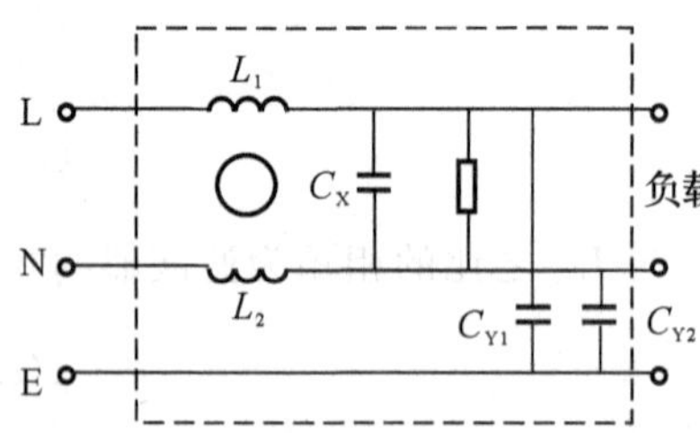

图 5.28　单相电源 EMI 滤波器的基本电路

由于如图 5.28 所示的电路是无源的，它具有互易性，当电源 EMI 滤波器安装在系统中后，它既能有效地抑制电子设备外部的 EMI 信号传入设备，又能大大衰减设备本身工作时产生的 EMI 信号，起到同时衰减两组共模信号和一组差模信号的作用。

(3) C_X 和 C_Y 电容器。在图 5.28 中，三只电容器用了两种不同的下标，主要说明它们在滤波网络中的作用不同，同时还表明它们在滤波网络中的安全等级。不管是选用还是设计电源 EMI 滤波器，都要认真地考虑 C_X 和 C_Y 电容器的安全等级，因为它们直接关系到电源 EMI 滤波器的安全性能。

1) C_X 电容器。C_X 电容器是指用于这样场合的电容器，当该电容器失效后，不会导致工作人员遭电击、不危及人身安全。在实际应用中，C_X 接在单相电源线的 L 和 N 之间，它上面除加有电源的额定电压外，还叠加有 L 和 N 之间存在的各种 EMI 信号峰值电压。例如：① 因接通或断开电子设备的电源，会在电源上叠加小于或等于 1 200 V 的峰值电压。② 因断开感性负载，产生过渡过程，会在接 C_X 电容的设备上出现很高的峰值电压。电压的幅度取决于设备的种类和结构。

根据 C_X 电容器应用的最坏情况和电源断开的条件，C_X 电容器的安全等级又分为 X_1 和 X_2 两类，如表 5.3 所示。

表 5.3　C_X 电容器的分类

C_X 电容器等级	用于设备的峰值电压 U_p	应用场合	在电强度实验期间所加的峰值电压
X_1	$U_p > 1.2$ kV	出现高峰值电压	对电容器 $C \leqslant 0.33\ \mu F$，U_p 为 4 kV； 对电容器 $C > 0.33\ \mu F$，$U_p = 4^{-(0.33-C)}$ kV
X_2	$U_p \leqslant 1.2$ kV	一般场合	1.4 kV

根据电源 EMI 滤波器的应用场合和可能存在的 EMI 信号峰值，应选用适合安全等级的 C_X 电容器。

2) C_Y 电容器。首先，要对 C_Y 电容器的电容量进行限制，从而达到控制在规定频率电压作用下，流过的电流(即漏电流)的大小。对于 220 V，50 Hz 的电源，它除符合 250 V 峰值电压的耐压要求外，还要求这种电容器在电气和机械性能方面，具有足够的安全余量，以避免可能出现的击穿短路现象。这种电容器的耐压性能，对保护工作人员的人身安全有重要意义，一旦设备或装置的绝缘保护措施失效，可能导致严重的后果。

如图 5.29(a) 所示是规定的 1 级安全的例子，所示设备可为吸尘器、手持电钻等。电源 EMI 滤波器中的 C_Y 电容器安装在电源供电线 L，N 和外壳(E) 之间，在使用时，操作人员有可能碰到设备的外壳(E)。

如图 5.29(b) 所示是规定的 2 级安全的例子。C_Y 电容器也接在电源 L，N 和金属壳间，但金属壳外部还有一层绝缘保护。

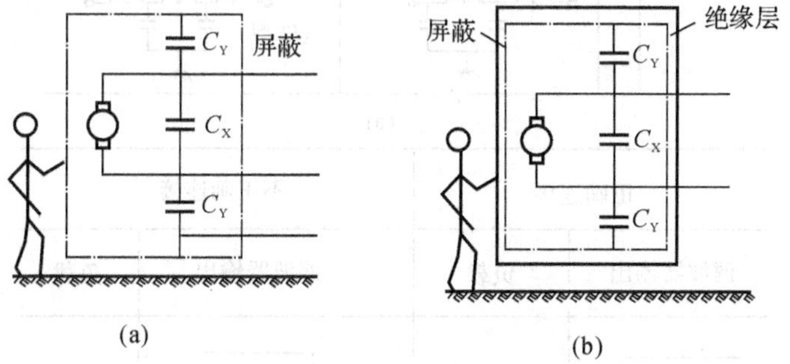

图 5.29　C_Y 电容器的安全等级

在上述 1 级安全情况下，若 C_Y 电容器击穿短路，并同时发生电源系统的安全地线与机壳 E 断开，这时若有人摸到设备外壳，便会危及人身安全。若上述情况发生，且图 5.29(b) 中设备外面的绝缘被破坏，人触及设备的金属外壳，也同样会危及人身安全。由此可见，上述 C_X 和 C_Y 电容器的安全性能十分重要，是设计和选用电源 EMI 滤波器时必须优先考虑的问题，也是检验和考核 EMI 滤波器安全性能的重要指标之一。

(4) 阻抗端接。电源 EMI 滤波器是无源网络，具有互易性，即把负载接在电源端和负载端都是可以的。在实际应用中，要达到有效地抑制 EMI 信号的目的，必须根据滤波器两端将要连接的 EMI 信号的源阻抗和负载阻抗来合理连接。对各种各样的 EMI 滤波器，都可以把它的共模和差模滤波网络等效为如图 5.30 所示的低通滤波网络。按如图 5.30(a) 所示的组合，来选择滤波器的网络结构和参数，才能得到满意的抑制效果。

如图 5.30(b) 所示说明了 EMI 滤波器正确与错误的阻抗搭配组合。这是使用该滤波器要遵循的原则，也是选用合适的电源滤波器的依据。

在图 5.25 中，设 Γ_1 表示电源端滤波网络的反射系数，Γ_2 表示负载端滤波网络的反射系数，对于电源频率 50 Hz，60 Hz 或 400 Hz 的交流信号而言，要求无损耗传送，这时 $\Gamma_1=\Gamma_2=0$，即 $Z_s=Z_{in}$，$Z_L=Z_{out}$；对于电网传来的 EMI 信号，要求 $\Gamma_1=0$ 使电网上的干扰传入网络，$|\Gamma_2|=1$ 使干扰信号被全部反射，无法到达负载；对于电子设备(负载) 内产生的 EMI 信号，要求 $\Gamma_2=0$ 使干扰进入网络，$|\Gamma_1|=1$ 使干扰被全部反射，无法进入电源。可见要想靠反射来同

时消除电源和负载的干扰是不可能的。实际上,还存在插入损耗,它对干扰信号产生很大衰减,对有用信号的衰减则很小。

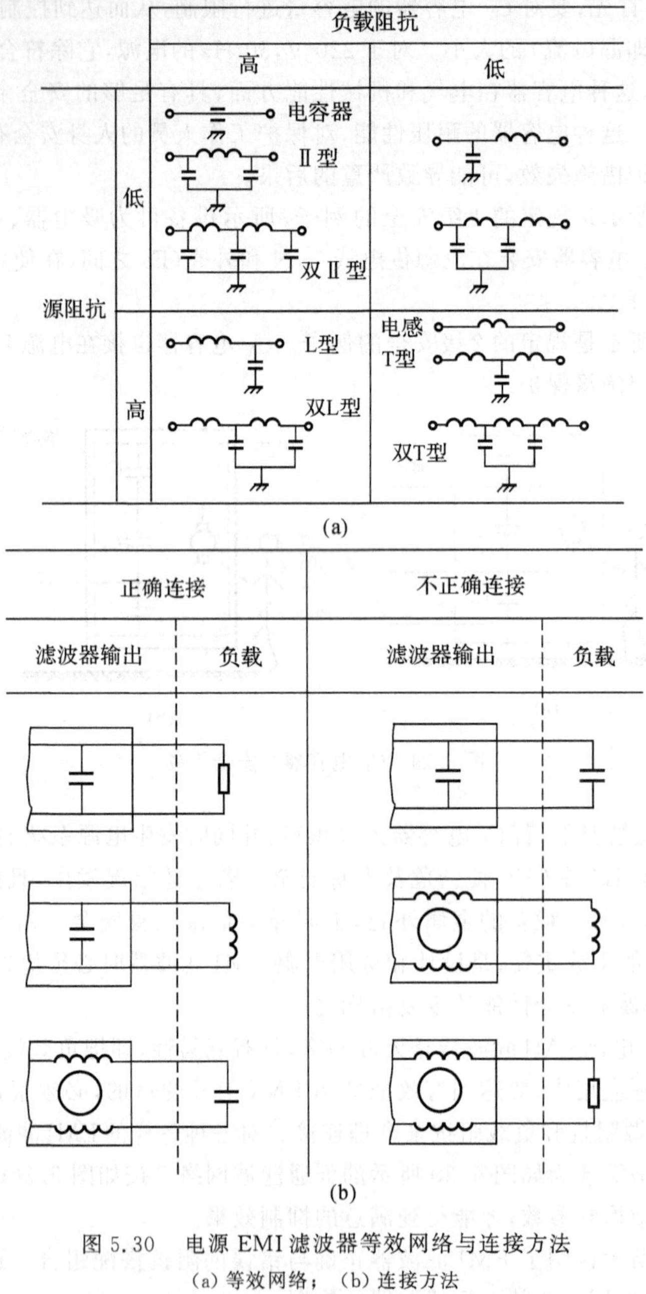

图 5.30　电源 EMI 滤波器等效网络与连接方法

(a) 等效网络；(b) 连接方法

(5) 电源 EMI 滤波器的安装。一个很好的电源 EMI 滤波器,如果安装不妥,就难以发挥其抑制 EMI 信号的能力。如图 5.31 所示的是安装不妥当的三种情况。其主要问题在于:第一,滤波器的输入端引线和输出端引线之间存在有明显的电磁耦合路径(见图 5.31(c))。这样会使某一端的 EMI 信号直接耦合到另一端上,从而逃脱滤波器的抑制;第二,三种情况的滤波器都安装在设备屏蔽的内部,设备内部电路及元件上的 EMI 信号会因辐射而在滤波器的引线上生成 EMI，直接耦合到设备外面去。同时，如果滤波器引线上存在 EMI 信号，也会辐射到设备内部的元件和电路上；第三，滤波器的外壳与系统之间没有良好的电气连接（见图 5.31(b)），不能把滤波器安装在金属托架上，更不能安装在绝缘物体上。

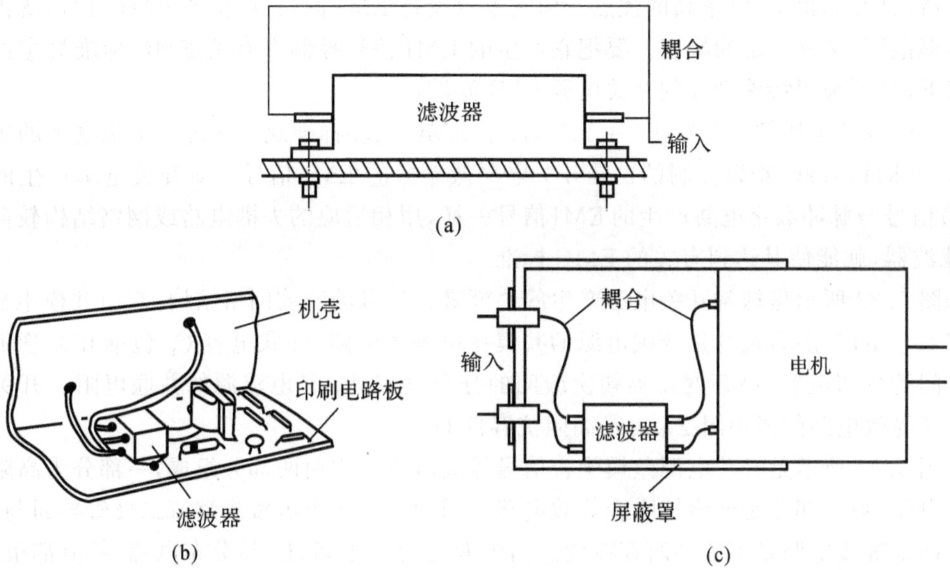

图 5.31　安装 EMI 滤波器不正确图例

另外还有两点值得注意：① 避免使用过长的接地线；② 不要把电源端和负载端的电线捆扎在一起。

几种正确的滤波器安装方法如图 5.32 所示。这些方法的最大特点是借助设备的屏蔽，把 EMI 滤波器的电源端和负载端隔离开来，把滤波器输入和输出端可能存在的电磁耦合控制到最低程度，既能实施滤波器对 EMI 信号的抑制，又不破坏设备的屏蔽结构对 EMI 信号的抑制。

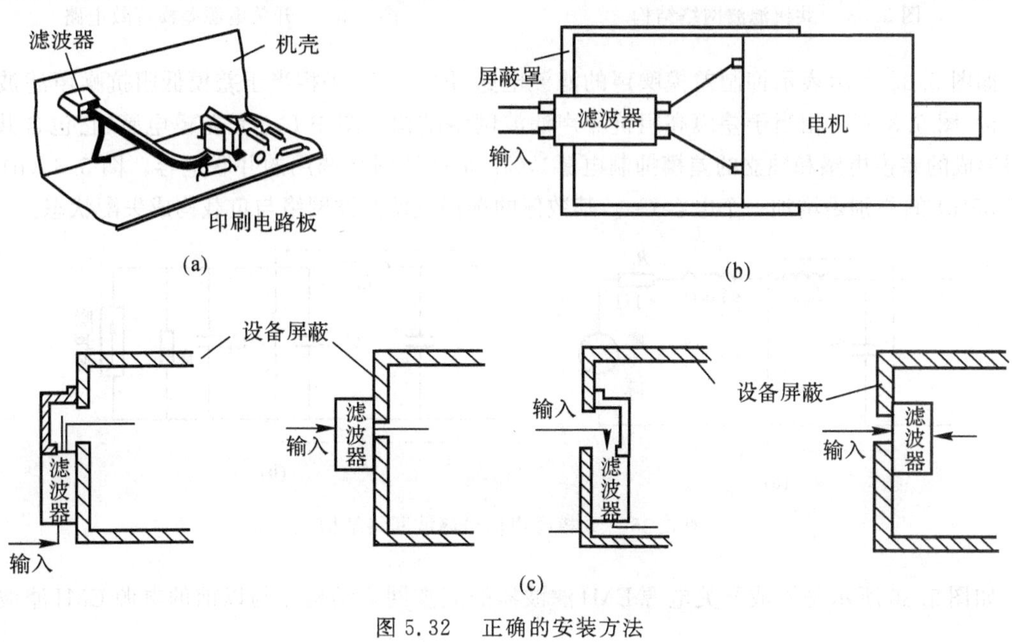

图 5.32　正确的安装方法

4. 开关电源 EMI 滤波器

开关电源已广泛用于许多电子设备中。它与一般的线性稳压电源相比，省去了笨重的电源变压器，具有体积小、效率高的优点。但它本身就是 EMI 源，它产生的 EMI 信号，既占有很宽的频率范围，又有一定的幅度。要把它产生的 EMI 信号控制在有关 EMC 标准规定的极限电平以下，必须采用特殊设计的开关电源 EMI 滤波器。

开关电源的工作频率约在 10 ～ 100 kHz。EMC 很多标准规定的传导干扰电平的极限值都是从 10 kHz 算起，难以抑制的也是开关电源低频段的 EMI 信号。对开关电源产生的高频段EMI信号与脉冲数字电路产生的EMI信号一样，用相适应的去耦电路或网络结构较简单的EMI 滤波器，就能使其达到有关的 EMC 标准。

如图 5.33 所示是抑制开关电源产生的共模噪音信号的滤波网络结构，它由共模电感 L_{CM} 和电容 C_{LG} 组成，图右边的是开关电源的共模噪声等效电路，并联电容 C_p 包括开关管集电极和地之间的分布电容、高频变压器初次级间的分布电容，R_p 是电流源的并联电阻。开关电源共模噪音等效电路的源内阻 Z_{SMPS} 是高阻抗容性的。

如图 5.34 所示是开关电源差模噪音信号等效电路。它由两部分组成，一部分为高阻抗噪音等效电路，另一部分是低阻抗噪音等效电路。图中开关 S 表示桥式整流二极管导通与否，因此高低两个等效电路是不能同时存在的。图中 R 是分布电阻，L_s 是分布电感，数值都很小，为了与共模的情况相区别，R_p 和 C_p 都加撇表示。

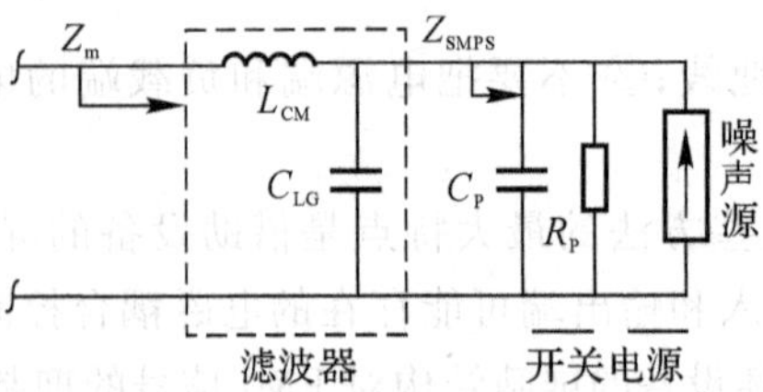

图 5.33　共模滤波网络结构

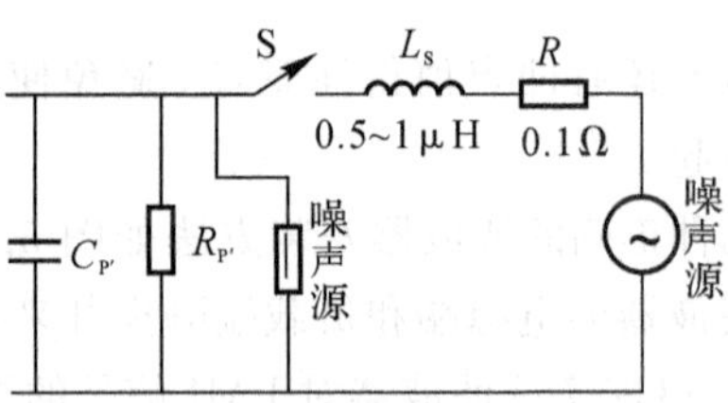

图 5.34　开关电源差模等效电路

如图 5.35 所示表示抑制差模噪声的滤波电路，图 5.35(a) 相当于差模低阻抗噪声滤波网络结构，图 5.35(b) 相当于差模高阻抗噪声滤波网络结构。图中 L_{DM} 是差模电感(它包含共模线圈形成的差模电感和独立的差模抑制电感)，C_{LL} 是滤波网络选用的并联电容。图 5.35(b) 与图 5.35(a) 的差别是增加一个电容 C_{LL2}，其数值的选择是使滤波网络与负载构成失配状态。

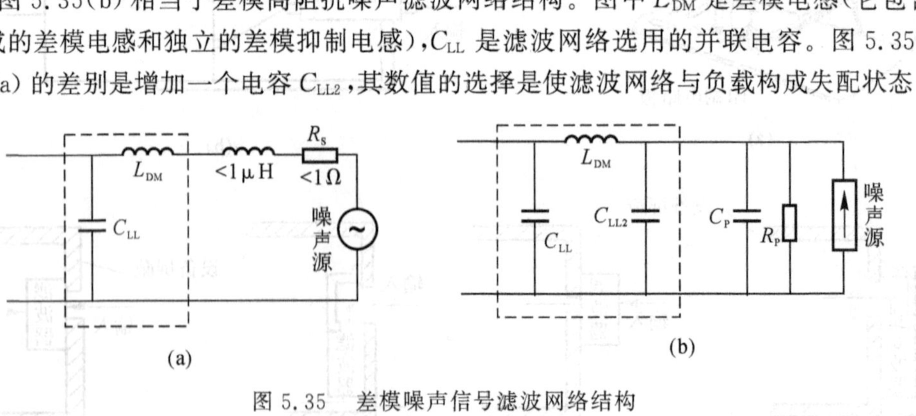

图 5.35　差模噪声信号滤波网络结构

如图 5.36 所示是构成开关电源 EMI 滤波器的完整网络结构。与以前的电源 EMI 滤波器的明显差别是它具有独立的差模抑制电感。

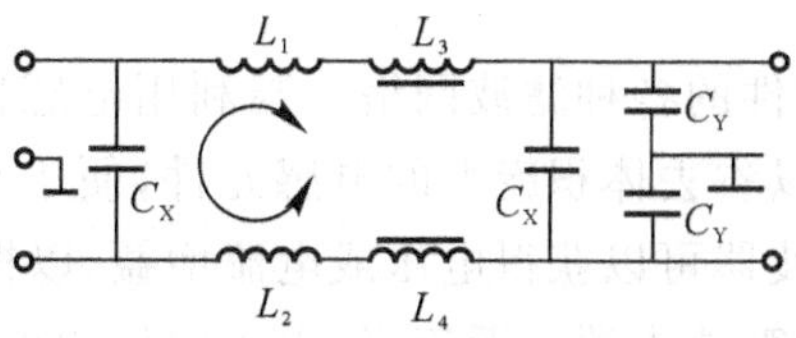

图 5.36　开关电源滤波器网络结构

5. 反射 EMI 滤波器

前面介绍的含共模线圈的 EMI 滤波器虽然得到广泛的应用，但是，在某些特定的场合，会产生一些新问题。例如，飞机中直流供电(28 V)的负载和400 Hz的交流供电的地线是与飞机的金属结构体直接连在一起的，在应用上述滤波器时，可能发生共模线圈中的一组线圈被短路，致使流过磁环的电流产生的磁通不能全部抵消，磁环可能工作在饱和状态，使滤波器的技术参数变坏。采用反射 EMI 滤波器就能避免上述问题。

反射 EMI 滤波器的基本结构仍是 L,C 构成的低通滤波器，其网络结构如图 5.30(a) 所示的 L 型、T 型和 π 型等，与图 5.28 相比，其主要区别在于，反射 EMI 滤波器中不含 C_Y 电容器，该滤波网络中的电容器都是 C_X 电容器。

对反射EMI滤波器来说，要求对EMI信号有最大的抑制作用，基本原则就是阻抗失配，如图 5.30(b) 所示说明阻抗连接原则也适用于反射 EMI 滤波器。

反射 EMI 滤波器中 C_X 电容量较大，用于单相交流供电系统时，即使没接负载，可能也会有较大电流。对某些对线与地之间电容器有严重限制的应用场合，要注意选用含合适 C_X 电容器的反射 EMI 滤波器。C_X 安全性能的要求与以前相同。

6. 损耗线 EMI 滤波器

损耗线EMI滤波器就是损耗传输线EMI滤波器，也称为吸收滤波器和穿心滤波器等。损耗线 EMI 滤波器直接是由损耗传输线或在上面增加适合的集中参数电容器构成。

损耗线EMI滤波器的特点和应用与反射EMI滤波器相同。二者的主要区别在于，损耗线 EMI 滤波器低频段(如低于 100 kHz) 的插入损耗特性较差，高频段(如 100 MHz～1 GHz) 的插入损耗特性较好；反射 EMI 滤波器则与之相反。在某些插入损耗要求高的场合，可设法把这两种 EMI 滤波器结合起来使用。

如图 5.37(a) 所示表示一低通反射滤波器的特性，如图 5.37(b) 所示表示吸收滤波器和反射滤波器组合后的特性。可以看出，后者明显得到改善。

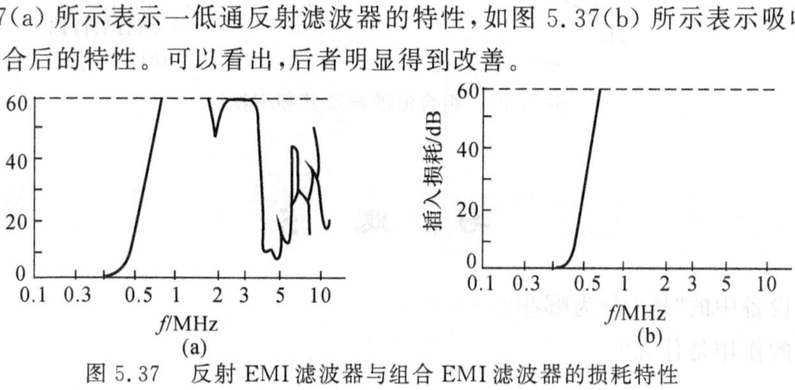

图 5.37　反射 EMI 滤波器与组合 EMI 滤波器的损耗特性

7. 有源滤波器

有源滤波器是含有有源器件的各种滤波网络。与利用电感器、电容器实现滤波功能的无源滤波器相比，有源滤波器可以省去体积庞大的电感元件，便于小型化和集成化，适于实现较低频率的滤波。另外，有源滤波器可以获得电压或电流增益，以抵偿滤波网络的损耗。有源滤波器的有源器件是晶体管和运算放大器。近年来，由于廉价的集成电路器件的发展，使得有源滤波器在低通、高通、带通、带阻、全通滤波器中都能应用。

如图 5.38 所示是一种有源滤波器的电路和它的频率特性。这种滤流器低频性能好，但当频率提高时，由于环路增益在 1 以下滤波效果很快降低。有源滤波器一般可以和无源滤波器组合使用，先利用有源滤波器对频率较低的噪声信号加以大幅度的衰减，再用一般的无源滤波器对频率比较高的噪声信号进行衰减。如图 5.39 所示表示这种组合滤波器和组合后得到的频率特性。组合后的特性明显得到改善。

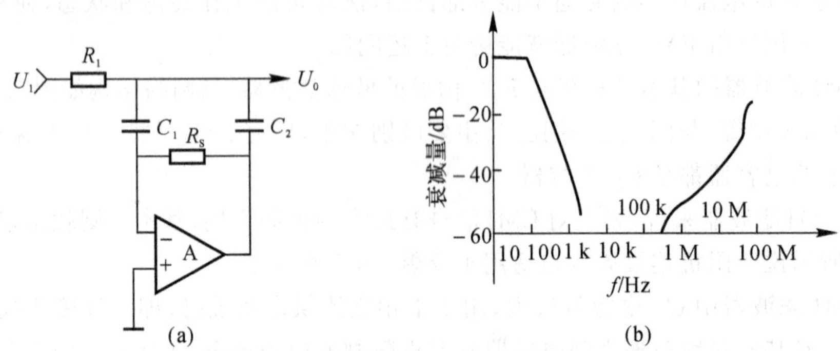

图 5.38　有源滤波器及其频率特性

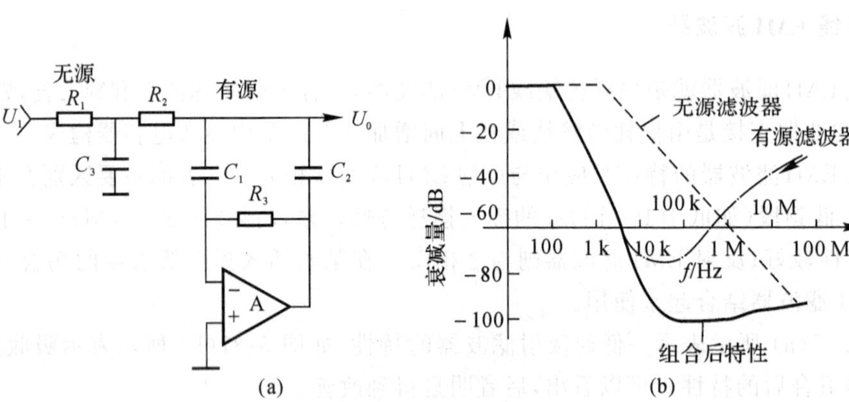

图 5.39　组合滤波器及其频率特性

习　题　5

1. 电子设备中的“地” 分为哪些？

2. 接地的作用是什么？

3. 单点接地和多点接地的区别何在?

4. 信号接地的原则是什么?

5. 搭接的目的是什么?

6. 搭接的类型有哪些?

7. 简述搭接的一般原则。

8. 简述屏蔽的目的和类型。

9. 常用的屏蔽方法有哪些?

10. 一台设备,原来的电磁辐射发射强度是 300 V/m,加上屏蔽箱后,辐射发射降为 3 V/m,这个机箱的屏蔽效能是多少?

11. 滤波的作用是什么?

12. 简述滤波器的基本特性参数。

13. 常用的滤波器有哪些?

14. 安装电源滤波器时应注意什么?

15. 有源滤波器的优点何在?

第 6 章　传输线理论与信号完整性

传导是电磁干扰的一个传输途径,电磁信号通过各种传输线从一端传输到另一端,在传输过程中,信号的幅度、相位、形状态可能会发生一定的变化。从能量传输和电磁干扰的角度看,都需要弄清信号波传输线的传输特性及信号在传输过程中是否完整等问题。

6.1　传输线概述

在电波技术中,如何将电波能量高效、顺利地从一个地方输送到另一个地方,是值得研究的重要问题之一。电子系统与系统之间、电子系统各设备之间以及电子设备内部各器件之间等的能量传输都是靠传输线来完成的。能够有效地引导电磁波向一定方向传输的装置,称为传输线,其常用的种类如图 6.1 所示。

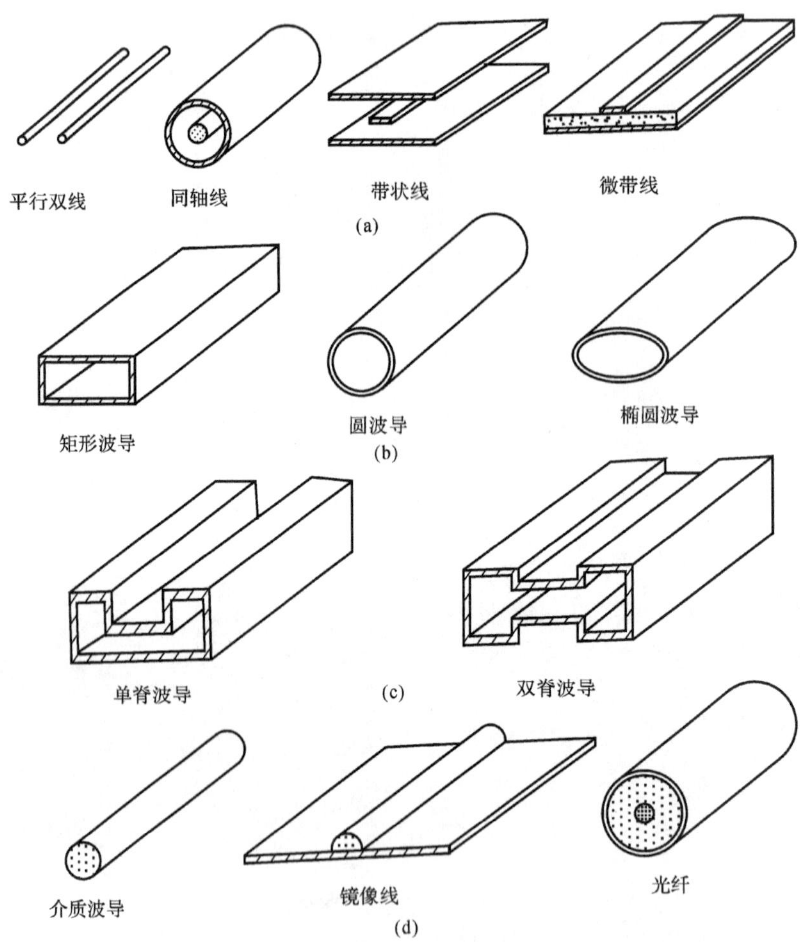

图 6.1　常用传输线种类

1. 传输线的分类

常用的传输线大致可分为三种类型:第一类是双导体传输线,如图 6.1(a) 所示的平行双线、同轴线、带状线和微带线等属于此类,这类传输主要传输横电磁波,即 TEM 波,故又称为 TEM 波传输线;第二类是单导体空心金属管传输线,又称为金属波导,它具有各式各样的横截面形状,如图 6.1(b) 所示的矩形波导、圆波导、脊波导和椭圆波导等属于此类,因该类传输线传输波型的速度与波的频率有关,故又称为色散波传输线;第三类是由介质制成的介质传输线,又称为介质波导,如图 6.1(c) 所示的介质波导,介质镜像线、光纤等属于此类,由于该类传输线上传输的电磁波主要沿传输线的表面传输,故又称为表面波传输线。

无论是哪类传输线,其作用都是引导电磁波向一定方向传输,因此,传输线又称为导波系统,其上所传输的电磁波又称为导行波。

对传输线的基本要求是损耗要小、传输功率要大、工作频带要宽、尺寸要小。

2. 最主要、最常用的几种传输线的特点

(1) 平行双线。平行双线是由两根平行的导线和介质组成的,它是最简单的 TEM 波传输。由于它是一个开放式结构系统,随着工作频率的升高,其向四周的辐射损耗将急剧增加,故平行双线一般只适用于在米波和分米波范围内电磁波的传输。

(2) 同轴线。同轴线有软同轴线和硬同轴线之分,软同轴线又称为同轴电缆,由中心导体(内导体) 和外导体组成,中间填充软介质,最外层用塑胶层保护,可以弯曲。硬同轴线由两个同心圆柱导体所组成,内、外导体之间媒质通常为空气,也可以用介质填充或用介质垫圈支撑。同轴线主要用于传输 TEM 波,由于同轴线可视为是将一根平行线做成空心圆筒,另一根平行线插入圆筒中所形成的封闭结构系统,所以外导体的屏蔽作用消除了辐射损耗。同轴线主要适用于分米波、厘米波波段电磁波的传输,其主要优点是工作频带很宽,主要缺点是介质损耗和导体损耗较大。

(3) 波导。为了使更高频率的电磁波能够传输,且传输损耗较小,早在 19 世纪末期,人们就设想在抽掉硬同轴线内导体的空心金属管内传输电磁波。1936 年,有人把波长 9 cm 的电磁波送入内径为 12.5 cm 的圆金属管内,使电磁波传输 200 m 的距离。这种用空心金属管制成的传输电磁波的传输线称为波导。

由于波导不需要介质支撑,电磁波又在管内传播,其辐射损耗、导体损耗及介质损耗都非常小,主要用于厘米波、毫米波波段电磁波的传输,其常用的有矩形波导和圆波导两种。

(4) 微带线。微带线是 20 世纪 60 年代中期出现的一种新型微波传输线。它的实际结构是在介质衬底的下表面敷上一层金属膜作接地板,而在上表面按所设计的电路图形用薄膜技术印制导体带,导体带平面上方为空气,而衬底通常用低损耗、高介电常数的介质材料,因而微带线中电磁能量大都集中于介质层内,从而减少了辐射损耗。由于微带的出现使微波电路的小型化、集成化成为可能,同时也大大拓宽了微波的应用领域。目前,微带线在中小功率的电子设备中得到了广泛应用。

6.2 传输线方程及其解

1. 长线的概念

在传输线理论中，首先要建立长线的概念。所谓长线是指传输线的几何长度可与传输线上传输的电磁波的波长相比拟或大很多的传输线。若用 L 表示传输线的几何长度，用 λ 表示工作波长，则将 L/λ 称为电长度，一般认为当 $L/\lambda \geqslant 0.1$ 时，就可视为长线。反之，就是短线。这里的长与短是一个相对概念，是相对于线上传输的电磁波的波长而言的。例如在电力工程中，1 000 m 的输电线，相对于频率等于 50 Hz 的市电而言仍视为短线，因为市里的波长 $\lambda=$ 6 000 km；而一段 $L=10$ cm 的传输线，当传输 10 GHz 的电磁波时，就是长线了，因为 10 GHz 电磁波的波长 $\lambda=3$ cm。

2. 分布参数的概念

由电磁场理论知，当高频信号通过传输线时会产生分布参数效应；由于电流流过导线将使导线发热，这表明导线本身具有分布电阻；由于导线间绝缘不完善而存在漏电流，这表明导线间处处有分布电导；由于导线中通过电流，周围将有磁场，因而导线上存在分布电感效应；又由于导线间有电压，导线间便有电场，于是导线间存在分布电容效应。分布参数是相对于集总参数而言的，在低频电路中，常常忽略分布参数效应，认为电场能量全部集中在电容器中；磁场能量全部集中在电感器之中；只有电阻消耗能量；连接电路中各元件用的导线则认为是既无电阻又无电感的理想导线，这些由集总参数元件所组成的电路称为集总参数电路，这种电路中导线上的电压、电流视为不随时空而变化的常数。

虽然传输线上具有分布参数性质，但是在低频或信号波长远大于传输线实际长度的电子设备中，传输线本身分布参数所引起的效应完全可以忽略不计。但当频率很高时，分布参数效应就不能忽略，传输线上的电压和电流不仅是时间的函数，同时还是距离的函数，传输线上各点的阻抗、导纳等物理量也是随时间和位置而变化的。

如果传输线的分布参数沿线是均匀分布的，不随位置而变化，则称为均匀传输线。本章内容只限于分析均匀传输线。

3. 均匀传输线的分布参数及其等效电路

(1) 分布参数。均匀传输线的分布参数一般有四个：分布电阻(R_0)、分布电导(G_0)、分布电感(L_0)及分布电容(C_0)。分别定义如下：

1) 分布电阻 R_0。指传输线单位长度上的电阻总值，决定于导线材料及导线的截面尺寸，单位为欧姆 / 米(Ω/m)。若为理想导体，则 $R_0=0$。

2) 分布电导 G_0。指传输线单位长度上的并联电导值，决定于导线周围介质材料的损耗角，单位为西门子 / 米(S/m)。若为理想介质，则 $G_0=0$。

3) 分布电感 L_0。指传输线单位长度上的自感，决定于导线截面尺寸、线间距及介质的磁导率，单位为享利 / 米(H/m)。

4) 分布电容 C_0。指传输线单位长度线段间电容大小，决定于导线截面尺寸、线间距及介质的介电常数，单位为法拉 / 米(F/m)。

无耗传输线的分布电阻 R_0 和分布电导 G_0 均等于零，分布电感 L_0 和分布电容 C_0 的计算公式可用静态场方法得到。几种典型的双导体传输线的分布参数的计算公式如表 6.1 所示。

表 6.1　几种双导体传输线 L_0，C_0 的计算公式

种　类	双导线	同轴线	薄带状线
结　构	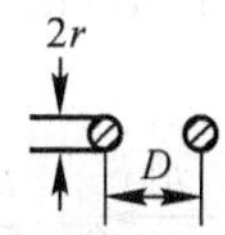	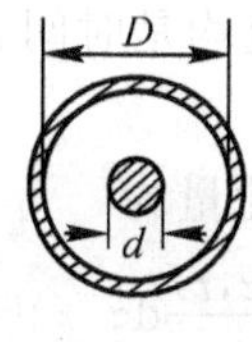	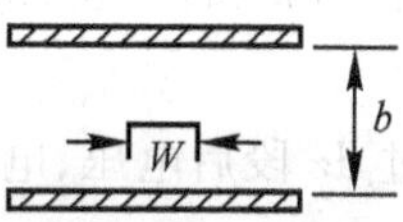
L_0	$\frac{\mu}{\pi}\ln\frac{D}{r}$	$\frac{\mu}{2\pi}\ln\frac{D}{d}$	$\frac{\pi\mu}{8\mathrm{arche}^{\frac{\pi W}{2b}}}$
C_0	$\frac{\pi\varepsilon}{\ln\frac{D}{r}}$	$\frac{2\pi\varepsilon}{\ln\frac{D}{d}}$	$\frac{8\varepsilon}{\pi}\mathrm{arche}^{\frac{\pi W}{2b}}$

表中 μ，ε 分别为介质的磁导率和介电常数，

$$\mu=\mu_r\mu_0,\quad \varepsilon=\varepsilon_r\varepsilon_0$$

式中，μ_0，ε_0 分别为真空中的磁导率和介电常数，且 $\mu_0=4\pi\times10^{-7}$ H/m，$\varepsilon_0=\frac{1}{36\pi}\times10^{-9}$ F/m；μ_r，ε_r 分别为介质的相对磁导率和相对介电常数。

(2) 等效电路。建立分布参数的概念后，就可以将均匀长线划分为许多个微分段 dz，将每个微分段作为集总参数电路处理，那么整个传输线就可以等效成由许多个小集总参数电路单元级联的电路。如图 6.2 所示。

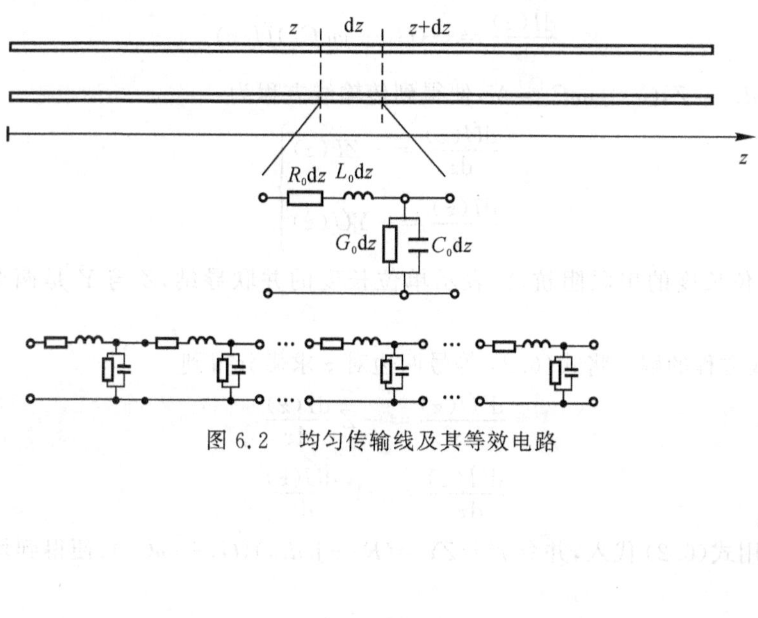

图 6.2　均匀传输线及其等效电路

4. 传输线方程及其正弦稳态解

(1) 传输线方程。传输线方程就是研究传输线上电压、电流的变化规律及其相互关系的方程，是传输线理论的基本方程。本章主要以平行双线为例，讨论长线的传输特性。

若在长线的始端接角频率为 ω 的信号源，终端接负载，坐标原点选在始端，现在距始端 z 处取出一小段 dz 来进行研究，且在 z 处的电压、电流分别为 u 和 i，经过 dz 段后，电压、电流分别变为 $u+du$ 和 $i+di$，电压、电流均是时间 t 和坐标 z 的函数，记为 $u(z,t)$，$i(z,t)$。如图 6.3 所示。

经过 dz 段后电压、电流的变化量为

$$-du(z,t)=-\frac{\partial u(z,t)}{\partial z}dz$$

$$-di(z,t)=-\frac{\partial i(z,t)}{\partial z}dz$$

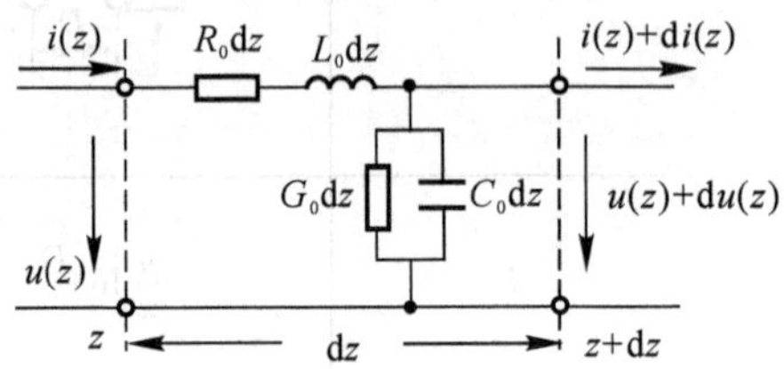

图 6.3　dz 段的等效电路

根据如图 6.3 所示的等效电路可以写出 dz 段的电压方程和电流方程为

$$\left.\begin{aligned}-du(z,t)&=R_0\,dz\,i(z,t)+L_0\,dz\frac{\partial i(z,t)}{\partial t}\\-di(z,t)&=G_0\,dz\,u(z,t)+C_0\,dz\frac{\partial u(z,t)}{\partial t}\end{aligned}\right\}\tag{6.1}$$

电压、电流的瞬间值 u，i 与复振幅 $\dot{U}$，$\dot{I}$ 的关系为

$$u(z,t)=\mathrm{Re}[\dot{U}(z)e^{j\omega t}],\quad i(z,t)=\mathrm{Re}[\dot{I}(z)e^{j\omega t}]$$

上式对 t 求导：

$$\frac{\partial u(z,t)}{\partial t}=\mathrm{Re}[\dot{U}(z)j\omega e^{j\omega t}],\quad \frac{\partial i(z,t)}{\partial t}=\mathrm{Re}[\dot{I}(z)j\omega e^{j\omega t}]$$

将上式代入式(6.1)，消去等式两边的因子 $e^{j\omega t}$，得到

$$\frac{d\dot{U}(z)}{dz}=-(R_0+j\omega L_0)\dot{I}(z)$$

$$\frac{d\dot{I}(z)}{dz}=-(G_0+j\omega C_0)\dot{U}(z)$$

令 $R_0+j\omega L_0=Z$，$G_0+j\omega C_0=Y$，便得到传输线方程为

$$\left.\begin{aligned}\frac{d\dot{U}(z)}{dz}&=-Z\dot{I}(z)\\\frac{d\dot{I}(z)}{dz}&=-Y\dot{U}(z)\end{aligned}\right\}\tag{6.2}$$

式中，Z 表示单位长度的串联阻抗，Y 表示单位长度的并联导纳，Z 与 Y 是两个相互独立的参量。

(2) 传输线方程的解。将式(6.2) 等号两边对 z 求微分得到

$$\frac{d^2\dot{U}(z)}{dz^2}=-Z\frac{d\dot{I}(z)}{dz}$$

$$\frac{d^2\dot{I}(z)}{dz^2}=-Y\frac{d\dot{U}(z)}{dz}$$

上式右边用式(6.2)代入，并令 $\gamma^2=ZY=(R_0+j\omega L_0)(G_0+j\omega C_0)$，便得到均匀长线电压、

电流的波动方程为

$$\left.\begin{aligned}\frac{\mathrm{d}^2\dot{U}(z)}{\mathrm{d}z^2}-\gamma^2\dot{U}(z)=0\\ \frac{\mathrm{d}^2\dot{I}(z)}{\mathrm{d}z^2}-\gamma^2\dot{I}(z)=0\end{aligned}\right\}\tag{6.3}$$

式(6.3)是标准的二阶齐次微分方程，其通解为

$$\left.\begin{aligned}\dot{U}(z)=A_1\mathrm{e}^{-\gamma z}+A_2\mathrm{e}^{\gamma z}\\ \dot{I}(z)=B_1\mathrm{e}^{-\gamma z}+B_2\mathrm{e}^{\gamma z}\end{aligned}\right\}\tag{6.4}$$

式中，A_1，A_2，B_1，B_2 是由长线的始端和终端边界条件决定的积分常数。式(6.2)，式(6.4)又可写成

$$\left.\begin{aligned}\dot{U}(z)&=A_1\mathrm{e}^{-\gamma z}+A_2\mathrm{e}^{\gamma z}\\ \dot{I}(z)&=\frac{1}{Z_\mathrm{c}}(A_1\mathrm{e}^{-\gamma z}-A_2\mathrm{e}^{\gamma z})\end{aligned}\right\}\tag{6.5}$$

式中

$$Z_\mathrm{c}=\sqrt{\frac{R_0+\mathrm{j}\omega L_0}{G_0+\mathrm{j}\omega C_0}}\tag{6.6}$$

$$\gamma=\sqrt{(R_0+\mathrm{j}\omega L_0)(G_0+\mathrm{j}\omega C_0)}=\alpha+\mathrm{j}\beta\tag{6.7}$$

对于有耗线，Z_c 和 γ 均为复数，其中 Z_c 具有阻抗的量纲，称为长线的特性阻抗；γ 称为长线的传播常数；γ 的实部 α 的大小影响到波的幅度变化的快慢，称为衰减常数；虚部 β 的大小影响到波的相位变化的快慢，称为相移常数。

下面分两种情况来讨论沿线电压电流的复数表达式。

1）已知长线端电压 $\dot{U}_1$ 及电流 $\dot{I}_1$ 时，沿线电压电流表达式。如图 6.4 所示，当把长线的坐标原点 $z=0$ 选在终端（即负载端）时，式(6.5)应改写为

$$\left.\begin{aligned}\dot{U}(z)&=A_1\mathrm{e}^{\gamma z}+A_2\mathrm{e}^{-\gamma z}\\ \dot{I}(z)&=\frac{1}{Z_\mathrm{c}}(A_1\mathrm{e}^{\gamma z}-A_2\mathrm{e}^{-\gamma z})\end{aligned}\right\}\tag{6.8}$$

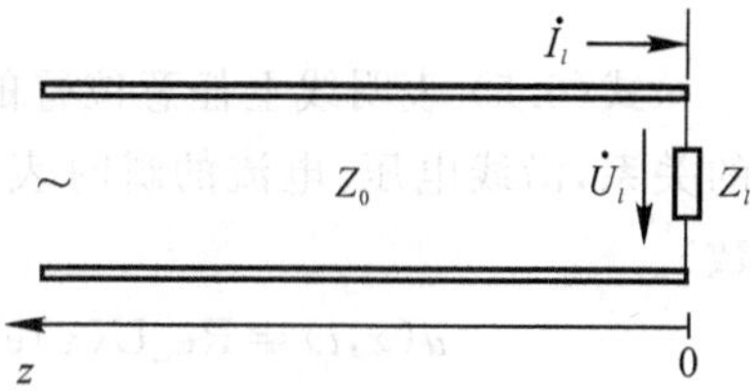

图 6.4　已知 $\dot{U}_1$，$\dot{I}_1$ 求 $\dot{U}(z)$，$\dot{I}(z)$

在终端 $z=0$，$\dot{U}(0)=\dot{U}_1$，$\dot{I}(0)=\dot{I}_1$，代入式(6.8)中得到

$$\dot{U}_1=A_1+A_2$$

$$\dot{I}_1=\frac{1}{Z_\mathrm{c}}(A_1-A_2)$$

解得 $A_1=\frac{1}{2}(\dot{U}_1+Z_\mathrm{c}\dot{I}_1)$，$A_2=\frac{1}{2}(\dot{U}_1-Z_\mathrm{c}\dot{I}_1)$。

将 A_1，A_2 代入式(6.8)，整理后得到

$$\dot{U}(z)=\dot{U}_1\frac{\mathrm{e}^{\gamma z}+\mathrm{e}^{-\gamma z}}{2}+\dot{I}_1Z_\mathrm{c}\frac{\mathrm{e}^{\gamma z}-\mathrm{e}^{-\gamma z}}{2}$$

$$\dot{I}(z)=\frac{\dot{U}_1}{Z_\mathrm{c}}\frac{\mathrm{e}^{\gamma z}-\mathrm{e}^{-\gamma z}}{2}+\dot{I}_1\frac{\mathrm{e}^{\gamma z}+\mathrm{e}^{-\gamma z}}{2}$$

即

$$\left.\begin{aligned}\dot{U}(z)&=\dot{U}_1\text{ch}\gamma z+\dot{I}_1 Z_c\text{sh}\gamma z\\ \dot{I}(z)&=\dot{U}_1\frac{\text{sh}\gamma z}{Z_c}+\dot{I}_1\text{ch}\gamma z\end{aligned}\right\}\tag{6.9}$$

此时,式中的坐标 z 为线上某一点距负载的距离坐标。

2) 已知长线始端电压 $\dot{U}_0$、电流 $\dot{I}_0$ 时,沿线电压电流表达式。这时坐标原点 $z=0$ 宜选在始端(即信号源端),将 $\dot{U}(0)=\dot{U}_0,\dot{I}(0)=\dot{I}_0$ 代入到式(6.5)得到

$$\dot{U}_0=A_1+A_2,\quad \dot{I}_0=\frac{1}{Z_c}(A_1-A_2)$$

解出 $A_1=\frac{1}{2}(\dot{U}_0+Z_c\dot{I}_0),A_2=\frac{1}{2}(\dot{U}_0-Z_c\dot{I}_0)$。

将 A_1,A_2 代入式(6.5),整理后得到

$$\dot{U}(z)=\dot{U}_0\frac{e^{\gamma z}+e^{-\gamma z}}{2}-\dot{I}_0 Z_c\frac{e^{\gamma z}-e^{-\gamma z}}{2}$$

$$\dot{I}(z)=-\frac{\dot{U}_0}{Z_c}\frac{e^{\gamma z}-e^{-\gamma z}}{2}+\dot{I}_1\frac{e^{\gamma z}+e^{-\gamma z}}{2}$$

即

$$\left.\begin{aligned}\dot{U}(z)&=\dot{U}_0\text{ch}\gamma z-\dot{I}_0 Z_c\text{sh}\gamma z\\ \dot{I}(z)&=-\frac{\dot{U}_0}{Z_c}\text{sh}\gamma z+\dot{I}_0\text{ch}\gamma z\end{aligned}\right\}\tag{6.10}$$

此时,式中的 z 表示线上的某一点距信号源的距离坐标。

5. 入射波与反射波

式(6.5)表明线上任意位置的复数电压、电流均由两部分组成,根据复数值与瞬时值之间的关系,沿线电压、电流的瞬时表达式为(为简单计,设 A_1,A_2 为实数,并近似认为 Z_c 也是实数)。

$$\begin{aligned}u(z,t)=\text{Re}[\dot{U}(z)e^{j\omega t}]=A_1e^{-\alpha z}\cos(\omega t-\beta z)+A_2e^{\alpha z}\cos(\omega t+\beta z)=\\ u_i(z,t)+u_r(z,t)\end{aligned}\tag{6.11}$$

$$\begin{aligned}i(z,t)=\text{Re}[\dot{I}(z)e^{j\omega t}]=\frac{A_2}{Z_c}e^{-\alpha z}\cos(\omega t-\beta z)-\frac{A_1}{Z_c}e^{\alpha z}\cos(\omega t+\beta z)=\\ i_i(z,t)+i_r(z,t)\end{aligned}\tag{6.12}$$

式(6.11)右边第一项表示由信号源向负载方向传播的波,称为电压入射波,用 $u_i(z,t)$ 表示,其振幅随传输距离 z 的增加按指数规律减小,相位随距离的增加而滞后;第二项表示由负载向信号源方向传播的波,称为电压反射波,用 $u_r(z,t)$ 表示,其振幅随 z 的增加而增加,相位随 z 的增加而超前,但沿其传播方向,振幅逐渐减小,相位依次滞后。沿线任一位置处的电压等于该处电压入射波与电压反射波的迭加。

对式(6.12)进行类似的分析表明,右边第一项表示电流入射波 $i_i(z,t)$;第二项表示电流反射波 $i_r(z,t)$。沿线任何一处的电流就等于该处电流入射波与电流反射波的迭加。

沿线入射波与反射波的瞬时分布如图 6.5 所示。当 Z_c 为实数时,电压入射波与电流入射波相位相同;电压反射波与电流反射波相位相反。

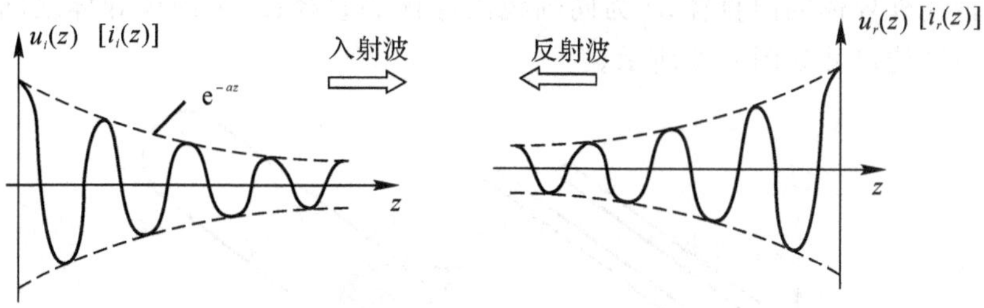

图 6.5　长线上的入射波与反射波

6.3　均匀长线上行波的传输特性

1. 特性阻抗

由上面的讨论可知，式(6.5)中的特性阻抗 Z_c 为电压入射波 $\dot{U}_i(z)$ 与电流入射波 $\dot{I}_i(z)$ 之比，或电压反射波 $\dot{U}_r(z)$ 与电流反射波 $\dot{I}_r(z)$ 之比的负值，即

$$\frac{\dot{U}_i(z)}{\dot{I}_i(z)} = \frac{A_1 e^{-\gamma z}}{\dfrac{A_1}{Z_c} e^{-\gamma z}} = Z_c$$

或

$$-\frac{\dot{U}_r(z)}{\dot{I}_r(z)} = Z_c$$

一般情况下，Z_c 是复数，即 $Z_c = \sqrt{\dfrac{R_0 + j\omega L_0}{G_0 + j\omega C_0}}$ (Ω)。当信号源频率很高，或长线损耗很小且满足下述条件 $R_0 \ll \omega L_0, G_0 \ll \omega C_0$ 时，特性阻抗 Z_c 可近似看做实数，即

$$Z_c \approx \sqrt{\frac{L_0}{C_0}} \tag{6.13}$$

如图 6.1 所示的内双导线的 L_0 和 C_0 的表达式代入式(6.13)便得到双导线特性阻抗的计算公式

$$Z_c = \sqrt{\frac{\dfrac{\mu}{\pi}\ln\dfrac{D}{r}}{\dfrac{\pi\varepsilon}{\ln\dfrac{D}{r}}}} = \frac{1}{\pi}\sqrt{\frac{\mu}{\varepsilon}}\ln\frac{D}{r} = \frac{120}{\sqrt{\varepsilon_r}}\ln\frac{D}{r}\ (\Omega) \tag{6.14}$$

式中，D 为线间距离；r 为单根导线的半径；ε_r 为导线周围介质的相对介电常数；结构尺寸如图 6.6 所示。同样可得同轴线特性阻抗的计算公式

$$Z_c = \sqrt{\frac{\dfrac{\mu}{2\pi}\ln\dfrac{D}{d}}{\dfrac{2\pi\varepsilon}{\ln\dfrac{D}{d}}}} = \frac{60}{\sqrt{\varepsilon_r}}\ln\frac{D}{d}\ (\Omega) \tag{6.15}$$

式中，D 为同轴线外导体的内直径；d 为同轴线内导体的直径；ε_r 为内体导体之间填充介质的相对介电常数；结构尺寸如图 6.6 所示。

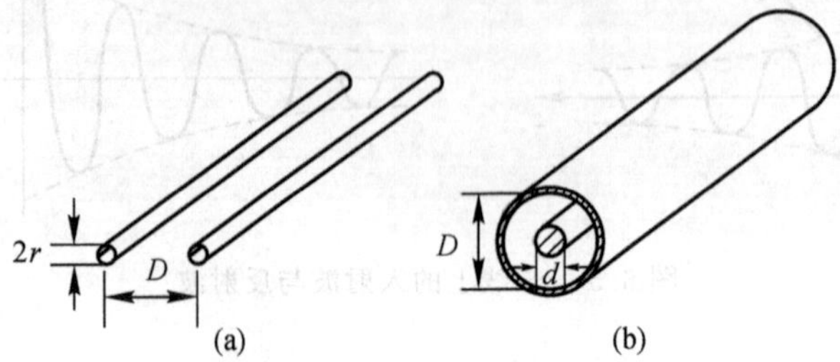

图 6.6　双导线及同轴线

2. 传播常数

在推导传输线方程的过程中，引入常数 $\gamma=\sqrt{(R_0+j\omega L_0)(G_0+j\omega C_0)}$，它表示波在传输线上传播时，行波的幅度与相位变化的情况，称为传播常数，通常 γ 为一复数，即 $\gamma=\alpha+j\beta$，α 表示每经过单位长度行波振幅衰减 $e^{-\alpha}$ 倍，称为衰减常数，单位为奈培 / 米(Np/m)，或分贝 / 米(dB/m)，二者有如下关系

$$1\ \text{Np/m}=8.686\ \text{dB/m}$$

奈培是对衰减量取自然对数得到，而分贝是对衰减量取 20 倍的常用对数得到。β 表示每经过单位长度行波相位滞后的孤度数，单位是孤度 / 米(rad/m)。

3. 相速与相波长

(1) 相速 v_p。电磁波的传播特性常用相速与相波长来描述，不同时刻线上入射波的瞬时分布如图 6.7 所示。

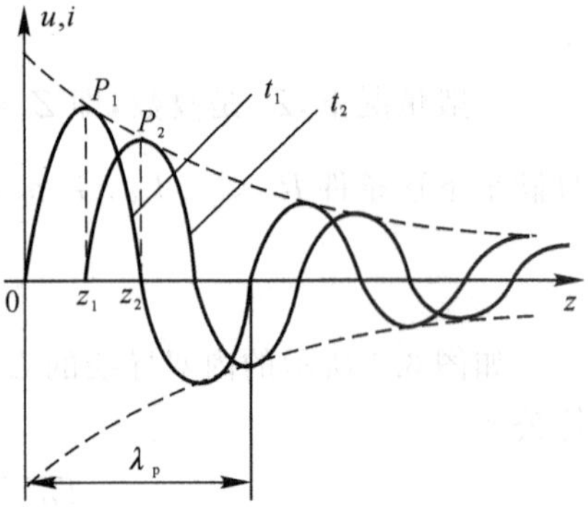

图 6.7　不同时刻入射波的瞬时分布

设 t_1 时刻瞬时分布曲线上 P_1 点的坐标为 z_1，相位为 $(\omega t_1-\beta z_1)$；到 t_2 时刻瞬时分布曲线上与 P_1 点相位相同的 P_2 点的坐标为 z_2，相位为 $(\omega t_2-\beta z_2)$。在时间间隔 $\Delta t=t_2-t_1$ 内，瞬时分布曲线上的 P_1 点移到 P_2 点，波的等相位面移动的距离为 $\Delta z=z_2-z_1$，因此，行波传播的速度可根据 P_1 和 P_2 的相位相同导出，即

$$\omega t_1-\beta z_1=\omega t_2-\beta z_2$$

行波相速为

$$v_p=\frac{z_2-z_1}{t_2-t_1}=\frac{\Delta z}{\Delta t}=\frac{\omega}{\beta} \tag{6.16}$$

(2) 相波长 λ_p。行波在一个周期 T 内等相位面沿线移动的距离定义为相波长 λ_p，即

$$\lambda_p=v_p T=\frac{v_p}{f}=\frac{\omega/\beta}{f}=\frac{2\pi}{\beta} \tag{6.17}$$

6.4　均匀无耗长线的传输特性

均匀无耗长线的分布电阻 $R_0=0$，分布电导 $G_0=0$，分布电感 L_0 和分布电容 C_0 不随坐标 z 变化。事实上，理想的无耗长线是不存在的，通常长线都是由良导体制成，介质的高频损耗也不大，因此条件 $R_0 \ll \omega L_0$ 及 $G_0 \ll \omega C_0$ 基本是满足的，故可近似当作无耗长线分析。只是在传输线比较大或专门分析长线的损耗功率和传输效率时，才作为有耗长线分析。

均匀无耗长线的主要传输特性如下：

1. 传播特性

(1) 传播常数。将 $R_0=0$，$G_0=0$ 代入 $\gamma=\sqrt{(R_0+j\omega L_0)(G_0+j\omega C_0)}$ 中，可得到

$$\gamma = j\omega\sqrt{L_0C_0}=j\beta \tag{6.18}$$

γ 为一纯虚数，其衰减常数 $\alpha=0$，相速常数 $\beta=\omega\sqrt{L_0C_0}$，因此，线上电压和电流的振幅在传输过程中不衰减，波的相位按线性关系滞后。

(2) 相速和相波长。将式(6.18) 代入式(6.16) 中，即得无耗长线上波的相速为

$$v_p=\frac{\omega}{\beta}=\frac{\omega}{\omega\sqrt{L_0C_0}}=\frac{1}{\sqrt{L_0C_0}} \tag{6.19}$$

将表 6.1 中的 L_0，C_0 代入上式，得

$$v_p=\frac{1}{\sqrt{\mu\varepsilon}}=\frac{1}{\sqrt{\mu_0\varepsilon_0}\sqrt{\mu_r\varepsilon_r}}=\frac{c}{\sqrt{\varepsilon_r}} \tag{6.20}$$

式中，c 为光速，对于非铁磁介质已取 $\mu_r=1$。式(6.20) 表明，线上电压和电流行波的相速等于长线周围介质中的光速，且与频率无关，只决定于介质特性参量 ε_r。

将式(6.18) 代入式(6.17)，即得无耗长线相波长与工作波长的关系为

$$\lambda_p=\frac{2\pi}{\beta}=\frac{2\pi}{\omega\sqrt{L_0C_0}}=\frac{c}{f\sqrt{\varepsilon_r}}=\frac{\lambda}{\sqrt{\varepsilon_r}} \tag{6.21}$$

式(6.21) 表明，无耗长线上行波的相波长与工作波长之比也只决定于介质特性参量 ε_r。当介质为空气时，线上行波的相速 v_p 等于光速 c，相波长 λ_p 等于工作波长 λ。

(3) 特性阻抗。将 $R_0=0$ 和 $G_0=0$ 代入式 $Z_c=\sqrt{\dfrac{R_0+j\omega L_0}{G_0+j\omega C_0}}$ 中，便得到

$$Z_c=\sqrt{\frac{L_0}{C_0}} \tag{6.22}$$

可见均匀无耗长线的特性阻抗为纯电阻。

根据式(6.19)，Z_c 又可写成

$$Z_c=\frac{1}{v_pC_0} \tag{6.23}$$

式(6.23) 表明，无耗长线的特性阻抗仅决定于长线的截面形状、尺寸和周围介质而与频率无关。因此长线的特性阻抗是表征长线固有特性的一个重要参量。

2. 输入阻抗

如图 6.8 所示，长线终端接负载阻抗 Z_l 时，距终端为 z 处向负载方向看去的输入阻抗定义

为此处的电压 $\dot{U}(z)$ 与电流 $\dot{I}(z)$ 之比，并用 $Z_{in}(z)$ 表示，将均匀无耗长线的传播常数 $\gamma=j\beta$ 代入式(6.9)，便得到沿线电压电流的表示式为

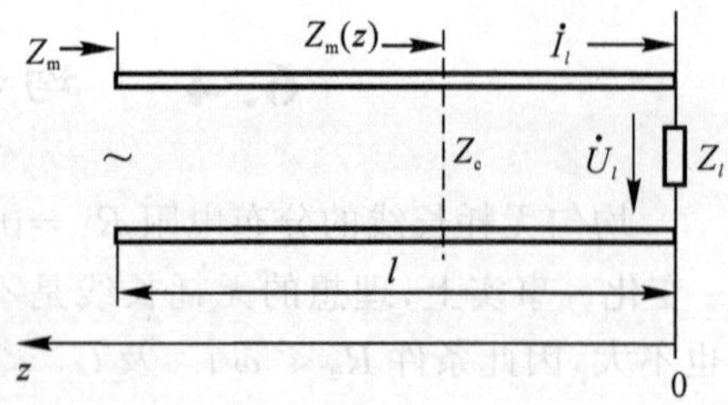

图 6.8　终端接负载时长线的输入阻抗

$$\dot{U}(z)=\dot{U}_1 \mathrm{ch} j\beta z+\dot{I}_1 Z_c \mathrm{sh} j\beta z$$

$$\dot{I}(z)=\dot{U}_1 \frac{\mathrm{sh} j\beta z}{Z_c}+\dot{I}_1 \mathrm{ch} j\beta z$$

上式可写成

$$\dot{U}(z)=\dot{U}_1 \cos\beta z+\dot{I}_1 jZ_c \sin\beta z$$

$$\dot{I}(z)=\dot{U}_1 j\frac{\sin\beta z}{Z_c}+\dot{I}_1 \cos\beta z$$

输入电阻抗 $Z_{in}(z)$ 为

$$Z_{in}(z)=\frac{\dot{U}(z)}{\dot{I}(z)}=\frac{\dot{U}_1 \cos\beta z+\dot{I}_1 jZ_c \sin\beta z}{\dot{U}_1 j\dfrac{\sin\beta z}{Z_c}+\dot{I}_1 \cos\beta z}$$

将终端负载条件 $\dot{U}_1=\dot{I}_1 Z_1$ 代入上式，经化简得到

$$Z_{in}(z)=Z_c \frac{Z_1+jZ_c \tan\beta z}{Z_c+jZ_1 \tan z} \tag{6.24}$$

当线的长度为 l 时，便得长线始端的输入阻抗为

$$Z_{in}(z)=Z_c \frac{Z_1+jZ_c \tan\beta l}{Z_c+jZ_1 \tan\beta l} \tag{6.25}$$

因为阻抗与导纳互为倒数关系，将输入导纳 $Y_{in}(z)=1/Z_{in}(z)$、特性导纳 $Y_0=\dfrac{1}{Z_c}$、负载导纳 $Y_1=\dfrac{1}{Z_1}$ 等关系代入式(6.24)，便得到 z 处的输入导纳为

$$Y_{in}(z)=Y_0 \frac{Y_1+jY_0 \tan\beta z}{Y_0+jY_1 \tan\beta z} \tag{6.26}$$

当线长为 l 时，长线始端的输入导纳为

$$Y_{in}(z)=Y_0 \frac{Y_1+jY_0 \tan\beta l}{Y_0+jY_1 \tan\beta l} \tag{6.27}$$

3. 反射系数

均匀无耗长线终端接任意负载阻抗时，沿线电压电流的表示式为

$$\dot{U}(z)=A_1 e^{j\beta z}+A_2 e^{-j\beta z}=\dot{U}_i(z)+\dot{U}_r(z)$$

$$\dot{I}(z)=\frac{1}{Z_c}(A_1 e^{j\beta z}-A_2 e^{-j\beta z})=\dot{I}_i(z)+\dot{I}_r(z)$$

距终端 z 处的电压反射系数 $\Gamma_U(z)$ 定义为该处电压反射波 $\dot{U}_r(z)$ 与电压入射波 $\dot{U}_i(z)$ 之比，即

$$\Gamma_U(z)=\frac{\dot{U}_r(z)}{\dot{U}_i(z)}=\frac{A_2 e^{-j\beta z}}{A_1 e^{j\beta z}}=\frac{A_2}{A_1}e^{-j2\beta z} \tag{6.28}$$

同样可以定义 z 处的电流反射系数为

$$\Gamma_I(z)=\frac{\dot{I}_r(z)}{\dot{I}_i(z)}=\frac{-\dfrac{1}{Z_c}A_2e^{-j\beta z}}{\dfrac{1}{Z_c}A_1e^{j\beta z}}=-\frac{A_2}{A_1}e^{-j2\beta z}=-\Gamma_U(z) \tag{6.29}$$

可见电压反射系数与电流反射系数的模相等，相位相差 π。由于电压反射系数能够测定，因此若不特意说明，以后提到的反射系数都是指电压反射系数，并用符号 $\Gamma(z)$ 表法。

用反射系数可以将沿线电压、电流的表示式写成

$$\left.\begin{aligned}\dot{U}(z)=\dot{U}_i(z)[1+\Gamma(z)]\\ \dot{I}(z)=\dot{I}_i(z)[1-\Gamma(z)]\end{aligned}\right\} \tag{6.30}$$

将终端坐标 $z=0$ 代入式(6.28)，便得到终端反射系数 Γ_l 为

$$\Gamma_l=\frac{A_2}{A_1}=\frac{|A_2|e^{j\varphi_2}}{|A_1|e^{j\varphi_1}}=\frac{|A_2|}{|A_1|}e^{j(\varphi_2-\varphi_1)}=|\Gamma_l|e^{j\varphi} \tag{6.31}$$

式中，A_1 和 A_2 分别表示终端的电压入射波 $\dot{U}_{il}$ 和反射波 $\dot{U}_{rl}$，其模为 $|A_1|$ 和 $|A_2|$，相角为 φ_1 和 φ_2。将式(6.31) 代入式(6.28) 便得到 $\Gamma(z)$ 与 Γ_l 的关系为

$$\Gamma(z)=\Gamma_l e^{-j2\beta z}=|\Gamma_l|e^{j(\varphi_l-2\beta z)}=|\Gamma_l|e^{j\varphi} \tag{6.32}$$

式(6.32) 表明，线上任意位置 z 处的反射系数一般情况下为一复数，其模等于终端反射系数的模，相位比终端反射系数的相位滞后 $2\beta z$。

波的反射是长线工作的基本物理现象。反射系数不但有明确的物理概念，而且便于测定，因此在微波测量技术和微波网络的分析与综合设计中，广泛采用反射系数这个物理参量。若用场的概念来讨论，平行双线上传输的波是 TEM 波。

4. 反射系数与输入阻抗的关系

反射系数与输入阻抗都是描述长线工作状态的重要参数，它们之间的转换关系式应用非常普遍。由式(6.30) 可得，输入阻抗与反射系数的关系为

$$Z_{in}(z)=\frac{\dot{U}(z)}{\dot{I}(z)}=\frac{\dot{U}_i(z)[1+\Gamma(z)]}{\dot{I}_i(z)[1-\Gamma(z)]}=Z_c\frac{1+\Gamma(z)}{1-\Gamma(z)} \tag{6.33}$$

因此负载阻抗 Z_l 与终端反射系数 Γ_l 的关系为

$$Z_l=Z_c\frac{1+\Gamma_l}{1-\Gamma_l} \tag{6.34}$$

上述两式又可写成

$$\Gamma(z)=\frac{Z_{in}(z)-Z_c}{Z_i(z)+Z_c} \tag{6.35}$$

$$\Gamma_l=\frac{Z_l-Z_c}{Z_l+Z_c} \tag{6.36}$$

以上关系式很重要，它建立了终端电压反射系数、负载阻抗及长线特性阻抗之间的关系，任意知道其中的两个量就可以确定第三个量。

5. 驻波比与行波系数

当终端负载与长线特性阻抗不等时，由式(6.36) 得到 $|\Gamma_l|\neq 0$，即线上同时存在入射波和反射波，表示线上传输功率并没有被负载全部吸收，这种状态称为负载与长线不匹配(或失

配)。失配时沿线合成电压是呈周期性变化的驻波(或行驻波)。除了可以用反射系数来反映失配程度之外,在实际工作中,还采用电压驻波比(VSWR)来衡量失配的程度。电压(或电流)驻波比的定义是沿线电压(或电流)最大值与最小值之比,用 ρ 来表示,即

$$\rho=\frac{|\dot{U}_{max}|}{|\dot{U}_{min}|}=\frac{|\dot{I}_{max}|}{|\dot{I}_{min}|} \tag{6.37}$$

显然,合成电压最大值出现于电压入射波与电压反射波相位相同处,即

$$|\dot{U}_{max}|=|\dot{U}_i|+|\dot{U}_r|$$

合成电压最小值出现于电压入射波与电压反射波相位相差 180° 处,即

$$|\dot{U}_{min}|=|\dot{U}_i|-|\dot{U}_r|$$

将上述关系代入式(6.37),得到

$$\rho=\frac{|\dot{U}_i|+|\dot{U}_r|}{|\dot{U}_i|-|\dot{U}_r|}=\frac{1+|\dot{U}_r|/|\dot{U}_i|}{1-|\dot{U}_r|/|\dot{U}_i|}=\frac{1+|\Gamma|}{1-|\Gamma|} \tag{6.38}$$

或

$$|\Gamma|=\frac{\rho-1}{\rho+1} \tag{6.39}$$

因反射系数模的变化范围为 $0\leqslant|\Gamma|\leqslant 1$,故驻波比的变化范围为 $1\leqslant\rho\leqslant\infty$,驻波比 ρ 是大于 1 的无量纲实数。当 $|\Gamma|=0$ 时,$\rho=1$;当 $|\Gamma|=1$ 时,$\rho=\infty$。可见 ρ 的确可用来反映负载不匹配时反射波的大小。

有时也用行波系数来反映反射波的大小。行波系数定义为合成电压(或电流)最小值与最大值之比,故行波系数与驻波比互为倒数,即

$$K=\frac{|\dot{U}_{min}|}{|\dot{U}_{max}|}=\frac{1-|\Gamma|}{1+|\Gamma|}=\frac{1}{\rho} \tag{6.40}$$

行波系数 K 反映了行波与驻波的相对大小。当负载与长线匹配时,线上只存在入射行波,相应的行波系数最大($K=1$);当负载对入射波全反射时,线上为驻波,相应的行波系数最小($K=0$);负载对入射波部分反射时,行波系数 K 介于 0 与 1 之间,即 $0<K<1$。

6.5 均匀无耗长线的三种工作状态

长线终端接不同负载对,线上电压电流呈三种不同的分布状态;负载无反射时的行波状态,负载全反射时的驻波状态及部分反射时的行驻波状态。三种工作状态的特点分述如下。

1. 行波状态

长线为半无限长或负载阻抗等于长线特性阻抗时,线上只有电压、电流的入射波,此时长线工作在行波状态,行波状态意味着入射波功率被负载全部吸收,即负载与长线相匹配。行波状态下,均匀无耗长线上电压、电流的复数表示式为(波源向负载方向为 $+z$ 方向)

$$\dot{U}(z)=\dot{U}_i(z)=A_1\mathrm{e}^{-\mathrm{j}\beta z}$$

$$\dot{I}(z)=\dot{I}_i(z)=\frac{A_1}{Z_c}\mathrm{e}^{-\mathrm{j}\beta z}$$

电压、电流的瞬时表示式为(设 A_1 为实数)

$$\left.\begin{aligned} u(z,t) &= u_{\mathrm{i}}(z,t) = A_1\cos(\omega t - \beta z) \\ i(z,t) &= i_{\mathrm{i}}(z,t) = \frac{A_1}{Z_{\mathrm{c}}}\cos(\omega t - \beta z) \end{aligned}\right\} \tag{6.41}$$

根据上述关系式画出的电压和电流行波的瞬时分布和振幅分布曲线如图 6.9 所示。将 $Z_l = Z_{\mathrm{c}}$ 代入式(6.24)，并由式(6.35) 和式(6.38) 得

$$Z_{\mathrm{in}} = Z_{\mathrm{c}},\quad \Gamma(z) = 0,\quad \rho = 1$$

可见，负载与长线相匹配时，线上任何位置的输入阻抗 $Z_{\mathrm{in}}(z)$ 恒等于长线特性阻抗 Z_{c}。

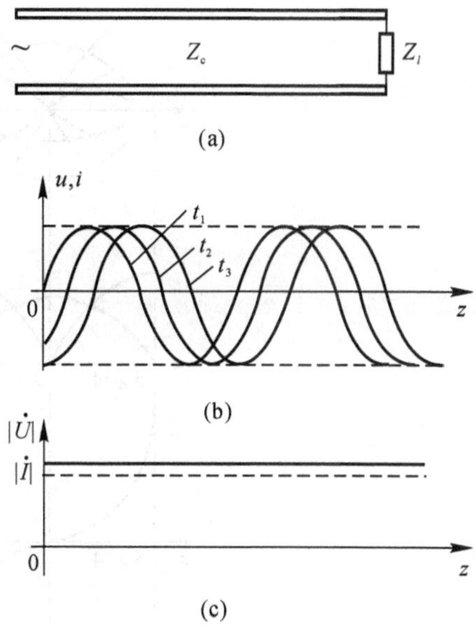

图 6.9　行波的瞬时分布和振幅分布

(a)$Z_l = Z_{\mathrm{c}}$；　(b)u,i 的瞬时分布；

(c) $|\dot{U}|$，$|\dot{U}|$ 的分布

2. 驻波状态

当长线终端短路、开路或接纯电抗负载时，终端入射波都将被全反射。沿线入射波与反射波迭加形成驻波分布。驻波状态下，驻波比 $\rho = \infty$，反射系数模 $|\Gamma| = 1$。

(1) 终端短路 $Z_l = 0$。负载阻抗 $Z_l = 0$，因而终端电压 $\dot{U}_l = 0$，当坐标原点取在终端时，有

$$\dot{U}_l(0) = A_1 + A_2 = \dot{U}_{\mathrm{i}l} + \dot{U}_{\mathrm{r}l} = 0$$

$$\dot{I}_l(0) = \frac{1}{Z_{\mathrm{c}}}(A_1 - A_2) = \dot{I}_{\mathrm{i}l} + \dot{I}_{\mathrm{r}l} = \frac{1}{Z_{\mathrm{c}}}(\dot{U}_{\mathrm{i}l} - \dot{U}_{\mathrm{r}l}) = \frac{2\dot{U}_{\mathrm{i}l}}{Z_{\mathrm{c}}} = 2\dot{I}_{\mathrm{i}l}$$

从而可得 $\dot{U}_{\mathrm{i}l} = -\dot{U}_{\mathrm{r}l}$，$\dot{I}_{\mathrm{i}l} = \dot{I}_{\mathrm{r}l}$，即终端电压入射波与反射波等幅反相，电流入射波与电流反射波等幅同相。故终端电压反射系数 $\Gamma_l = -1$，电流反射系数等于 1。

利用上面引入的符号，并令 z 轴指向电源，沿线电压电流复数表示式为

$$\dot{U}(z) = \dot{U}_{\mathrm{i}l}\mathrm{e}^{\mathrm{j}\beta z} + \dot{U}_{\mathrm{r}l}\mathrm{e}^{-\mathrm{j}\beta z} = \dot{U}_{\mathrm{i}l}(\mathrm{e}^{\mathrm{j}\beta z} - \mathrm{e}^{-\mathrm{j}\beta z}) = \mathrm{j}2\dot{U}_{\mathrm{i}l}\sin\beta z$$

$$\dot{I}(z) = \dot{I}_{\mathrm{i}l}\mathrm{e}^{\mathrm{j}\beta z} + \dot{I}_{\mathrm{r}l}\mathrm{e}^{-\mathrm{j}\beta z} = \dot{I}_{\mathrm{i}l}(\mathrm{e}^{\mathrm{j}\beta z} + \mathrm{e}^{-\mathrm{j}\beta z}) = 2\dot{I}_{\mathrm{i}l}\cos\beta z$$

上式取模值

$$\left.\begin{aligned} |\dot{U}(z)| &= 2|\dot{U}_{\mathrm{i}l}||\sin\beta z| \\ |\dot{I}(z)| &= 2|\dot{I}_{\mathrm{i}l}||\cos\beta z| \end{aligned}\right\} \tag{6.42}$$

若 $\dot{U}_{\mathrm{i}l} = |\dot{U}_{\mathrm{i}l}|\mathrm{e}^{\mathrm{j}\varphi_1}$，则沿线电压、电流瞬时值表示式为

$$\left.\begin{aligned} u(z,t) &= \mathrm{Re}[\mathrm{j}2\dot{U}_{\mathrm{i}l}\sin\beta z\,\mathrm{e}^{\mathrm{j}\omega t}] = 2|\dot{U}_{\mathrm{i}l}|\sin\beta z\cos\left(\omega t + \varphi_1 + \frac{\pi}{2}\right) \\ i(z,t) &= \mathrm{Re}[2\dot{I}_{\mathrm{i}l}\cos\beta z\,\mathrm{e}^{\mathrm{j}\omega t}] = 2|\dot{I}_{\mathrm{i}l}|\cos\beta z\cos(\omega t + \varphi_1) \end{aligned}\right\} \tag{6.43}$$

根据式(6.42) 和式(6.43) 画出的沿线电压、电流的瞬时分布和振幅分布如图 6.10 所示。

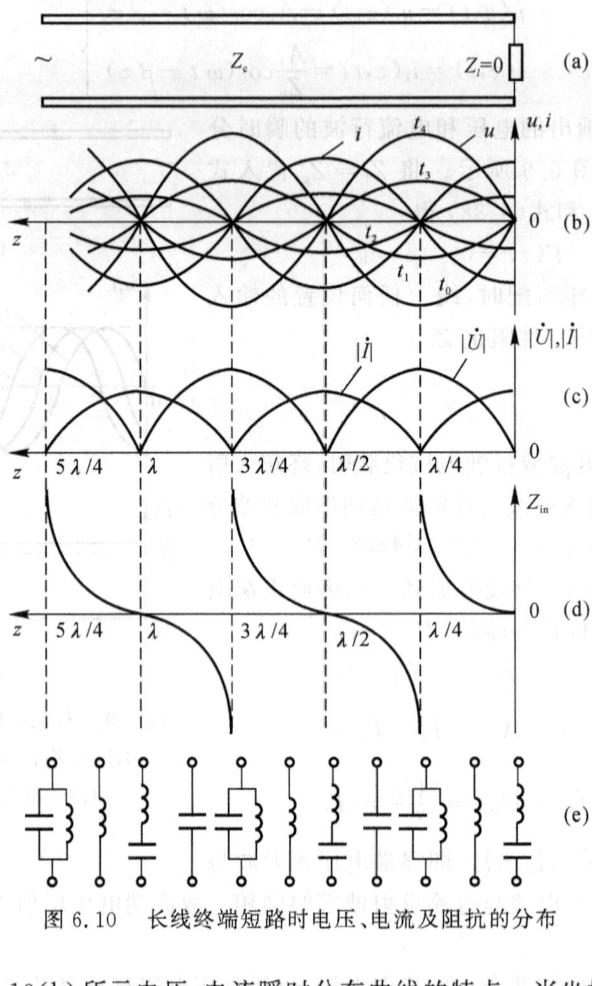

图 6.10　长线终端短路时电压、电流及阻抗的分布

首先分析如图6.10(b)所示电压、电流瞬时分布曲线的特点。当坐标z固定时，u与i随时间变化的相位相差$\pi/2$；当时间t固定时，u与i随坐标z变化的相位也相差$\pi/2$。换句话说，某一时刻沿线电压达最大值处电流为零；而电流达最大值处电压为零。此外，式(6.43)中，空间变量z与间变量t不像在式(6.41)中那样，以$(\omega t-\beta z)$的形式出现，因此沿线各点电压、电流的瞬时值只随时间正弦变化而并不以波的形式沿线传播，故称之为驻波。在坐标$z=\dfrac{\lambda}{4},\dfrac{3\lambda}{4},\cdots,(2n+1)\dfrac{\lambda}{4}$等处电压恒等于最大值，电流恒等于零。与这些位置对应的电压称为电压驻波的波腹，对应的电流称淡电流驻波的波节。在坐标$z=0,\lambda/2,\lambda,\cdots,n\lambda/2$等处，电压恒等于零，电流恒等于最大值。这些位置对应于电压驻波的波节，电流驻波的波腹。

如图6.10(c)所示为电压、电流振幅分布曲线，它按式(6.42)所示规律变化。通常所说的驻波分布曲线即指振幅分布曲线。电压驻波分布曲线波腹处$|\dot{U}|_{max}=2|\dot{U}_{il}|$，波节处$|\dot{U}|_{min}=0$；电流驻波分布曲线波腹处$|\dot{I}|_{max}=2|\dot{I}_{il}|$，波节处$|\dot{I}|_{min}=0$。

以上分析可归纳为均匀无耗长线终端短路时，沿线电压、电流呈驻波分布。电压与电流之间在空间或时间相位都相差$\pi/2$。电压、电流的波腹、波节位置固定，波腹、波节相距$\lambda/4$。

由于沿线各处电压、电流之间的相位相差$\pi/2$，故各处输入阻抗为纯电抗，这和将$Z_l=0$代

入式(6.24)所得结论是一致的。短路线输入阻抗为

$$Z_{\mathrm{in\,sc}}(z)=\mathrm{j}Z_{\mathrm{c}}\tan\beta z=\mathrm{j}Z_{\mathrm{c}}\tan\frac{2\pi z}{\lambda}=\mathrm{j}X_{\mathrm{in}} \tag{6.44}$$

当信号源频率固定时,$Z_{\mathrm{in}}(z)$按正切函数规律变化,如图 6.10(d)所示。在$0<z<\lambda/4$范围内,$X_{\mathrm{in}}(z)>0$,呈感性,电压的相位比电流的超前$\pi/2$,短路线等效为一电感。当$z=\lambda/4$时,$X_{\mathrm{in}}=\infty$,即$\lambda/4$的短路线等效一并联谐振回路。在$\lambda/4<z<\lambda/2$范围内,$X_{\mathrm{in}}<0$,呈容性,电压的相位比电流落后$\pi/2$,短路线等效为一电容。当$z=\lambda/2$时,$X_{\mathrm{in}}=0$,即$\lambda/2$短路线等效一串联谐振回路。总之,沿线每经过$\lambda/4$,阻抗性质变化一次;每经过$\lambda/2$,阻抗回到原有值。

(2) 终端开路$Z_{\mathrm{l}}=\infty$。负载阻抗$Z_{\mathrm{l}}=\infty$,因而终端电流$\dot{I}_{\mathrm{l}}=0$,故

$$\dot{I}(0)=\frac{1}{Z_{\mathrm{c}}}(A_1-A_2)=\dot{I}_{\mathrm{il}}+\dot{I}_{\mathrm{rl}}=0$$

$$\dot{U}(0)=A_1+A_2=2A_1=2\dot{U}_{\mathrm{il}}$$

由上式得出$\dot{I}_{\mathrm{il}}=-\dot{I}_{\mathrm{rl}}$和$\dot{U}_{\mathrm{il}}=\dot{U}_{\mathrm{rl}}$,即终端电流入射波与电流反射波等幅反相,电压入射波与电压反射波等幅同相。故终端电流反射系数等于-1,而电压反射系数等于 1。

沿线电压、电流复数表示式为

$$\dot{U}(z)=\dot{U}_{\mathrm{il}}\mathrm{e}^{\mathrm{j}\beta z}+\dot{U}_{\mathrm{rl}}\mathrm{e}^{-\mathrm{j}\beta z}=\dot{U}_{\mathrm{il}}(\mathrm{e}^{\mathrm{j}\beta z}+\mathrm{e}^{-\mathrm{j}\beta z})=2\dot{U}_{\mathrm{il}}\cos\beta z$$

$$\dot{I}(z)=\frac{1}{Z_{\mathrm{c}}}(\dot{U}_{\mathrm{il}}\mathrm{e}^{\mathrm{j}\beta z}-\dot{U}_{\mathrm{rl}}\mathrm{e}^{-\mathrm{j}}\beta z)=\frac{\dot{U}_{\mathrm{il}}}{Z_{\mathrm{c}}}(\mathrm{e}^{\mathrm{j}\beta z}-\mathrm{e}^{-\mathrm{j}\beta z})=\mathrm{j}2\dot{I}_{\mathrm{il}}\sin\beta z$$

上式取模值

$$\left.\begin{aligned}|\dot{U}(z)|&=2|\dot{U}_{\mathrm{il}}||\cos\beta z|\\|\dot{I}(z)|&=2|\dot{I}_{\mathrm{il}}||\sin\beta z|\end{aligned}\right\} \tag{6.45}$$

若$\dot{U}_{\mathrm{il}}=|\dot{U}_{\mathrm{il}}|\mathrm{e}^{\mathrm{j}\varphi_1}$,则沿线电压、电流的瞬时值表示式为

$$\left.\begin{aligned}u(z,t)&=\mathrm{Re}[\dot{U}(z)\mathrm{e}^{\mathrm{j}\omega t}]=2|\dot{U}_{\mathrm{il}}|\cos\beta z\cos(\omega t+\varphi_1)\\i(z,t)&=\mathrm{Re}[\dot{I}(z)\mathrm{e}^{\mathrm{j}\omega t}]=2|\dot{I}|\sin\beta z\cos(\omega t+\varphi_1+\frac{\pi}{2})\end{aligned}\right\} \tag{6.46}$$

将$Z_{\mathrm{l}}=\infty$代入式(6.24),得到开路线的输入阻抗为

$$Z_{\mathrm{in\,oc}}(z)=-\mathrm{j}Z_{\mathrm{c}}\cot\beta z \tag{6.47}$$

开路线沿线电压、电流振幅变化曲线和阻抗变化曲线如图 6.11(b)(c)所示。其变化规律类似短路线的特性曲线。电压、电流曲线的主要区别是终端为电压波腹和电流波节,沿线$z=n\lambda/2$处$(n=0,1,2,\cdots)$为电压波腹和电流波节;而$z=(2n+1)\lambda/4$处为电压波节和电流波腹,阻抗变化曲线的主要区别是开路线长度等于$(2n+1)\lambda/4$时,输入阻抗为零,等效为一串联谐振回路;长度等于$n\lambda/2$时,输入阻抗为无穷大,等效为一并联谐振回路。长度在$0<z<\lambda/4$范围内等效为一电容;长度在$\lambda/4<z<\lambda/2$范围内等效为一电感,其余类推。

比较图 6.10 和图 6.11 可以看出,开路线和短路线各种对应的特性曲线之间相位相差$\pi/2$,坐标相差$\lambda/4$。因此,只要将开路线终端延长$\lambda/4$之后短路,则开路线的全部特性曲线可由短路线的特性曲线得到,如图 6.11 中的虚线表示。

开路线和短路线上电压、电流呈驻波分布,表示开路线和短路线只储存能量而不传输能量;而且适当长度的开路线或短路线可等效为串联或并联谐振回路、电感或电容。因此它们被广泛地用来作为谐振元件或电抗元件。

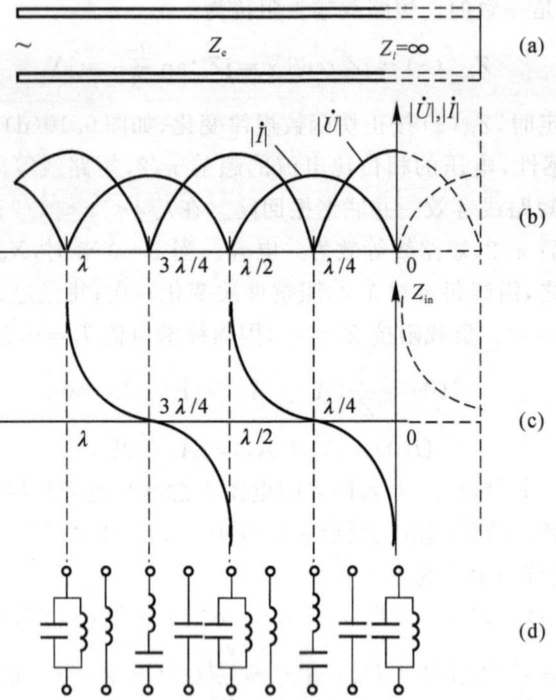

图 6.11　长线终端开路时电压、电流及阻抗的分布

(a) 长线终端开路；(b) 电压电流的振幅分布；(c) 阻抗变化曲线；(d) 不同长度的开路线对应的等效电路

(3) 终端接纯电抗负载 $Z_l=\pm jX_l$。均匀无耗长线终端接纯电抗负载 $Z_l=\pm jX_l$ 时，因负载不消耗能量，终端仍将产生全反射，入射波与反射波幅度相等，迭加结果，终端既不是波腹也不是波节，但沿线仍呈驻波分布。将 $Z_l=\pm jX_l$ 代入式(6.36)，便得到终端电压反射系数为

$$\Gamma_l=\frac{Z_l-Z_c}{Z_l+Z_c}=\frac{\pm jX_l-Z_c}{\pm jX_l+Z_c}=|\ \Gamma_l\ |\ e^{j\varphi_l} \tag{6.48}$$

式中，$|\ \Gamma_l\ |=1$，$\varphi_l=\operatorname{arcot}\left(\dfrac{\pm 2X_lZ_c}{X_l^2-Z_c^2}\right)$。

1) 负载为纯感抗 $Z_l=jX_l$。此感抗可用一段特性阻抗为 Z_c，长度为 l_0($l_0<\lambda/4$) 的短路线等效，如图 6.12(a) 中的虚线所示。长度 l_0 由下式确定，因

$$X_l=Z_c\tan\frac{2\pi}{\lambda}l_0$$

故

$$l_0=\frac{\lambda}{2\pi}\operatorname{arcot}\frac{X_l}{Z_c}$$

因此，长度为 l 终端接感性负载的长线，沿线电压、电流及阻抗的变化规律与长度为 $l+l_0$ 的短路线上对应段的变化规律一致，距终端最近的电压波节点在 $\lambda/4<z<\lambda/2$ 的范围内，距终端最近的电压波腹点在 $0<z<\lambda/4$ 的范围内。

2) 负载为纯容抗 $Z_l=-jX_l$。此容抗同样可用一段特性阻抗为 Z_c 长度为 l_0($\lambda/4<l_0<\lambda/2$) 的短路线等效，如图 6.12(b) 中的虚线所示。l_0 由下式确定

$$l_0=\frac{\lambda}{2\pi}\operatorname{arcot}\left(-\frac{X_l}{Z_c}\right) \tag{6.49}$$

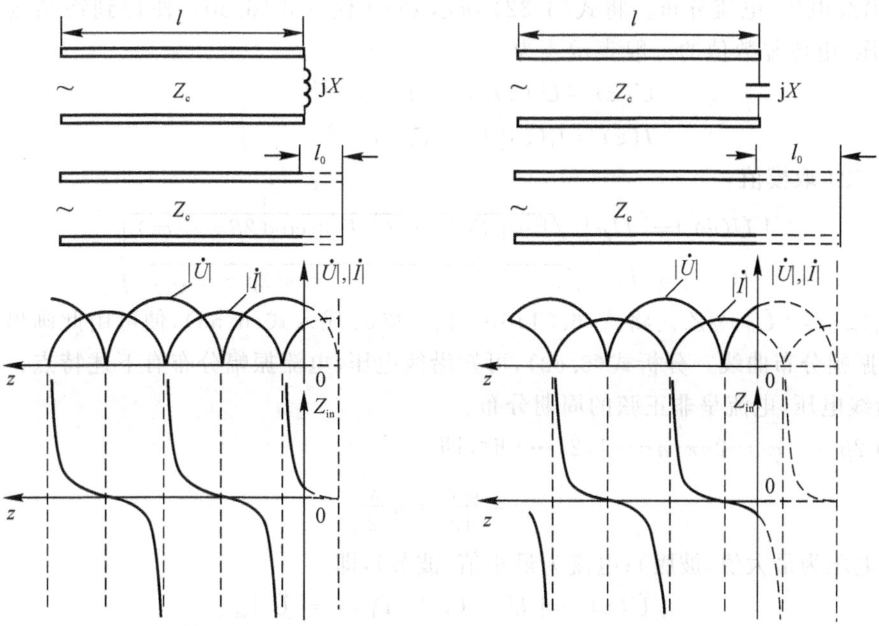

图 6.12　终端接线电抗负载时电压、电流及阻抗的分布

(a) 终端接感性负载；(b) 终端接容性负载

因此，长度为 l 终端接容性负载的长线，沿线电压、电流及阻抗的变化规律与长度为 $l+l_0$ 的短路线上对应段的变化规律完全一致，距终端最近的电压波节点在 $0<z<\lambda/2$ 范围内，距终端最近的电压波腹点在 $\lambda/4<z<\lambda/2$ 范围内。

综上所述，均匀无耗长线终端无论是短路、开路或是接纯电抗负载，终端均产生全反射，沿线电压、电流呈驻波分布，其特点如下：① 驻波波腹值为入射波幅值的两倍，波节值等于零。短路线终端为电压波节、电流波腹；开始线终端为电压波腹、电流波节；接纯电抗负载时，终端处既非波腹也非波节。② 沿线同一位置的电压、电流之间相位相差 $\pi/2$，所以驻波状态只有能量储存并无能量的传输。

3. 行驻波状态

当均匀无耗长线终端接任意负载时，即 $Z_l=R+\mathrm{j}X$ 时，此时线上既有行波又有驻波，长线工作于行驻波状态。终端电压反射系数为

$$\Gamma_l=\frac{Z_l-Z_c}{Z_l+Z_c}=\frac{(R+\mathrm{j}X)-Z_c}{(R+\mathrm{j}X)+Z_c}=\frac{R^2-Z_c+X^2}{(R+Z_c)^2+X^2}+\mathrm{j}\frac{2XZ_c}{(R+Z_c)^2+X^2}= \qquad (6.50)$$

$$\Gamma'_l+\mathrm{j}\Gamma''_l=|\Gamma_l|\mathrm{e}^{\mathrm{j}\varphi_l}$$

式中，反射系数的模和相角分别为

$$|\Gamma_l|=\sqrt{\frac{(R-Z_c)^2+X^2}{(R+Z_c)^2+X^2}},\quad \varphi_l=\mathrm{arcot}\frac{2XZ_c}{R^2+Z^2-Z_c^2} \qquad (6.51)$$

模 $|\Gamma_l|<1$ 表明反射波幅度小于入射波幅度，入射波功率仅部分被负载吸收，线上既有行波又有驻波，行波与驻波的相对大小决定于负载与线的失配程度。

(1) 沿线电压、电流分布。将式(6.32) 所示 $\Gamma(z)$ 代入式(6.30)，便得到终端接任意负载时沿线电压、电流复数值的一般表示式为

$$\left.\begin{aligned}\dot{U}(z)&=\dot{U}_{\mathrm{i}}(z)\left[1+|\Gamma_{1}|\mathrm{e}^{-\mathrm{j}(2\beta z-\varphi_{1})}\right]\\ \dot{I}(z)&=\dot{I}_{\mathrm{i}}(z)\left[1-|\Gamma_{1}|\mathrm{e}^{-\mathrm{j}(2\beta z-\varphi_{1})}\right]\end{aligned}\right\}\tag{6.52}$$

式(6.52) 取模值

$$\left.\begin{aligned}|\dot{U}(z)|&=|\dot{U}_{\mathrm{il}}|\sqrt{1+|\Gamma_{1}|^{2}+2|\Gamma_{1}|\cos(2\beta z-\varphi_{1})}\\ |\dot{I}(z)|&=|\dot{I}_{\mathrm{il}}|\sqrt{1+|\Gamma_{1}|^{2}-2|\Gamma_{1}|\cos(2\beta z-\varphi_{1})}\end{aligned}\right\}\tag{6.53}$$

式中，$|\dot{I}_{\mathrm{il}}(z)|=|\dot{U}_{\mathrm{il}}|/Z_{\mathrm{c}}$。将式(6.51) 中 $|\Gamma_1|$ 及 φ_1 代入式(6.53)，便可由此画出沿线电压及电流的振幅分布曲线。分析式(6.53)，可知沿线电压、电流振幅分布有下述特点：

1) 沿线电压、电流呈非正弦的周期分布。

2) 当 $2\beta z-\varphi_1=2n\pi(n=01,2,\cdots)$ 时，即

$$z=\frac{\varphi_{1}\lambda}{4\pi}+n\frac{\lambda}{2}\tag{6.54}$$

此时电压为最大值(波腹)；电流为最小值(波节)，即

$$\begin{aligned}|\dot{U}(z)|&=|\dot{U}_{\mathrm{il}}|(1+|\Gamma_{1}|)=|\dot{U}|_{\max}\\ |\dot{I}(z)|&=|\dot{I}_{\mathrm{il}}|(1-|\Gamma_{1}|)=|\dot{I}|_{\min}\end{aligned}\tag{6.55}$$

可见 $|\dot{U}_{\mathrm{il}}|<|\dot{U}|_{\max}<|2\dot{U}_{\mathrm{il}}|$，$0<|\dot{I}|_{\min}<|\dot{I}_{\mathrm{il}}|$。

3) 当 $2\beta z-\varphi_1=(2n+1)\pi$ 时，即

$$z=\frac{\varphi_{1}\lambda}{4\pi}+(2n+1)\frac{\lambda}{4}$$

此时，电压为最小值(波节)，电流为最大值(波腹)，即

$$\begin{aligned}|\dot{U}(z)|&=|\dot{U}_{\mathrm{il}}|(1-|\Gamma_{1}|)=|\dot{U}|_{\min}\\ |\dot{I}(z)|&=|\dot{I}_{\mathrm{il}}|(1+|\Gamma_{1}|)=|\dot{I}|_{\max}\end{aligned}\tag{6.56}$$

可见 $0<|\dot{U}|_{\min}<|\dot{U}_{\mathrm{il}}|$，$|\dot{I}_{\mathrm{il}}|<|\dot{I}|_{\max}<2|\dot{I}_{\mathrm{il}}|$。

4) 当负载为纯电阻 R，且 $R>Z_{\mathrm{c}}$ 时，由式(6.50) 得到 $\Gamma'_1>0$，$\Gamma''_1=0$ 及 $\varphi_1=0$，将 φ_1 的值代入式(6.54)，得知第一个电压波腹点在终端。

当负载为纯电阻，且 $R<Z_{\mathrm{c}}$ 时，得到 $\Gamma'_1<0$，$\Gamma''_1=0$ 及 $\varphi_1=\pi$，将 φ_1 的值代入式(6.54)，得知第一个电压波腹点的坐标为 $z=\lambda/4$。

当负载为感性阻抗时，$X>0$，由式(6.50) 和式(6.51) 得到 $\Gamma'_1>0(|Z_1|>Z_{\mathrm{c}})$ 或 $\Gamma'_1<0<(|Z_1|<Z_{\mathrm{c}})$，$\Gamma''_1>0$ 及 $0<\varphi_1<\pi$。将 φ_1 的值代入式(6.54)，得知第一个电压波腹点在 $0<z<\lambda/4$ 范围内。

当负载为容性阻抗时 $X<0$，得到 $\Gamma'_1>0(|\Gamma_1|>0)$ 或 $\Gamma'_1<0(|Z_1|<Z_{\mathrm{c}})$，$\Gamma''_1<0$ 及 $\pi<\varphi_1<2\pi$，由式(6.54) 可知第一个电压波腹点在 $\lambda/4<z<\lambda/2$ 范围内。

当终端负载为上述四种情况时，沿线电压、电流的振幅分布如图 6.13 所示。图中还给出了 $\widetilde{R}$，$\widetilde{X}(Z_{\mathrm{in}}/Z_{\mathrm{c}}=\widetilde{R}+\mathrm{j}\widetilde{X})$ 随 z 的分布。

(2) 沿线阻抗变化规律。终端接一般负载阻抗时，$Z_{\mathrm{in}}(z)$ 沿线的变化规律如式(6.24) 所示，下面来分析负载阻抗为纯电阻 R 时，$Z_{\mathrm{in}}(z)$ 的关系式。式(6.24) 中用 R 替换 Z_1 得到

$$Z_{\mathrm{in}}(z)=Z_{\mathrm{c}}\frac{R+\mathrm{j}Z_{\mathrm{c}}\tan\beta z}{Z_{\mathrm{c}}+\mathrm{j}R\tan\beta z}=R_{\mathrm{in}}(z)+\mathrm{j}X_{\mathrm{in}}(z)\tag{6.57}$$

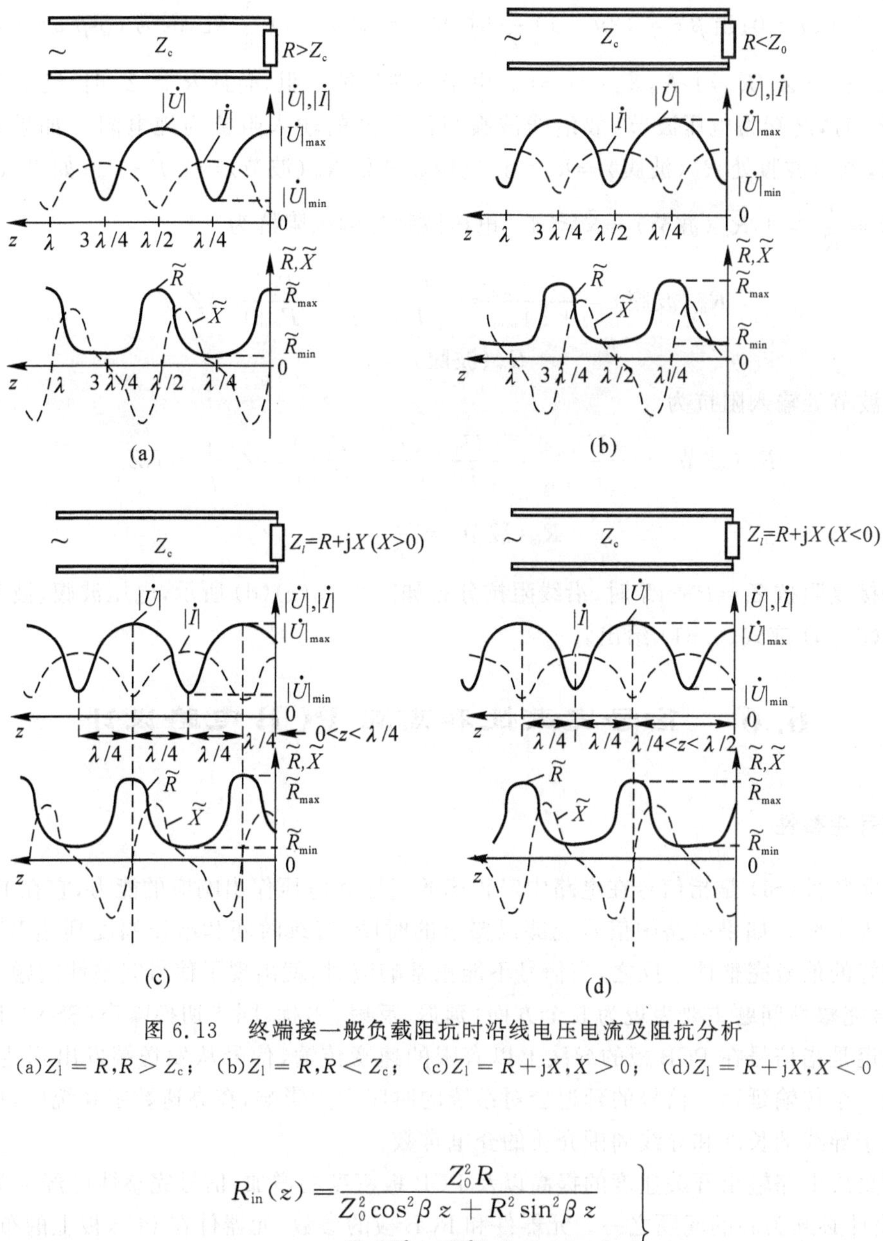

图 6.13　终端接一般负载阻抗时沿线电压电流及阻抗分析

(a) $Z_l = R, R > Z_c$；(b) $Z_l = R, R < Z_c$；(c) $Z_l = R + jX, X > 0$；(d) $Z_l = R + jX, X < 0$

式中

$$\left.\begin{aligned} R_{in}(z) &= \frac{Z_0^2 R}{Z_0^2\cos^2\beta z + R^2\sin^2\beta z} \\ X_{in}(z) &= \frac{Z_c(Z_c^2 - R^2)\sin\beta z\cos\beta z}{Z_c^2\cos^2\beta z + R^2\sin^2\beta z} \end{aligned}\right\} \tag{6.58}$$

将上式归一化

$$\left.\begin{aligned} \widetilde{R}_{in}(z) &= \frac{R_{in}(z)}{Z_c} = \frac{Z_0 R}{Z_c^2\cos^2\beta z + R^2\sin^2\beta z} \\ \widetilde{X}_{in}(z) &= \frac{X_{in}(z)}{Z_c} = \frac{(Z_c^2 - R^2)\sin\beta z\cos\beta z}{Z_c^2\cos^2\beta z + R^2\sin^2\beta z} \end{aligned}\right\} \tag{6.59}$$

对式(6.59)进行分析，可得下述结论：

1) $\widetilde{R}_{in}(z)$ 与 $\widetilde{X}_{in}(z)$ 沿线呈周期分布，周期为 $\lambda/2$。

2) 当 $\beta z = n\pi$，即 $z = n\lambda/2$ 处 $(n = 0, 1, 2, \cdots)$，因为 $\cos\beta z = \pm 1$，$\sin\beta z = 0$，故 $\widetilde{R}_{in}(z) =$

$R/Z_c = \widetilde{R}$，$\widetilde{X}_{in}(z)=0$；当 $\beta z=(2n+1)\dfrac{\pi}{2}$ 时，即 $z=(2n+1)\dfrac{\lambda}{4}$ 处，因为 $\cos\beta z=0$，$\sin\beta z=\pm 1$，故 $\widetilde{R}_{in}(z)=Z_c/R=1/\widetilde{R}$，$\widetilde{X}_{in}(z)=0$。由于终端为纯电阻，而且 $R>Z_c$ 时，终端为电压波腹；$R<Z_c$ 时，终端为电压波节，故沿线波腹与波节处的输入阻抗为纯电阻。如果 $\widetilde{R}_{in}(z)=R/Z_c>1$，电压波腹处 $\widetilde{R}_{in}(\text{波腹})=\widetilde{R}>1$，电压波节处 $\widetilde{R}_{in}(\text{波节})=1/\widetilde{R}<1$；如果 $\widetilde{R}<1$，则 $\widetilde{R}_{in}(\text{波腹})=\dfrac{1}{\widetilde{R}}>1$，$\widetilde{R}_{in}(\text{波节})=\widetilde{R}<1$。电压波腹处输入阻抗为

$$R_{in}(\text{波腹})=\frac{|\dot{U}|_{max}}{|\dot{I}|_{min}}=\frac{|\dot{U}_{il}|(1+|\Gamma_l|)}{|\dot{I}_{il}|(1-|\Gamma_l|)}=Z_c\rho$$

$$\widetilde{R}_{in}(\text{波腹})=\rho \tag{6.60}$$

电压波节处输入阻抗为

$$R_{in}(\text{波节})=\frac{|\dot{U}|_{min}}{|\dot{I}|_{max}}=\frac{|\dot{U}_{il}|(1-|\Gamma_l|)}{|\dot{I}_{il}|(1+|\Gamma_l|)}=Z_c\frac{1}{\rho}=KZ_c$$

$$\widetilde{R}_{in}(\text{波节})=\frac{1}{\rho}=K \tag{6.61}$$

终端接复阻抗 $Z_l=R+jX$ 时，沿线阻抗分布如图 6.13(c)(d) 所示，电压波腹、波节处的阻抗仍由式(6.60) 或式(6.61) 给出。

6.6　信号完整性和高速 PCB 电路设计

1. 信号完整性

信号完整性(SI) 是指信号在电路中以正确的时序和电压作出响应的能力，它在 PCB 电路中显得尤为重要。如果电路中信号能够以要求的时序、持续时间和电压幅度到达 IC，则该电路具有较好的信号完整性。反之，当信号不能正常响应时，就出现了信号完整性问题。从广义上讲，信号完整性问题主要表现为 5 个方面：延迟、反射、串扰、同步切换噪声(SSN) 和电磁兼容性。延迟是指信号在 PCB 板的导线上以有限的速度传输，信号从发送端发出到达接收端，其间存在一个传输延迟。信号的延迟会对系统的时序产生影响，在高速数字系统中，传输延迟主要取决于导线的长度和导线周围介质的介电常数。

随着集成电路输出开关速度的提高以及 PCB 板密度的增加，信号完整性已经成为高速数字 PCB 设计必须关心的问题之一。元器件和 PCB 板的参数、元器件在 PCB 板上的布局、高速信号的布线等因素，都会引起信号完整性问题，导致系统工作不稳定，甚至完全不工作。如何在 PCB 板的设计过程中充分考虑到信号完整性的因素，并采取有效的控制措施，已经成为当今 PCB 设计业界中的一个热门课题。

对于频率较低的短线来说，传输线输入端的电压和电流与输出端的电压和电流几乎是相同的。但对于频率很高的长线来说，PCB 板上的连接导线将极大地影响信号传输。什么时候传输线的连接导线没有问题呢？这一节就是要致力于得到这个问题的答案。此外，还要研究消除导线对信号传输质量的影响的方法。所有这些都属于信号完整性的范畴。信号完整性就是保证传输线输入端和输出端的信号波形相同或近似相同。传输线使信号从一端传输到另一端。其中至关重要的是信号不被传输线所恶化。

传输线的一个重要影响是造成信号从一端传输到另一端的时延。电流和电压通过传输线所需要的时间由时延给出可传输线的总长度除以信号传播的速度得出。

对于如图 6.1(a) 所示的平行线传输线，假设导线周围为自由空间（实际导线周围具有介质绝缘层，但这里忽略这一点）。沿传输线传播的电压和电流的传播速度为 $v_0 = 1/\sqrt{\mu_0 \varepsilon_0} \cong 3 \times 10^8$ m/s。所以，自由空间（基本上指空气）中的时延为 3.33 ns/m。对于如图 6.1(c) 所示的同轴电缆，内部填充电介质，所以传播速度相对于自由空间中的速度降低为 $v = 1/\sqrt{\mu_0 \varepsilon_0 \varepsilon_r \mu_r} = v_0/\sqrt{\varepsilon_r}$，可以发现电介质是非铁磁性的，所以 $\mu_r = 1$。填充特氟纶（$\varepsilon_r = 2.1$）的同轴电缆的传输速度为 $v = 2.07 \times 10^8$ m/s，所以时延为 4.8 ns/m。在如图 6.14 所示的连接盘情况下，用于构成 PCB 的玻璃环氧树脂（FR－4）的 $\varepsilon_r = 4.7$，所以时延为 7.2 ns/m。在如图 6.1(a) 所示的微带线和如图 6.14 所示的 PCB 的情况下，由于围绕连接盘的电场部分位于空气中，部分位于电介质中，所以传播速度的计算很复杂。通过计算空气的相对介电常数 $\varepsilon_r = 1$ 和玻璃环氧树脂的介电常数 $\varepsilon_r = 4.7$ 的平均值 $\varepsilon'_r = ((1 + 4.7/2)) = 2.85$ 来求得有效介电常数，就可以估算出传播速度。所以在这些结构中的传播速度近似为 $v = v_0/\sqrt{\varepsilon'_r} = 1.777 \times 10^8$ m/s。因此，在这些结构中的时延为 5.6 ns/m。除非现在时钟的上升 / 下降时间达到皮秒数量级（1 ns = 1 000 ps ～ 500 ps 或者更低），否则，这些时延看上去是没有影响的。由于相互连接产生的时延没有什么影响。但是现在和将来互连线的时延都必须要考虑。

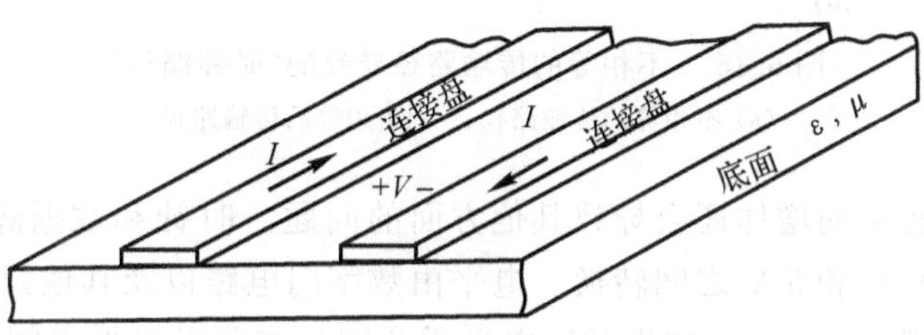

图 6.14　曲型印制电路板（PCB）结构

由互连线产生的另一个问题是反射。传输线的一个重要参数是它的特性阻抗 Z_c。对一根典型的同轴电缆 RG58U，它的特性阻抗为 5 Ω。正如前面所讨论的，如果 $Z_l = Z_c$，那么，在负载端就不会发生反射，而如果传输线不匹配，也就是说，$Z_l \neq Z_c$，那么将有部分反射波信号反射回源端，使信号波形发生畸变，甚至出现信号的过冲和下冲。信号如果在传输线上来回反射，就会产生振铃和环绕振荡。这种不匹配传输线上的反射现象是导致信号完整性降级的主要因素，可以采取相应的匹配措施加以消除。

由于 PCB 板上的任何两个器件或导线之间都存在互容和互感，当一个器件或一根导线上的信号发生变化时，其变化会通过互容和互感影响其他器件或导线，即串扰。串扰的强度取决于器件及导线的几何尺寸和相互距离。当 PCB 板上的众多数字信号同步进行切换时（如 CPU 的数据总线、地址总线等），由于电源线和地线上存在阻抗，会产生同步切换噪声，在地线上还会出现地平面反弹噪声（简称地弹）。SSN 和地弹的强度也取决于集成电路的 IO 特性、PCB 板电源层和地平面层的阻抗以及高速器件在 PCB 板上的布局和布线方式。

2. 高速 PCB 电路设计

随着计算机技术的发展，数字系统中的时钟速度在不断地增加，目前 PC 的时钟频率已达到 3 GHz,数字数据转换率也在不断提高。当然随着时延达到脉冲上升/下降时间的变化,通过连接盘传输的时延已成为系统总时间预算中的一个关键因素。在时延中存在诸多问题,而时钟偏移便是其中之一。如图 6.15 所示为时钟馈给的两种典型模块。在图 6.15(a) 中,到达模块 1 的时延为 TD1+TD2,到达模块 2 的总时延为 TD1+TD2+TD3,这是由于其连接线较长,所以比到达模块 1 的时延长。因此,从每一模块来看,时移在时间上是彼此相关的,这就是所提到的时钟偏移。而在图 6.15(b) 中,到达模块 1 的时延和到达模块 2 的总时延是相等的。

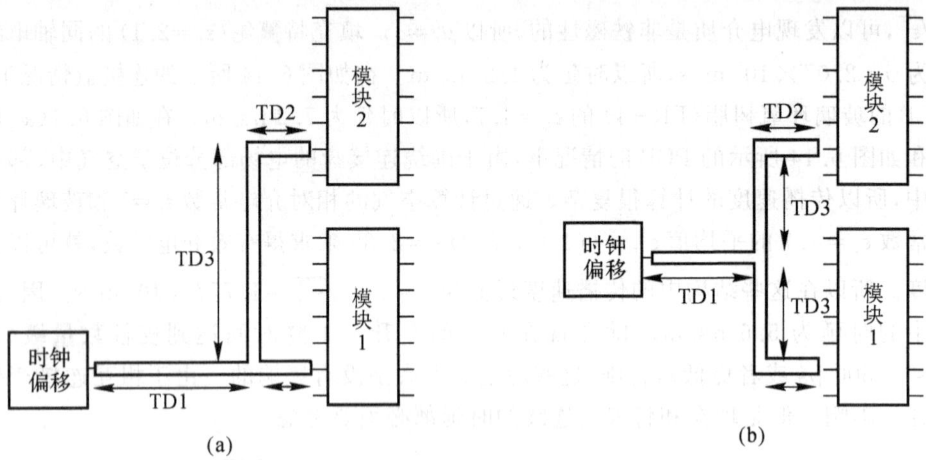

图 6.15　不相等的传输路径导致的“时钟偏移”

(a) 不相等的传输路径; (b) 相等的传输路径

此外,信号传输速率的增加还会导致其他方面的问题。时钟和数据脉冲均以梯形脉冲的形式进行转换,如在 0 V 和 5 V 之间转换。电平由数字门电路以及其他设备的制造商提供,其中,保证脉冲假设为逻辑 1 和 0。如果脉冲电平无意间落在逻辑电平之间,那么数据就不能被正确地表示。术语“信号完整性”就是指保证一个数字脉冲通过一对连接盘传输时,能够以要求的电平及波形到达接收器。也就是说,理想的情况是让传输线没有问题。不匹配传输线之所以会导致波形的畸变是由于在不匹配负载处反射造成的。而且,无论何时,只要传输线的横截面尺寸发生改变,传输线的特性阻抗就会发生改变,因此,会在不连续面上产生反射。这些连接盘往往通过过孔从一层转到另一层。过孔即 PCB 上从一层到另一层之间的连接孔,用于连接相应层上的连接盘。显然,通过过孔从一层传输到另一层的信号将会遇到不连续面,因此特性阻抗会发生改变。

3. PCB 设计过程中的 SI 设计准则

同其他的电子设备一样,PCB 也有电磁兼容性问题,其产生也主要与 PCB 板的布局和布线方式有关。关于布线、拓扑结构和端接方式,通常可以从 CPU 制造商那里获得大量建议,在设计开始之前,必须先行思考并确定设计策略,这样才能指导诸如元器件的选择、工艺选择和电路板生产成本控制等工作。就 SI 而言,要预先进行调研以形成规划或者设计准则,从而确保设计结果不出现明显的 SI 问题、串扰或者时序问题。

在实际布线之前,首先要解决下列问题,在多数情况下,这些问题会影响正在设计的电路板,电路板的数量越大,这项工作就越有价值。

(1) 电路板的层叠。某些项目组对 PCB 层数的确定有很大的自主权，而另外一些项目组却没有这种自主权，因此，了解你所处的位置很重要。事先可以确定电路板的一些参数，如预期的制造公差是多少？在电路板上预期的绝缘常数是多少？线宽和间距的允许误差是多少？接地层和信号层的厚度和间距的允许误差是多少？所有这些信息应该在设计前确定。有了上述数据，就可以选择层叠了。注意，几乎每一个插入其他电路板或者背板的 PCB 都有厚度要求，而且多数电路板制造商对其可制造的不同类型的层都有固定的厚度要求，这将会极大地约束最终层叠的数目。在信号完整的理想情况下，所有高速节点应该布线在阻抗控制内层(例如带状线)，但是实际上，工程师必须经常使用外层进行所有或者部分高速节点的布线。要使 SI 最佳并保持电路板去耦，就应该尽可能将接地层 / 电源层成对布放。如果只能有一对接地层 / 电源层或如果根本就没有电源层，在设计时必须考虑 SI 问题。

(2) 串扰和阻抗控制。来自邻近信号线的耦合将导致串扰并改变信号线的阻抗。相邻平行信号线的耦合分析可能决定信号线之间或者各类信号线之间的“安全”或预期间距(或者平行布线长度)。如果要将时钟到数据信号节点的串扰限制在 100 mV 以内，却要信号走线保持平行，就可以通过计算或仿真，找到在任何给定布线层上信号之间的最小允许间距。同时，如果设计中包含阻抗重要的节点(或者是时钟或者专用高速内存架构)，就必须将布线放置在一层(或若干层)上以得到想要的阻抗。

(3) 重要的高速节点。延迟和时延是时钟布线必须考虑的关键因素。因为时序要求严格，这种节点通常必须采用端接器件才能达到最佳 SI 质量。要预先确定这些节点，同时将调节元器件放置和布线所需要的时间加以计划，以便调整信号完整性设计的指标。

(4) 技术选择。有些问题必须事先充分考虑。信号是点对点的还是一点对多抽头的？信号是从电路板输出还是留在相同的电路板上？允许的时延和噪声是多少？作为信号完整性设计的通用准则，转换速度越慢，信号完整性越好。在新型 FPGA 可编程技术或者用户定义 ASIC 中，可以找到驱动技术的优越性。采用这些定制(或者半定制)器件，你就有很大的余地选定驱动幅度和速度。设计初期，要满足 FPGA(或 ASIC)设计时间的要求并确定恰当的输出选择，如果可能的话，还要包括引脚选择。在这个设计阶段，要从 IC 供应商那里获得合适的仿真模型。为了有效地覆盖 SI 仿真，还需要一个 SI 仿真程序和相应的仿真模型(可能是 IBIS 模型)。最后，在预布线和布线阶段应该建立一系列设计指南，它们包括目标层阻抗、布线间距、倾向采用的器件工艺、重要节点拓扑和端接规划。

(5) 预布线阶段。预布线 SI 规划的基本过程是首先定义输入参数范围(驱动幅度、阻抗、跟踪速度)和可能的拓扑范围(最小 / 最大长度、短线长度等)，然后运行每一个可能的仿真组合，分析时序和 SI 仿真结果，最后找到可以接受的数值范围。接着，将工作范围解释为 PCB 布线的布线约束条件。可以采用不同软件工具执行这种类型的“清扫”准备工作，布线程序能够自动处理这类布线约束条件。对多数用户而言，时序信息实际上比 SI 结果更为重要，互连仿真的结果可以改变布线，从而调整信号通路的时序。在其他应用中，这个过程可以用来确定与系统时序指标不兼容的引脚或者器件的布局。此时，有可能完全确定需要手工布线的节点或者不需要端接的节点。对于可编程器件和 ASIC 来说，此时还可以调整输出驱动的选择，以便改进 SI 设计或避免采用离散端接器件。

(6) 布线后 SI 仿真。一般来说，SI 设计指导规则很难保证实际布线完成之后不出现 SI 或时序问题。即使设计是在指南的引导下进行。布线后 SI 仿真检查将允许有计划地打破(或者改变）设计规则，但是这只是出于成本考虑或者严格的布线要求下所做的必要工作。现在，采用SI仿真引擎，完全可以仿真高速数字PCB(甚至是多板系统)，自动屏蔽SI问题并生成精确的“引脚到引脚”延迟参数。只要输入信号足够好，仿真结果也会一样好。这使得器件模型和电路板制造参数的精确性成为决定仿真结果的关键因素。

(7) 后制造阶段采取上述措施可以确保电路板的SI设计品质，在电路板装配完成之后，仍然有必要将电路板放在测试平台上，利用示波器或者TDR(时域反射计)测量，将真实电路板和仿真预期结果进行比较。这些测量数据可以帮助改进模型和制造参数，以便在下一次预设计调研工作中做出更佳的(更少的约束条件)决策。

(8) 模型的选择对于进行静态时序验证来说，尽管从器件数据表可以获得所有的数据，要建立一个模型仍然很困难。而SI仿真模型正好相反，模型的建立容易，但是模型数据却很难获得。本质上，SI模型数据唯一的可靠来源是IC供应商，他们必须与设计工程师保持默契的配合。

习　题　6

1. 简述长线和短线的概念。
2. 传输线的三种工作状态是什么？
3. 传输线负载阻抗与特性阻抗不等时，会产生什么现象？
4. 什么是信号的完整性？
5. 影响信号完整性的因素有哪些？
6. PCB设计过程中的SI设计准则有哪些？
7. PCB设计中如何解决高速布线与EMI的冲突？

第7章　电磁兼容性分析与设计

电磁兼容性分析的实质是对电子系统进行电磁干扰的预测与分析。因此，电磁兼容性分析也可以称为电磁干扰预测。它是实现设备和系统电磁兼容性的必要步骤，是进行电磁兼容性设计的主要依据。

对系统进行 EMC 分析或电磁干扰预测的基本思想如下：

(1) 分析设计系统内的主要干扰源、耦合通道和敏感体，并分别建立起数学模型。

(2) 选择一个敏感体。

(3) 选择一个干扰源。

(4) 确定这个干扰源有通过所有耦合途径传输到敏感体的能量。

(5) 对每个干扰源重复第(4)步。

(6) 对每个敏感体重复第(3)(4)(5)步。

(7) 对输入全部数据进行计算。

(8) 系统总体设计人员根据计算结果对有关部位进行方案修改，并重新进行分析预测，直至找出最佳的设计方案。

本章主要介绍如何进行电磁兼容性分析，其中包括干扰预测方程、数学模型的建立方法、预测顺序与方法，以及若干计算机预测程序。

7.1　干扰预测方程

衡量单个干扰发射器和单个干扰接收器之间的潜在干扰程度，可通过将接收器输入端的有效干扰功率值与敏感度门限相比较来确定。

在敏感设备处的有效干扰功率 P_I 为

$$P_I(f,t,d,p)=P_T(f,t)-L_P(f,t,d,p) \tag{7.1}$$

式中，P_I 是频率 f、时间 t、间距 d 和收发天线的相对方向 p 的函数，单位为 dBm；P_T 是发射器输出的干扰功率(dBm)；L_P 是发射器与接收器之间的传输损耗(dB)。敏感度门限 P_S 与出现在关键测试点或信号线上的有效干扰功率 P_I 之差定义为电磁干扰安全裕度 IM，即

$$IM(f,t,d,p)=P_S(f,t)-P_I(f,t,d,p) \tag{7.2}$$

如果 $IM<0$，即 $P_I>P_S$，则表示存在潜在干扰。反之，$IM>0$，即 $P_I<P_S$，则表示能兼容工作。$IM=0$ 时，则表示处于临界状态。

一般情况下，有

$$\begin{aligned}IM(f,t,d,p)=&P_S(f_R,t)+C_F(B_T,B_R,\Delta f)-P_T(f_T,t)-G_T(f_T,t,d,p)+\\&L_P(f_T,t,d,p)-G_R(f_T,t,d,p)\end{aligned} \tag{7.3}$$

式中，P_S 为接收器在响应频率 f_R 的敏感度门限(dBm)；C_F 为计入发射机带宽 B_T、接收机带宽 B_R 以及发射器发射与接收器接收响应之间的频率间隔 Δf 的校正系数(dB)；P_T 为频率为 f_T

的发射功率(dBm);G_T 为发射天线在频率 f_T 和接收天线方向上的增益(dB),L_P 为传输损耗(dB);G_R 为接收天线在频率 f_T 和发射天线方向上的增益(dB)。

式(7.1)和式(7.2)称为干扰预测方程。它们是等价的,适用于各类干扰预测问题。

7.2 数学模型

无论是复杂或简单的电子系统,从电磁干扰预测的角度考虑,都可归结为干扰源(发射器)、传输函数(耦合模型)和敏感设备(接收器)三个基本要素。电磁干扰的计算机预测的基本思想是用数学定量关系式表达上述三要素,即根据理论和实验建立它们的数学模型,然后,将其干扰源模型、传输函数模型和敏感设备模型按一定要求组合后,借助计算机软件模拟特定的电磁环境,并获得各种潜在电磁干扰的计算结果,从而判断干扰源发射的电磁能量是否会影响敏感设备、系统能否兼容地工作。所以实现电磁干扰的计算机预测的关键是如何正确建立干扰源、传输函数和敏感设备的数学模型。

下面将特别讨论干扰源、传输函数和敏感设备模型的建立方法。

1. 干扰源模型

干扰源模型又称发射器模型。描述干扰源的参数既可以是干扰源的时域特性,也可以是干扰源的频域特性。以时域或频域特性描述的源模型分别称为时域模型和频域模型。显然,频域模型更为精确地描述了干扰的发射频谱。

按照干扰的传输特性,源模型可分为传导源和辐射源两类。传导源模型是以电压源或电流源模型表示的。电压或电流源模型有:单频(连续波)电压或电流与梯形脉冲序列电压或电流、阶跃电流或电压、梯形单脉冲电压或电流和以频谱密度数据构成的电压或电流。上述各种电压或电流源,均可用两个或多个不同阶段、不同截止频率的滤波器的乘积来修正,这就使构造不同的频谱的源模型很灵活方便。辐射源模型是以电磁场源来表示的。建立辐射源模型较为复杂,除了最简单的电偶极子和磁偶极子模型外,一般难以给出通用的模型形式。

在无线电设备系统中,发射机的主要功能是产生规定频段内含有所需信息的功率辐射。但发射机除了产生所希望的功率外,还产生若干杂散频率上的发射。发射机产生的需要和不需要的发射功率都可能对接收机产生干扰。因此,发射机模型包括基波发射、谐波发射、非谐波(杂波)发射、发射机宽带噪声发射和互调干扰信号。这些可以用发射功率谱来表述。

2. 传输函数模型

传输函数模型又称耦合模型。它主要描述导线与导线、天线与天线、机壳与机壳之间或者它们相互之间耦合的情况。干扰源模型输出的电压、电流或电场、磁场的干扰频谱通过传输函数就转换为敏感设备输入端电压频谱。

电磁干扰的传输型式有传导干扰耦合和辐射干扰耦合两种。传导干扰耦合大多发生在导线与导线、机壳与导线之间。辐射干扰是发生在天线与天线之间的耦合,但机壳上的缝隙和其他类型的不连续性均构成缝隙天线,因而机壳与机壳之间、机壳与天线之间也会产生辐射干扰耦合。在涉及天线间的耦合模型中,既有电磁波在空间、平滑地面、丘陵、高山地区的传播,也有沿飞机、导弹、舰船等表面的近场耦合,或天线附近的障碍物(如建筑物、飞机机身、导弹弹体、舰船上建筑等）散射影响的传播等，建立传输函数模型涉及电磁场数值问题求解、电波传播理论、电工理论等，比较复杂和困难。

在建立了干扰源和敏感设备模型后，必须在全部频率范围内考虑所有可能存在的传输函数模型所产生的效果，而这些效果是可以叠加的。

3. 敏感设备模型

敏感设备模型又称接收器模型。它主要描述敏感设备对输入信号和干扰的频率响应，或者接收器的乱真、互调、镜像和谐波响应特征。由于干扰源模型和耦合模型通常都不考虑相位信息（时域参数），因此，通常要求接收器频率模型的输入应是连续频谱。例如，接收器接收到的电压峰值为 U，其数学模型可用下式表示：

$$U=\int_{f_1}^{f_2} P(f)U(f)\,\mathrm{d}f(U) \tag{7.4}$$

式中，$P(f)$ 为频率函数的灵敏度；$U(f)$ 为接收器接收到的电压频率谱密度。

在无线电设备系统中，接收机设计为在预定频段内响应于所希望的信号，然而接收机对非希望信号也会产生响应，因此接收机也是对发射机所有发射可能敏感的装置。对接收机构成潜在干扰的信号有四类：

（1）同频道干扰。这是指频率在接收机通带内的干扰信号。

（2）邻近频道干扰。这是指具有存在于或接近于接收机通带内频率分量的干扰信号。

（3）带外干扰。这是指大大超出接收机通带频率的干扰信号。

（4）互调干扰。这是指几个信号经非线性元件混合后，产生了新的频率分量。当该信号落在接收机通带内，就形成了互调干扰。产生互调干扰的条件是几个信号须同时发射足够大并符合特定的频率无关，通常，三阶互调最大。

干扰源、敏感设备和传输函数模型必须反映不同的实际情况。但是，人们只能建立他们所了解和理解的事物模型。例如，为了建立由电磁漏泄形成的干扰源模型，应该知道和了解在机壳、屏蔽体上由不良接缝、通风孔道、机门密封不良等情况逸出的电磁能量。由于缝、孔的边界形状复杂，加上干扰又是随机出现的。因此，用解析方法研究上述问题是十分困难的。这就要求在建立数学模型过程中，掌握大量数据和进行深入的研究。为此，所承担的工作量常常是巨大的。另外，数学模型是编制计算机程序的基础，所以又要求建立数学模型时考虑其实用性和可行性。经验说明，数学模型建立后必须通过实验以验证其正确性。

7.3　电磁干扰预测的基本方法与范围

系统电磁干扰预测包括系统内和系统间电磁干扰预测。系统内的电磁兼容性问题是解决系统内各分系统、设备和部件间的电磁兼容性。在这类问题中的电磁干扰是由近处的电源线上的噪声通过磁场或电场耦合或由共地源阻抗耦合到低电平的灵敏电路中，也可能是通过导线 — 导线间耦合，产生干扰的串扰。此外，机柜 — 机柜、机柜 — 电缆间的近场感应也是电磁干扰的原因。系统间的电磁兼容性问题是解决系统间的电磁兼容性。这类问题中的电磁干扰，主要是由一个系统的发射天线耦合到另一个系统的接收天线上。当要求多个系统同时工作在一个有限的空间内，例如飞机、船舰、车辆、军事基地等，则系统间电磁干扰问题尤为严重。应指出的是，系统电磁干扰的预测方法和单个设备电磁干扰的预测方法大不相同。确定单个设备的电磁干扰特性时,应考虑组成该设备的元件和电路的具体特性。但在系统间的干扰预测中,着眼点是各个设备间的相互作用。因而只须确定干扰源的输出特性和敏感设备的敏感度,不必知道设备的内部详细特性。那么,如何着手进行系统间的电磁干扰预测呢?

无论在考虑系统内或系统间干扰预测时,干扰源可能有许多个,敏感设备也可能有许多个。以通信系统为例,任何一个发射机除了基波外还输出许多杂波,如谐波、非谐波、宽带噪声等。接收机也不会只响应一个频率,还存在杂波响应。传输函数往往包括多种途径。为此,在电磁干扰预测中,通常采用逐对考虑的方式,每次选一个发射源和一个敏感设备以及一种耦合方式,这称为一对发射 — 响应对。

由于所需要考虑的发射 — 响应对的数目往往非常大,若采用一种模型去预测,则不是精度不够就是时间太长。为此,通常采用分级预测方法,即分幅度筛选、频率筛选、详细分析和性能分析四级筛选。在每级预测开始时,可利用输入函数的最简单表达式对整个问题作一快速"扫描",将明显不可能呈现电磁干扰的发射 — 响应对剔除,每一级预测可以将无干扰情况的90% 筛选,经过四级筛选后保留的问题便是问题的预测结果,如图 7.1 所示。

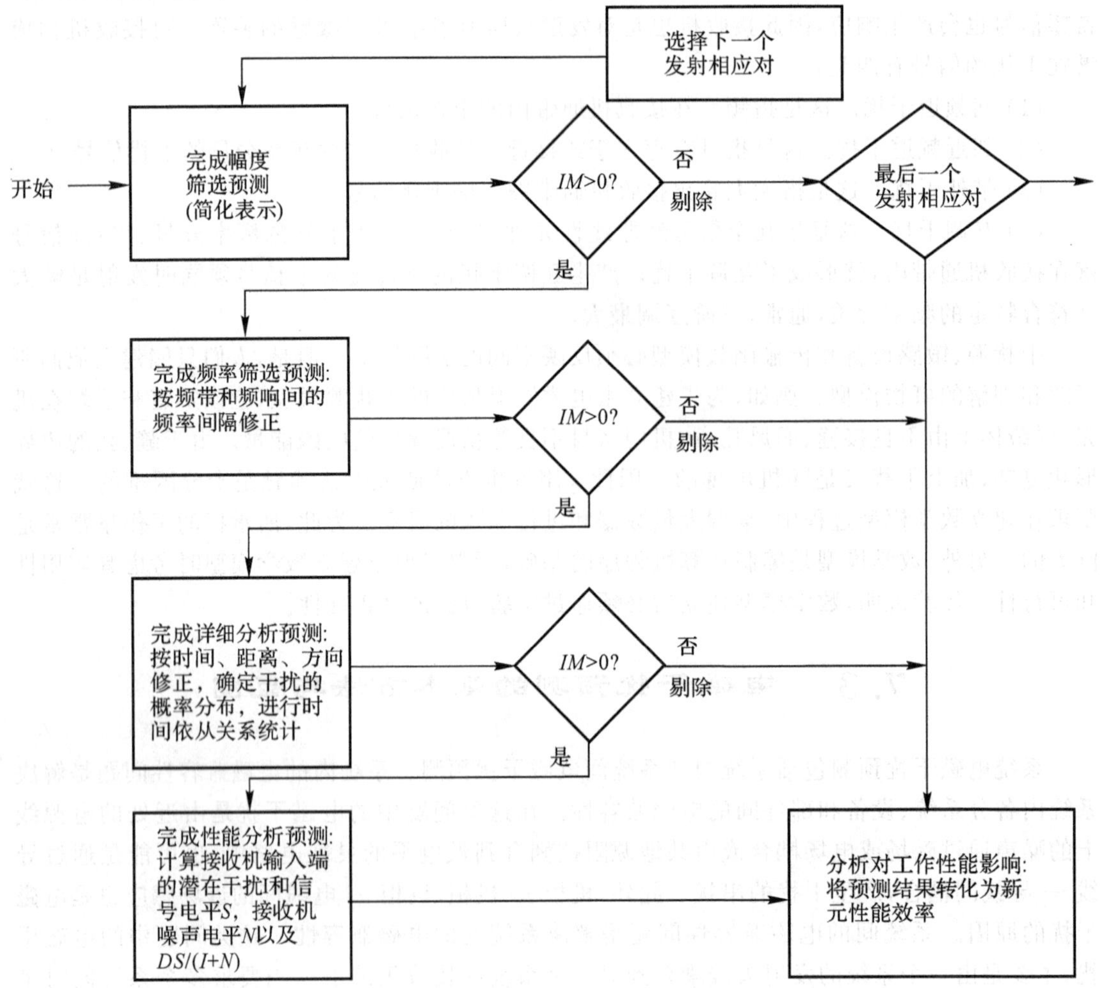

图 7.1　电磁干扰预测的四级筛选

1. 幅度筛选

幅度筛选是在待预测的发射 — 响应对数目很大的情况下，进行电磁干扰预测的第一步。采用每个输入函数的简单、合理和保守的近似式，将大量弱干扰与相当少的强干扰分离开来，这样，明显的非干扰情况将被剔除，不再作后面各级的预测，缩小了预测范围。用于实现上述要求的基本方法是计算潜在的干扰余量。此时假定传输损耗最小以及发射输出的频率和敏感设备所感应的频率是一致的。这样，敏感设备对潜在干扰提供的抑制也最小。

在幅度筛选中，完成的具体运算可由式(7.3)说明。首先，考虑发射机基波和杂波的发射功率电平 $P_T(f_E)$ 和接收机基波和杂波响应的敏感度门限电平 $P_S(f_E)$；其次，考虑天线方向性和传输损耗，但应采用简单、保守的近似式来显示时间、距离、方向对这些参数的影响。此时假设校正系数 C_F 为零。如果最终的干扰安全裕度超过预测的剔除电平，则该发射 — 响应组合保留下一步更精细的预测级别。相反，如果干扰安全裕度小于预选的剔除电平，则该发射 — 响应组合不再作进一步预测考虑。只要剔除电平选择正确，则被剔除情况的干扰的概率是很小的。

例如，对发射机和接收机之间的电磁干扰预测，幅度筛选主要考虑以下四种不同的发射 — 响应对：

(1) 基波干扰余量(FIM)。当发射基波频率输出和接收机基波响应的两者频率对准时并以无抑制的方式存在的干扰电平。

(2) 发射机干扰余量(TIM)。当发射机基波发射与接收机杂波响应的两者频率对准时存在的干扰电平。

(3) 接收机干扰余量(RIM)。当接收机基波响应与发射机杂波发射输出的两者频率对准时存在的干扰电平。

(4) 杂波干扰余量(SIM)。当发射机杂波输出与接收机杂波响应的两者频率对准时存在的干扰电平。

预测步骤首先是计算基波干扰余量电平，如果此干扰余量小于剔除电平则不需要计算其他三种情况，相反，如果基波干扰电平的干扰余量超过剔除电平，就须继续计算 TIM 和 RIM，如果这两者任一个产生的干扰余量超过剔除电平，还需要计算 SIM。

2. 频率筛选

在频率筛选阶段，通过考虑发射机的带宽和调制特性、接收机的响应带宽和选择性、发射机发射和接收机响应之间的频率间隔等因素，对幅度筛选阶段所得的干扰安全裕度进行修正，即通过式(7.3)中的校正系数 $C_F(B_T, B_R, \Delta f)$ 来修改幅度筛选的结果。如果合成干扰安全裕度仍超过剔除电平，则该发射 — 响应对将保留到详细预测阶段中进一步预测。如果合成干扰安全裕度小于剔除电平，则该发射 — 响应对可不再考虑。

频率筛选的基本概念是分析在特定发射 — 响应对之间可能存在干扰的各种概率。首先考虑在同一中心频率的发射和响应，则存在两种基本的同频率概率：

(1) 接收机带宽等于或大于发射机带宽($B_R \geqslant B_T$)，则发射机输出有关的所有功率都被接收，不需要修正 C_F。

(2) 接收机带宽小于发射机带宽($B_R < B_T$)，则仅接收与发射频谱有关的部分功率，并须

采用带宽修正 C_F。

当发射机和接收中心频率偏高时，发射机功率可通过两种其他可能途径进入接收机。发射机发射调制边带可在接收机的主响应频率进入接收机。或者，在发射机主输出频率的功率可进入接收机失谐响应。此时，均须修正 C_F。

3. 详细分析

经频率筛选后保留的发射—响应对存在很大的干扰可能性，为此，必须进一步预测。在详细预测中，应考虑那些依赖于时间、距离、方向等因素以及确定最终干扰安全裕度的概率分布，具体地讲，考虑因素包括特定传播方式、极化匹配、近场天线增益修正、多个干扰信号的综合效应、时间相关统计特性、干扰安全裕度的概率分布等。

在详细预测中，重要的是确定与干扰安全裕度有关的概率分布。干扰安全裕度的概率分布与发射机功率、天线增益、传输损耗和接收机敏感度门限有关。在详细预测中需要完成的具体步骤在很大程度上取决于所考虑的特定问题和所需求的结果。如果所有分布均为正态的，则干扰安全裕度的最终概率分布也呈对数正态分布。

4. 性能分析

性能分析的主要问题是将预测的干扰电平与性能的量度联系起来，即将预测结果转换为描述系统性能恶化的定量表达式。这就需要建立系统性能恶化的定量表达式，为此，还需要建立系统性能的数学模型。由于系统具体有很多不同的性能判据，为此，必须决定性能分析应采取哪些工作性能指标，通常采用的基本性能度量包括清晰度记数、比特误差率、分辨率、检验概率、虚警概率和方位角、经纬度、高度等误差。评定特定系统的性能有三种基本方法：

(1) 工作性能的评定以工作性能门限的概念为依据。工作性能门限基于系统所特定的信噪比（S/I），此比值表示了系统的可接受性能和不可接受性能之间的界限。这种方法是最简单的，也是应用最广的。

(2) 工作性能的评定取决于系统的基本性能，如清晰度记数、误差率、分辨率等的度量。该方法主要用于对具体信号和干扰状态的分析。

(3) 工作性能的评定是依据系统完成特定任务的能力，即系统的效果。

电磁干扰预测的范畴如图 7.2 所示。

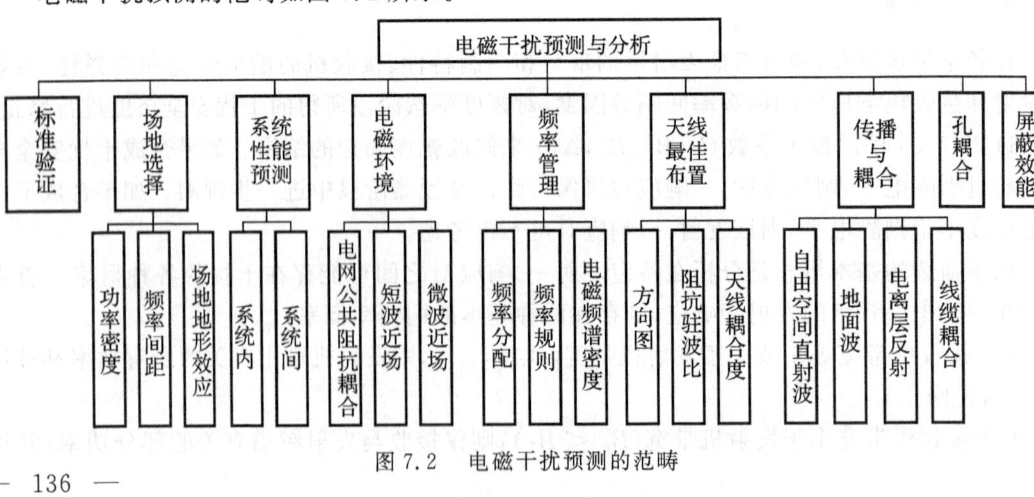

图 7.2　电磁干扰预测的范畴

7 实施电磁干扰的计算机预测分析，必须建立完善而多功能的程序库和数据库。如果预测的对象不同，则所使用的预测程序也不同。7.4～7.7 节将详细介绍五个有实用意义的电磁干扰预测程序，其中包括这些程序的功能与结构。

7.4　干扰预测程序

干扰预测程序(IPP－1)是用于分析通信系统和雷达系统电磁兼容性的一套计算机程序，可用来预测和分析拟设的或现有的发射机和接收机之间潜在的干扰情况，它为确定电磁兼容性问题的范围、验证可能解决的方法以及为工程决策提供基础。

如图 7.3 所示给出了干扰预测程序的基本结构，它由一个简短的执行程序控制的子程度包组成。主要的子程序分为两类，即准备子程序和分析子程序。准备子程序包括问题输入、数据采集、设备目录和数据综合子程序，用于提供执行分析任务所需要的数据；分析子程序包括其余所有子程序，用于执行可能需要的分析任务。下面详细介绍有关子程序的结构：

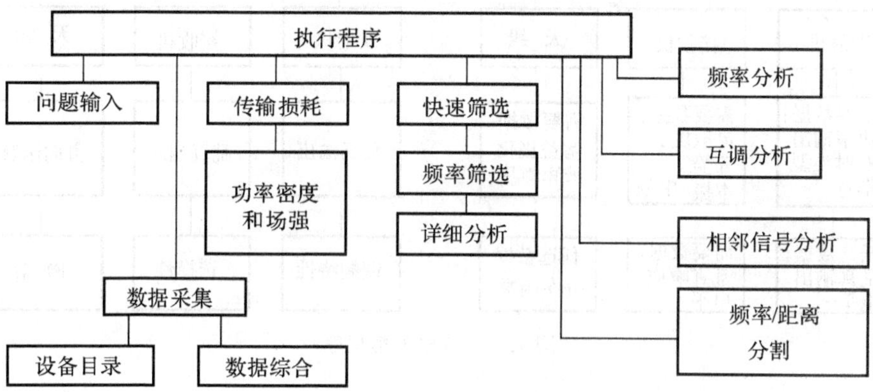

图 7.3　IPP－1 程序结构

(1) 问题输入程序(见图 7.4)的功能是提供需要的输入参数，包括发射机和接收机的名称和工作频率、天线位置和方向性等。由计算机读取输入参数，并储存在可随意存取的数组中。

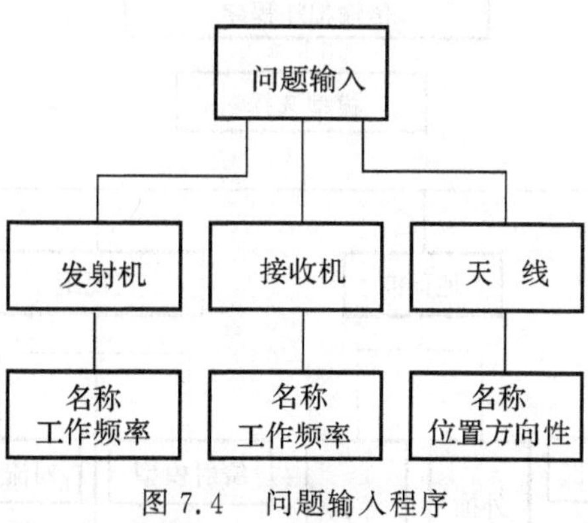

图 7.4　问题输入程序

(2) 数据采集程序提供所需的设备特性数据(见图 7.5)，它利用储存在磁带上的设备目录并以设备名义特性生成需要数据综合程序。设备目录程序中包括设备名义数据，例如名称、工作频率范围、发射机的输出功率、发射类型和发射带宽、接收机的灵敏度、带宽以及中频和本振频率、天线的形式、增益、极化和波束宽度，此外，还包括发射机乱真输出的干扰特性、接收机的选择性、乱真响应、互调的邻近频道信号干扰特性、天线的旁瓣和后瓣特性等。数据综合程序利用设备名义数据产生设备目录中未包含的发射机、接收机和天线的干扰数据，它产生的综合数据使用户能执行复杂系统的干扰分析，该复杂系统包含有尚未得到具体干扰特性资料的设备。

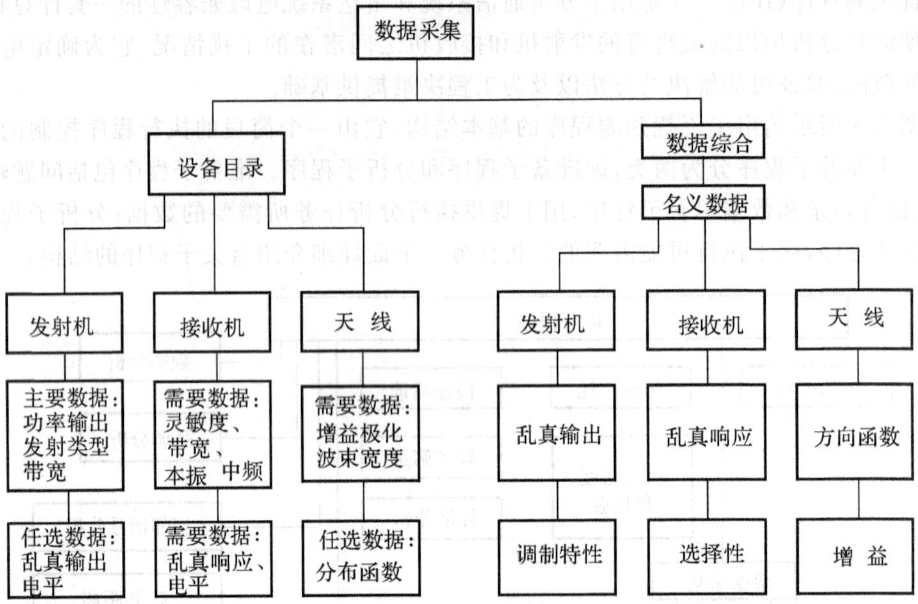

图 7.5　数据采集程序

(3) 传输损耗程序(见图 7.6) 能够计算某一特定情况下电波传播衰减的量值，包括视距远场、地面波、超视距和近场的传播损耗，并能提供传播损耗资料，供用户在干扰预测程序的详细分析部分使用。

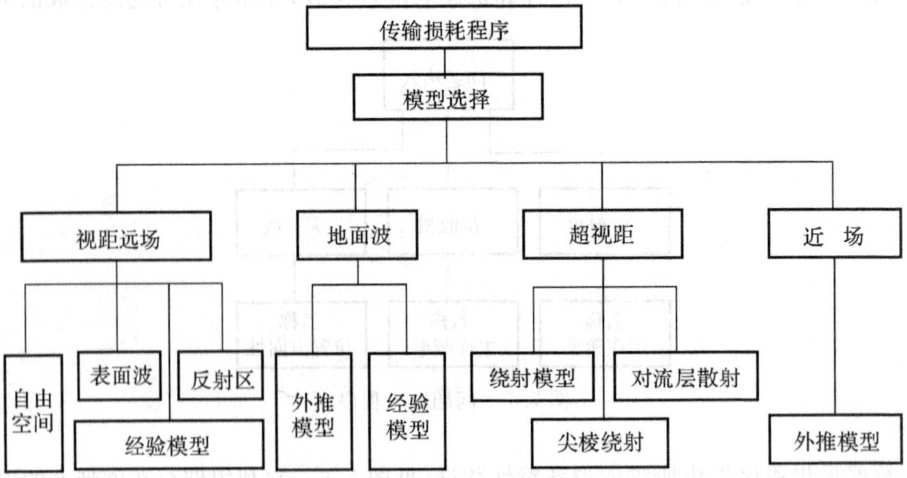

图 7.6　传输损耗程序

(4) 功率密度和场强程序提供从发射机天线到用户指定距离处的功率密度和场强沿仰角分布的剖面图，以及在用户指定仰角上沿距离分布的剖面图，或者按本程序指定的距离增量和仰角增量提供全部功率密度和场强等值线。用户可以规定地形种类(即平滑地面或粗糙地面)或特定地形数据。在所有计算中都使用天线的相对增益。

(5)IPP－1 采用了四级筛选进行干扰分析。快速剔除程序(见图 7.7) 对整个问题进行快速扫描，以便尽量剔除弱干扰状态。同时，还规定未剔除状态的频率范围和潜在干扰的大小，供下一步频率剔除程序预测。

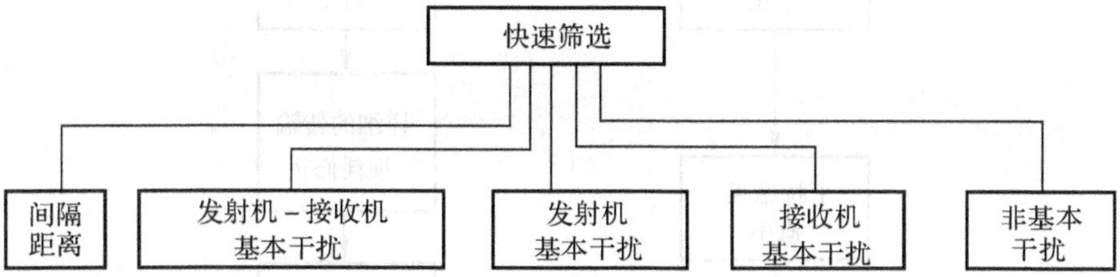

图 7.7　快速剔除程序

(6) 频率剔除程序(见图 7.8) 是在快速剔除程序后，考虑剩余的潜在干扰发射 — 响应对的频带宽度以及它们之间的频率间隔。对于那些频率间隔足够大，以致干扰不大可能存在的发射和响应，则不再进一步考虑。

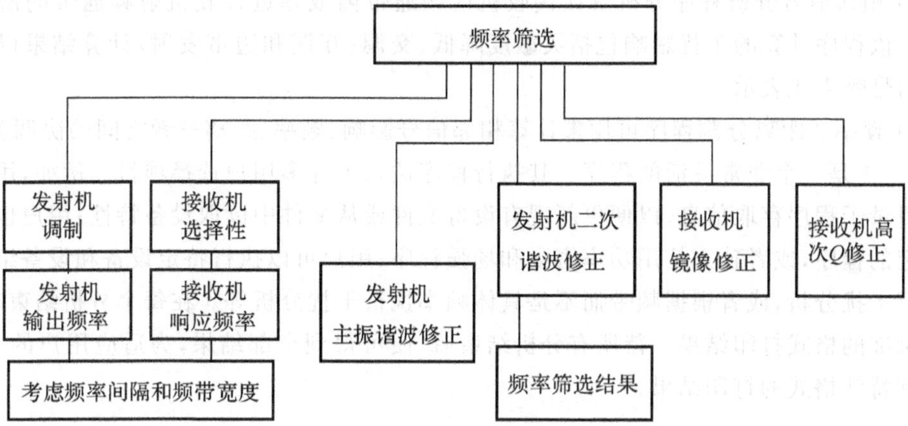

图 7.8　频率剔除程序

(7) 详细分析程序(见图 7.9) 是在快速剔除和频率剔除程序后，对剩余的潜在干扰设备进行严格的考查。例如，计算可能存在的传播模式；发射机、天线、接收机和传播函数的统计表示方法；以及天线旋转造成的时间相关条件等。然后，以特定情况下的干扰概率给出分析结果。

(8) 互调分析程序是在考虑频率、或同时考虑频率和功率的基础上执行的，可用于生成某个组合体内部各个设备之间，所有可能存在的二阶、三阶、五阶及七阶互调干扰清单，也可用于生成特定设备和某个设备组合体之间的互调干扰清单。

(9) 频带分析程序是处理那些不能利用指定频段，而只能得到最低性能数据设备问题，此程序最适用于概念阶段或设计阶段的设备。虽然本程序调用快速剔除程序和详细分析程序，但可使用更简单的模型来描述设备特性。

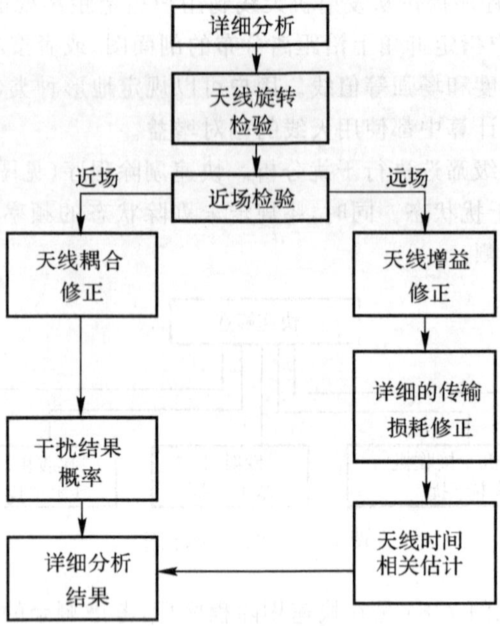

图 7.9　详细分析程序

(10) 相邻信号分析程序分析落在接收机射频通带内或邻近接收机射频通带的潜在干扰的影响。该程序计算的干扰影响包括灵敏度降低、交调、互调和边带发射，计算结果以信号干扰比和信号噪声比表示。

(11) 频率 / 距离分割程序可用来计算相邻信号影响、频率、距离三者之间的协调关系。

IPP－1是一个非常灵活的程序。其执行程序插入了许多用户选择项目。例如，用户可以向设备目录子程序存取信息，以便更新现有设备文件或从文件中读取设备特性；用户也可以只执行指定的程序，或者独立使用功率密度和场强程序；用户可以执行特定设备和设备组合体之间的互调干扰分析，或者根据频带而不是具体频率执行干扰分析等。在每个分析结束时，可以按几种标准的格式打印结果。待所有分析结束后，便可得到全部结果，为适应用户的要求，还可以得到特殊格式的打印结果。

7.5　系统电磁兼容性分析程序

系统电磁兼容性分析程序(SEMCAP)是一个综合性大规模应用计算机进行电磁兼容性分析的程序。其基本内容是：首先将有关干扰源、敏感设备、传输函数的数据存入计算机，并建立源模型库，接着，计算机对干扰源的频谱以及耦合到敏感设备的电磁能量进行运算。由于所接收的频谱受敏感设备带宽的限制，所以运算的结果只代表敏感设备所得到的电压。然后，将这个电压储存起来。上述运算是对所有源模型依次进行的，这样可以求出每个干扰源对同一敏感设备所产生的电压，再把所有干扰源产生的干扰电压叠加后，与敏感设备的敏感度门限进行比较，便能确定敏感设备是否与所有的干扰源兼容。

由于干扰源至少被指定为一个源模型，后面都接有一个或两个滤波器，这些滤波器可用来代替干扰源中的实际滤波器，或用来调整干扰源的频谱函数。

每个敏感设备都被模拟为单一的终端，从源模型经传输函数输入的频谱，依次经过两个滤波器和积分电路后，在电平比较器中与敏感度门限进行比较。

传输函数模型有共阻抗耦合型、互感耦合型、互容耦合型、电场耦合型和磁场耦合型五种基本形式。每种形式都由线路的几何形状、屏蔽效能和结构来描述，还可以用天线辐射的形式来描述。

预测和分析的结果以两种格式打印输出。一种是逐个列出敏感设备的详细格式，另一种是概要的矩阵格式。前一种格式给出定量的细节，说明每个干扰源是如何干扰某个指定的敏感设备的，打印出的基本数据描述了来自每个干扰源经过各种耦合途径，由敏感设备所收到干扰允许值的百分数和相应的冗余储备分贝数。其中，负的冗余储备表示了干扰电平超过敏感设备敏感度门限的分贝数。据此，便能对可能出现的问题进行估算和分析解决。后一种格式概要说明每个干扰源和每个敏感设备之间的兼容性和冗余储备。

7.6　系统内电磁兼容性分析程序

系统内电磁兼容性分析程序（IEMCAP）是将通信系统的数学模型和电磁兼容性的分析模型结合起来，有效地生成电磁兼容规范，有效估计系统内电磁兼容性特性状态，并指导 EMC 设计。该分析程序的功能为：提供能连续保存和不断更新的数据库，以便适应系统设计的变化；产生适合于特定系统的规范极限值；估计对特定规范放宽要求的影响；审查系统的不兼容情况；估计更改设计对系统兼容性的影响；提供比较分析结果，作为电磁兼容性协调的基础。

典型的系统包含大量干扰源和敏感设备，在 IEMCAP 中定义了一个层次结构，如图 7.10 所示。这样，就把数据组织成便于收集和利用的形式。系统被分成若干分系统，每个分系统又由几个设备组成。电磁干扰能量可以由端口输入或从设备输出。端口包括天线、导线和机壳等。

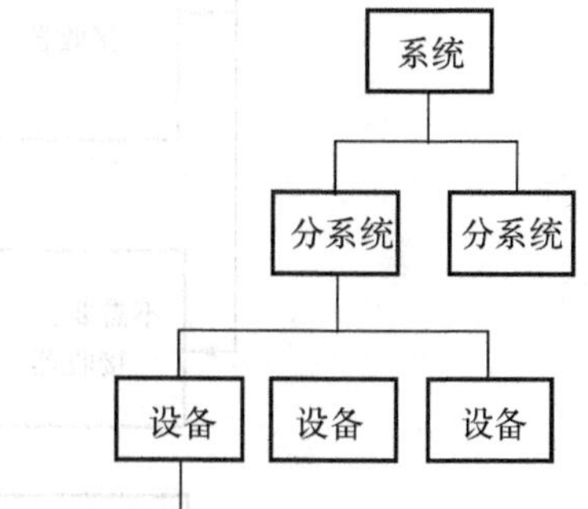

图 7.10　IEMCAP 的分析层次结构

所有有意识设置的端口必须发射和（或）接收某种类型的信号，以执行某个预定的功能。有意产生并作对口耦合的信号或响应均可称为有用信号，为了不影响系统的工作，这种信号是不可以改变的。除了有用信号外，还可以存在不需要的信号或响应，这称为无用信号。无用信号可能由不需要的信号产生，也可能由无意耦合到非预定端口的有用信号产生。当一个或几个干扰源端口的信号无意地耦合到敏感设备端口，并超过其敏感度门限时，则系统不兼容。因此，无用信号是乱真的，必须加以控制，或建立干扰允许值范围。如果所有端口的无用信号的发射或敏感度均未超过所规定的允许值，则系统兼容。IEMCAP 的一个重要任务就是制定一套适用于特定系统的干扰允许值规范。

IEMCAP 基本流程如图 7.11 所示。整个流程分为两段。第一段称为输入译码和初始处理程序（IDIPR）。它们分为三个基本程序，即输入译码程序、初始处理程序和导线布局程序。输入译码程序从输入数据库中读取自由格式输入数据、并进行译码，然后检查数据是否有错。

如果发现一个错误,则连同存放该错误的数据一起打印出一个信息,而程序继续执行。如果在全部数据库中的数处理完毕后,发现有错,则本程序停止执行。如果没发现错误,本程序进入初始处理程序,执行数据管理并与频谱模型连接,同时产生工作文件。用于定义系统及其全部组件的数据存储在系统内文件(ISF)的磁盘或内存上。对于某次给定运行,待分析系统可以由数据库来定义,也可以从以前产生的ISF,或从经过更新的ISF来定义。初始处理程序还配置和汇编了准备分析的数据,并将这些数据写入新的ISF供以后使用,同时还写入工作文件供分析。然后,进入导线布局程序,产生互相对照的布局阵列。至此,IDIPR执行终止。计算机可以根据作业安排或是停机或是进入第二段。第二段称为任务分析程序(TART),它使用IDIPR汇编的数据执行预定的分析任务。此任务分为下述四个任务中的一个:

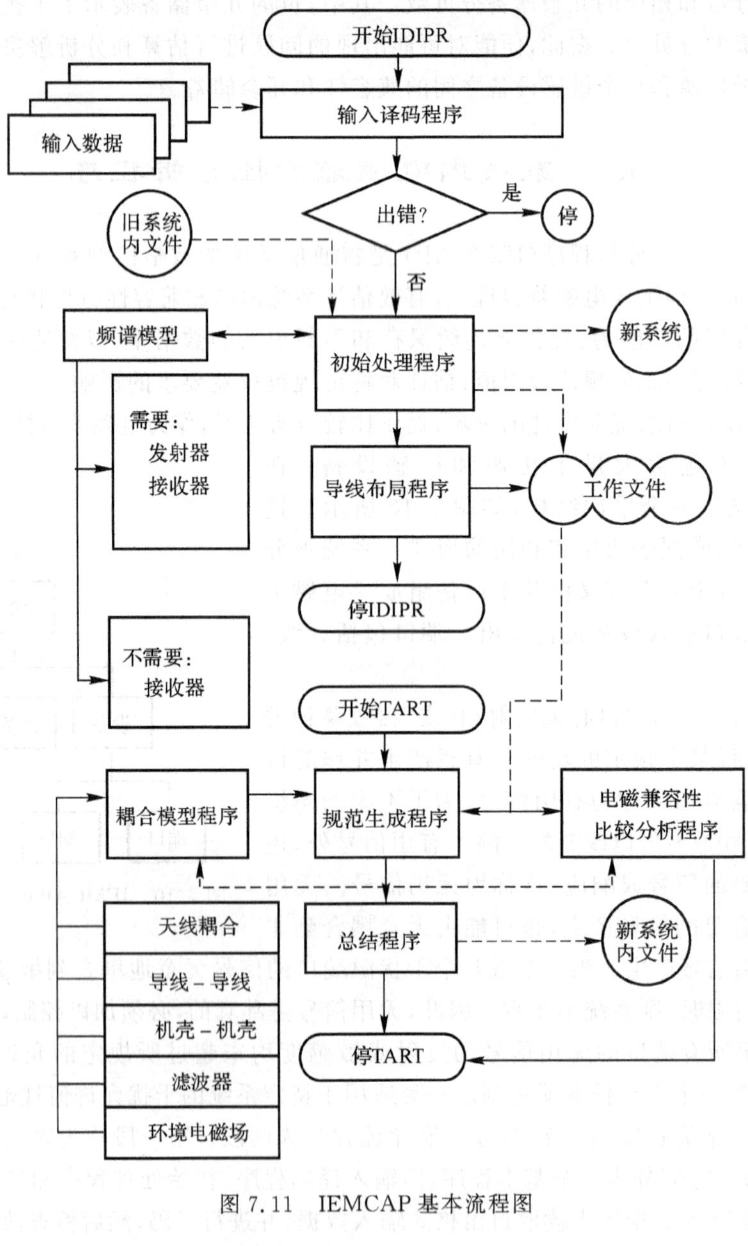

图 7.11 IEMCAP 基本流程图

(1) 规范生成。调整初始非工作必需信号的发射和频谱，使系统达到兼容。调整后的值即为最大发射和最小敏感度规范。

(2) 系统兼容性的初步审查。

(3) 比较分析。将调整后的电磁兼容性与规范生成和初步审查时的电磁兼容性进行比较，并估计对天线、滤波器、频谱参数和导线等修改后产生的影响。

(4) 对放宽规范要求的分析。估计放宽规范要求后产生的后果。

输入译码和初始处理程序(IDPR)是由输入译码程序(IPDCOP)、初始处理程序(IPR)、频谱模型程序(SPCMDL)和导线布局(WMR)四个子程序组成。

TART 由两个基本程序组成。其中，规范生成程序(SGR)执行上述第一个任务，电磁兼容性比较分析程序(CEAR)执行其余三个任务。其流程框图如图 7.12 所示。

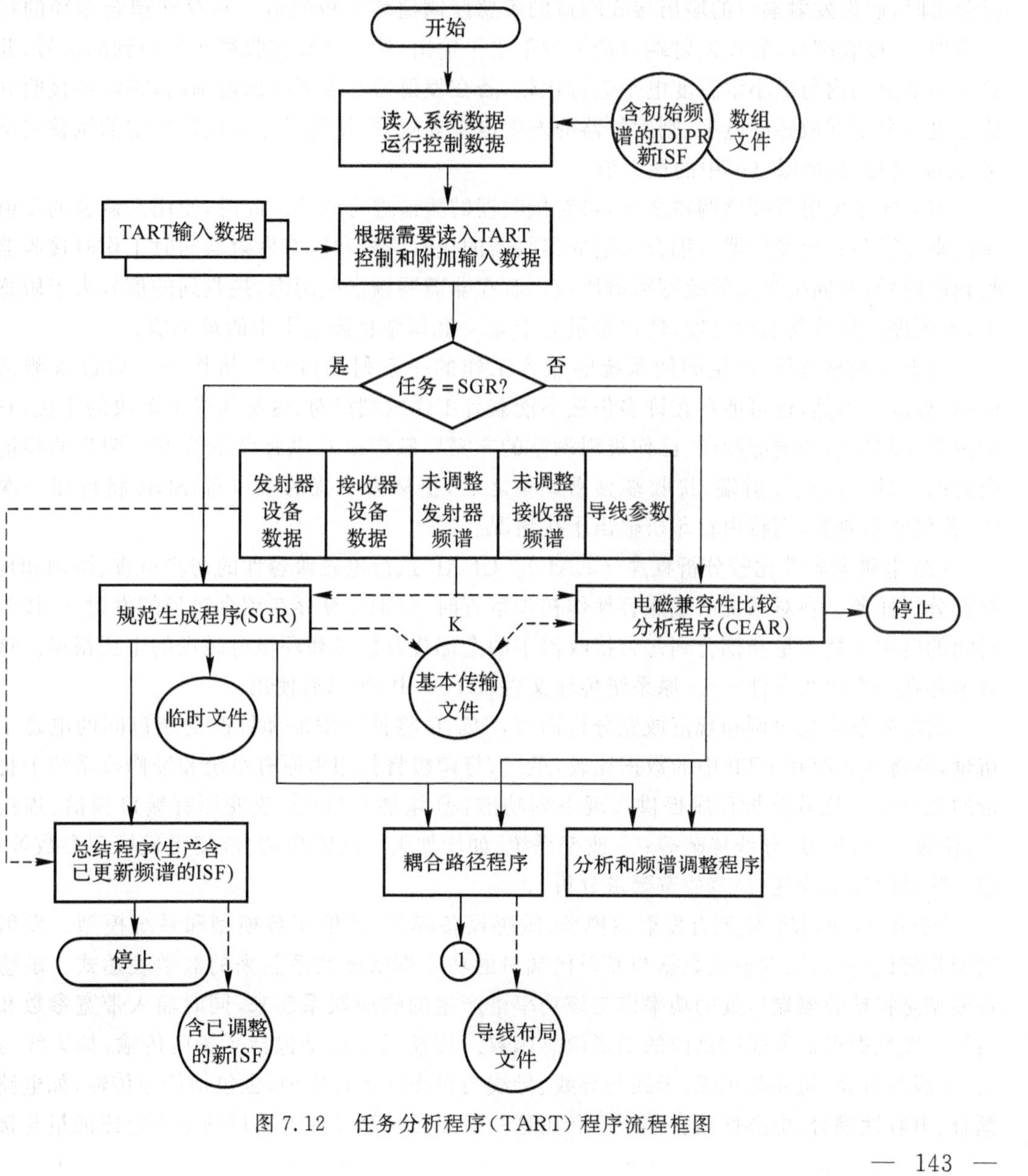

图 7.12　任务分析程序(TART)程序流程框图

首先，TART 读入系统数据，运行由 IDIPR 产生的文件参数，然后启动相应的任务驱动程序。若任务是 SGR，则调入规范生成子程序，否则，调入电磁兼容性比较分析程序。这两个基本程序连接着工作文件，耦合路径模型和分析程序用来完成所规定的任务。耦合路径程序用来确定发射 — 接收之间是否存在耦合路径，并计算传输比。分析和频谱调整程序利用发射器、接收器和传输比来计算面对发射端口 — 接收端口之间收到的信号和电磁干扰裕量以及所有发射器耦合到每一台接收器中的信号。同时，这些子程序也用于运行 SGR 时对非需要频谱进行调整。以下分别介绍：

(1) 规范生成程序(SGR)。SGR 用于调整由 IPR 生成的端口频谱的非需要部分，使系统达到兼容。经 SGR 调整的频谱都是极限值。对发射器而言，其输出不能超过非需要频谱的极限电平，而对接收器而言，其敏感度阈值不应低于极限电平，否则，将会产生干扰。在对系统进行分析时，假设发射端口的输出接收端口的敏感度阈值均为极限值。对存在耦合途径的每一对发射 — 接收端口，假设发射端以最大发射电平输出，然后计算接收端所接收到的信号，并在整个频率范围内与最小敏感度电平进行比较，若在发射器非需要频谱范围内，接收器接收到的信号电平大于其敏感度电平，则发射器的发射电平要减少，使裕量等于用户规定的调整安全裕量(asm)和调整极限电平中的最大值。

当完成了发射器频谱调整之后，将对接收器的频谱进行调整。此时，使用已调整的发射器频谱来计算与每台发射器有耦合通道的接收器的接收信号和所有发射器同时工作时接收器接收到的信号，并同接收器的敏感频谱比较。若在非需要频谱范围内，接收到的信号大于敏感电平，则须提高接收器的敏感度，使得裕量等于 asm 和调整极限电平中的最小值。

经上述调整过程，产生的使系统能兼容工作的一系列端口频谱将作为今后设备测试的 EMC 规范。当然，也可能存在许多仍然不能兼容工作的端口对，这称为尚未解决的干扰，它通常由需要的发射和响应频谱、已作极限调整的非需要频谱以及原有设备的不能调整的频谱所引起的。对于经过发射端、接收端频谱调整之后，仍然有干扰的端口对，SGR 将再作一次调整，若仍然不兼容，则将由打印机输出干扰情况。

(2) 电磁兼容性比较分析程序(CEAR)。CEAR 执行电磁兼容性的初步审查、协调和规范放宽分析任务。在对系统电磁兼容性作初步审查时，分别计算存在耦合途径的发射 — 接收机对间的电磁干扰裕量和耦合到每台接收器中的全部接收信号和环境电磁场的干扰裕量。这些数据存在一个永久文件 —— 原系统传输文件(BTF) 中，供以后使用。

对电磁兼容性协调和规范放宽分析而言，CEAR 将计算增加和修改的端口间的电磁干扰裕量，并将其与存在 BTF 中的数据比较，最后，打印机将打印出原有系统和经修改系统干扰裕量的变化值。比较分析程序提供实现下列功能：① 增加端口；② 改变原有端口频谱、连接方式、位置、天线增益、导线屏蔽等；③ 改变系统，如增加天线间障碍物、改变飞机模型参数等；④ 端口频谱的局部改变(规范放宽要求分析)。

IEMCAP 的数学模型有发射器模型、敏感设备模型、传输函数模型和系统模型。发射器模型是将设备参数、发射机数据与发射机端口的功率谱密度联系起来的数学表达式。敏感设备模型是将接收器端口处的功率谱与该功率谱产生的响应联系起来，同时输入带宽参数和带内敏感度数据形成所需频谱内的矩形敏感函数。传输函数模型包括了辐射传输，如天线与天线、天线与机壳、机壳与机壳、天线与导线、导线与机壳的耦合模型，也包括传导传输，如电路性耦合、电容性耦合、电感性耦合模型。利用这些模型可计算发射器端口的输出电磁能量与接收端口的输入电磁能量之比。系统模型用来构造发射器模型、传输函数模型和敏感设备模型，以便计算全部设备同时工作时的情况，并识别系统中可能存在非预期耦合的全部端口。IEMCAP 通过分析来确定进入敏感端口的一个或多个发射器信号是否干扰该设备的正常工作。电磁干扰寻址是通过计算各敏感设备端口的电磁干扰安全裕度来完成的。

IEMCAP 及其扩充模型又是系统内析程序(IAP)的组成部分。IAP 是一个大规模电磁兼容性分析程序，由上百个发射器、敏感设备(主要是接收机)和传输函数等组成。其功能是估计系统兼容性薄弱环节、修改规范的极限值、分析设计折衷方案的兼容性、弃权分析、预测电磁兼容性控制的效果等。IEMCAP 的输出提供了整个系统内电磁兼容性分析的总记录，扩充模型使 IAP 的分析能力超出了 IEMCAP 的范围。

下面以美国空军对宇宙飞船上的航空电子系统的子系统间的电磁干扰预测程序为例，简单地说明预测分析过程。

(1) 天线到天线的兼容性分析程序(ATACAP)用来分析发射机和接收机之间通过天线耦合所构成的电磁干扰。

(2) 线到线的兼容性分析程序(WTWCAP)用来分析线束内由交叉耦合所产生的电磁干扰。

(3) 场到线的兼容性分析程序(FTWCAP)用来分析由机上天线辐射穿过飞机表面小孔渗入机舱内，在线束上感应产生的电磁干扰。

(4) 机壳到机壳的兼容性分析程序(BTBCAP)用来分析由低频磁场耦合到设备机壳内的敏感变压器和电子束器件而产生的电磁干扰。

在进行电磁干扰预测时，这四个程序可以一起运行，也可以按需要独立运行。应指出的是，系统内的电磁干扰耦合途径应该包括场到机壳、线到机壳之间的耦合，但是建立这两类耦合的数学模型极为复杂，至今尚在研究之中。除此，还必须考虑通过电源的公共阻抗的耦合，以及由一个回路耦合至另一个回路的地电流耦合。

如图 7.13 所示是该预测程序的流程图。图中方框 2“电磁环境”包括各种传导和辐射干扰环境中的电场、磁场和电流参数。如果对环境参数难以预料，则可按经验预置某些参数或将规范规定的极限值输入。方框 5 ～ 11 是各种主要耦合通道和机制(尚未全部列出)。接着由方框 12 求出各种干扰在受干扰接收器输入端口的和。然后，方框 14 算出干扰输出和受干扰接收器内部噪声之比 I/N，再由方程 16 将 I/N 与电磁干扰安全裕度或用户要求的计算基准 x(dB) 进行比较。如果 $I/N \leqslant x$(dB)，则说明已达到电磁兼容性要求并打印出结果。否则，应采取必要的电磁兼容性技术措施或与用户商量降低要求，并重新分析在新条件下的电磁兼容性，直到满意为止。主框 19 是程序库，储存了各种类型的干扰预测程序。因为对于不同的干扰源、传输函数和敏感设备的组合，需要使用不同的程序分析。

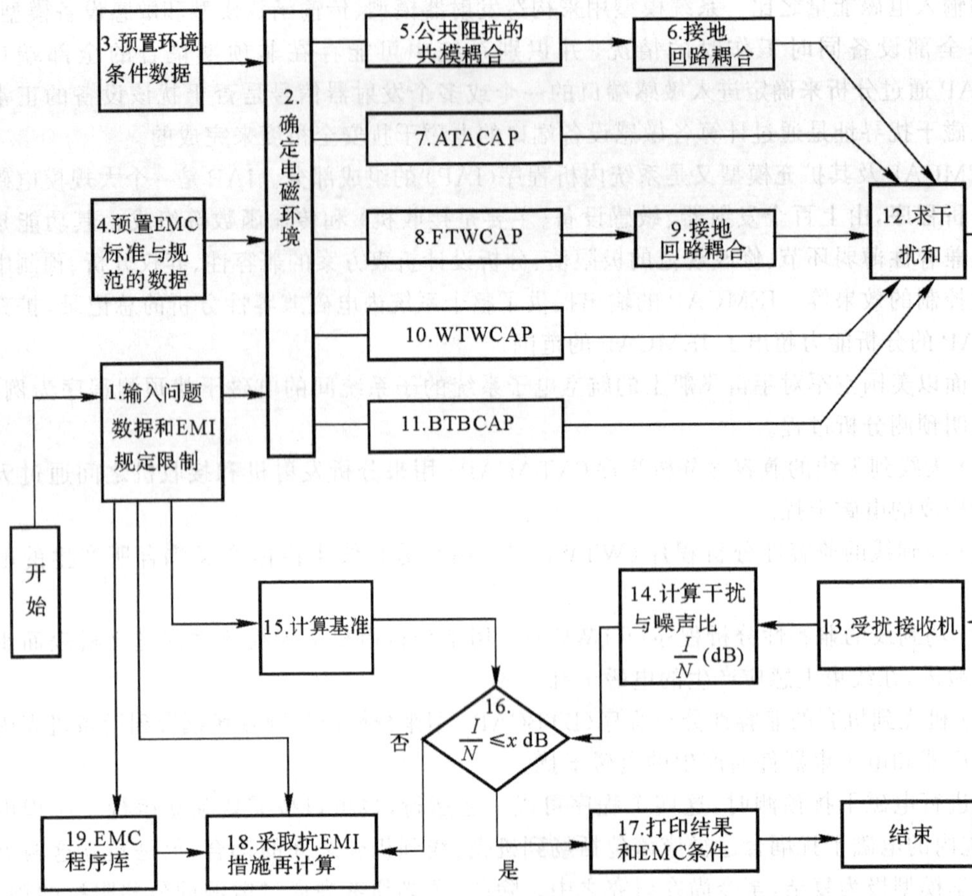

图 7.13　航空电子系统的分系统间电磁干扰预测程序流程图

7.7　系统间电磁干扰预测分析程序

在系统间的电磁兼容性问题中，关心的是独立系统间的潜在干扰，尤为重视与本系统工作于同一频段的其他系统。系统间与系统内的电磁干扰预测分析的方法及过程大致相同，但基本规律不同，原因在于控制和修改他人的系统是十分困难甚至是不可能的，所以对系统间的电磁干扰常常难以控制。另外，虽然在系统间可能会出现一些传导干扰，但是基本形式还是辐射干扰，也就是通过两天线之间的辐射近区场或远区场的耦合。

系统间电磁干扰预测的最终目的是估计发射机对与其邻近的接收机所产生的干扰效应，以及确定接收机对发射机干扰信号所产生的响应。

发射机对邻近接收机的干扰效应可由接收机在调谐时输入端的干扰噪声比(I/N)来表述，参照式(7.3)，I/N 可写成如下形式：

$$\frac{I}{N}=P_{\mathrm{T}}+G_{\mathrm{T}}+G_{\mathrm{R}}-L_{\mathrm{P}}-P_{\mathrm{N}}-\varphi(\beta)-\varphi(\Delta f) \tag{7.5}$$

式中，P_{T} 为发射机输出的干扰功率(dBW)；G_{T} 与 G_{R} 为发射天线与接收天线的增益(dB)；L_{P} 为电波由发射天线到接收天线的传输损耗(dB)；P_{N} 为接收机输入端的噪声功率即有效热噪声功率(dBW);$\varphi(\beta)$ 为带宽修正因子(dB);$\varphi(\Delta f)$ 为失谐修正因子(dB)。式(7.5) 反映了接收机输入端的干扰电平与系统噪声之间的关系。

这里,对 $\varphi(\beta)$ 和 $\varphi(\Delta f)$ 作一介绍。当干扰信号出现在接收机输入端时,如果干扰信号带宽大于接收机带宽时,则接收机上会接收干扰的一部分,这可减弱干扰信号的影响。为此引入了带宽修正因子 $\varphi(\beta)$,有

$$\varphi(\beta)=10\lg\left(\frac{\beta_R}{\beta_T}\right)\ (\mathrm{dB}) \tag{7.6}$$

式中,β_R 与 β_T 分别为接收机和发射机干扰信号的带宽。显然,如果干扰信号带宽等于或小于接收机带宽,则干扰将全部进入接收机,此时 $\varphi(\beta)=0$ dB。另外,当干扰频率与接收频率相对失谐时,由于接收机通常与干扰信号频谱的重叠部分变小,则进入接收机的干扰也相对减小,失谐修正因子 $\varphi(\Delta f)$ 定义为干扰发射机与接收机之间失谐为 Δf 时的干扰功率与共信道时 (Δf) 的干扰功率之比,即

$$\varphi(\Delta f)=10\lg\frac{P_I(f_0+\Delta f)}{P_I(f_0)}\ (\mathrm{dB}) \tag{7.7}$$

式中,f_0 为调谐频率。

在确定了发射机对邻近接收机的干扰效应,即求出了接收机输入端的干扰信号电平后,接收机是否对此干扰产生响应,可由第二个干扰预测方程确定,该方程为

$$\frac{S}{I}=\frac{S}{N}-\frac{I}{N} \tag{7.8}$$

式中,S/N 为接收机输入端信号与噪声比(dB);S/I 为接收机输入端的信号与干扰比(dB);I/N 为接收机输入端的干扰与噪声比(dB),由式(7.5) 给出。从式(7.8) 可见,如果接收机输入的有用信号电平足够高,则即使干扰电平较高,也不会构成电磁危害。

接收机对发射机干扰信号的响应还可以通过干扰安全裕度 IM 来描述。由式(7.1) 和式(7.2) 可见,如果 $IM<0$,则将不兼容。

系统间电磁干扰预测,也是从分析最简单的"发射 — 响应"对着手的,但往往"发射 — 响应"对数目很大,因此计算大量的"发射 — 响应"对的干扰响应,必须借助计算机,而且计算机预测程度所考虑的数学模型也较复杂。例如,传输函数模型由天线模型和传输模型组成。天线模型包括近场增益修正、极化修正、扫描修正等;传输模型包括计及地形影响和邻近障碍体、基地平台(如舰船甲板、飞机机身) 等影响的电波传播、对流层的散射传播等。

程序的结果输出包括两部分:合成的干扰安全裕度大小和干扰对系统性能影响的定量估计。

7.8　电磁环境 / 干扰预测模型

美国陆军在试验场的电磁环境测试试验室研制了一套自动干扰测试设施,将其与一个干扰预测模型联合使用,就可提供在典型的战术环境中电子设备的正常工作概率和系统效率。

该预测模型由一些相互关联的数学模型组成,这些模型从数学上模拟了系统态势的电磁环境和通信电了装备的作战特性,并预测通信电子装备、分系统和系统的性能。

预测程序由数据准备和干扰预测两个主要部分组成,这两部分均包含了很多独立的适应特定任务的计算机程序和子程序。

数据准备部分有两个主要功能:① 产生并保存主要数据库;② 抽取并建立了任务测试台。主要数据库的建立基于在一假想战斗机内使用的通信电子装备的技术数据、部署或用途数据以及有关装备正常工作与否的比分参数。任务测试台是按特定任务的要求,从主数据库选出有关数据组成的。

干扰预测部分由四个模块组成,即链路选择、干扰知识、比分评定和输出。链路选择模块接收从任务测试台送来的数据,并根据预测计划建立的判据选出须进行分析的链路。由于一个问题中牵涉的装备数目太大,为此拟采用统计取样的办法,以减少部署的通信电子设备构成的链路数目,以便能进行实际评定。取样数的多少取决于所要求分析的精度。另外,对抽样加权,以保证对执行既定战术任务有最重要作用的装备选入。链路选择模块的输出作为干扰识别模块的输入。在干扰识别模块中,主要是计算被评定链路的接收机输入终端处有用信号和干扰信号电平的统计值。这些电平是下述因素的函数:发射机输出功率、发射机天线与接收天线的增益、传输损耗。干扰识别部分根据发射机的功率电平、发射机占空因素(发射机实际辐射的时间百分比)和接收机特性,可辨出在链路中哪些发射机可能产生干扰。干扰识别模块的输出作为比分评定模块的输入。在比分评定模块中,设有用于计算被评定装备或系统正常工作概率的程序。比分评定模块的输出作为输出模块的输入。输出模块主要是计算系统效率(SE),以判定其完成军事任务的效果。其输出可以提供一种定量性量度,用以预测通信电子装置或系统执行其既定功能的好坏程序,以及它们能否在拟定的作战环境中正常工作。

该预测模块的计算过程分为如下几步:

(1) 接收机特性。在给定环境中选出一部接收机,将其地点、所分配的频率与选择性、杂波响应的灵敏度、互调特性、天线类型与方位等数据存入计算机存储器,以供其后确定在某此频率下干扰此接收机所需的信号功率电平。

(2) 发射机特性。在给定环境中选出一部发射机,将其地点、所分配频率与频谱特性、天线类型与方位等数据存入计算机存储器。发射机在每一频率电平可看做是由一单频发射机产生的。然后将各单频发射机的频率与接收机的杂波响应相比较。如果两者不一致,此发射机就被排除,并从给定环境中另选一发射机,重复上述计算;如果两者一致,就有可能产生干扰信号,须作进一步的计算。

(3) 天线失配与天线电缆损耗。发射机的功率输出应考虑阻抗失配与电缆损耗,并用适当的损耗因素修正。

(4) 天线方向图损耗。计算收发天线的方向图中最大幅射与接收方向不对准时所引入的功率损耗。

(5) 传输损耗。计算电波在传播途径中产生的损耗。由第(3) ～ (5) 步的计算来修正发射机的输出功率,以尽量正确地估计发射机对接收机处电磁环境的影响。

(6) 接收机功能检查、比分评定与输出。至此,可将接收机输入端的干扰信号电平与其敏感度门限比较。如果前者大于后者,则干扰信号的频率与功率电平被存入计算机存储器中,以供比分评定模块用;反之,该干扰可排除,并选取另一个发射机,重复整个计算过程。

7.9 天线系统配置的预测分析

复杂电子系统如舰船、飞机、军事基地、通信工程车、卫星等往往须在一个有限空间里安装许多副天线，此时，如何预测天线系统的干扰性能是实现和设计系统间电磁兼容性的关键之一。

这里以飞机为例，飞机天线系统的设计包括单个天线设计和天线系统配置两方面的内容。实践已证明，飞机天线系统的配置设计对整个飞机的技术与战术性能有着重大影响。如果在飞机设计阶段不进行天线系统的性能预测，仅凭经验去安装几十副天线，则可能出现飞机上不同设备或系统的发射机与接收机之间相互干扰，甚至接收机前级被烧毁，而发射天线之间的互相干扰则可能产生功率倒灌，致使发射机失谐和失配，系统效率下降。天线受其他天线和附近金属物的影响，又会引起天线性能的改变，如天线输入阻抗的变化和天线损耗的增加会造成天线失配和效率下降。天线上电流分布的变化和附近金属物上感应电流的二次辐射和遮挡效应又会使天线方向图发生畸变，从而形成通信盲区。近场辐射会影响人员和武器装备的安全，这在舰船、军事基地上尤为严重。这一切最终将导致飞机的技术和战斗性能下降。

天线系统设计的目的是按电磁兼容性的要求，合理设计各天线和性能及其位置，以获得最佳配置方案。天线系统配置的判据为天线输入阻抗和方向图、天线耦合度、近场分布等参数。

天线系统性能预测的一种主要手段是模型测试法。近年又发展了另一种利用数学模型预测的新方法。借助数学模型和计算机技术进行预测，无需昂贵的精细模型和测试系统与场地，预测周期短，而且还能预测模型法不能测试的一些参数如近场、高频电流分布等，尤其在系统论证和设计阶段更显其优越性。

当飞机的几何尺寸小于工作波长时，以矩量法(MM)为基础的数学模型具有很大的实用意义。矩量法是将有关辐射和散射问题的积分方程化成可供计算机处理的矩阵方程。

在高频段(2 ～ 30 MHz)，飞机的数学模型可由两种方式构成：线栅模型(Wiregrid Model)和面片模型(Surface-Patch Model)。如图 7.14 所示是美国 F4 型战斗机的线栅模型，图中用线栅网络模拟飞机的真实导电表面，并给出 10 MHz 时的飞机电尺寸。飞机模型的线段是这样安排的，机身为三维结构，而机翼和尾翼则是平面的。其中每条直线又可分为若干线段。在飞机的两翼与机身上各置一小环天线，天线基部为激励源。利用矩量法可求出天线和线栅模型上各线段的电流分布，由此则可直接计算天线的电性能参数。如图 7.15 所示为计算所得的方向图。如果把机翼和机身看做是十字交叉的偶极子，则由图 7.15 可见，只激励机翼，会产生前后方向辐射的方向图，而当以 90° 相差对机翼和机身调相时，随着机身激励电流的增大，方向图的全向辐射特性越来越好。

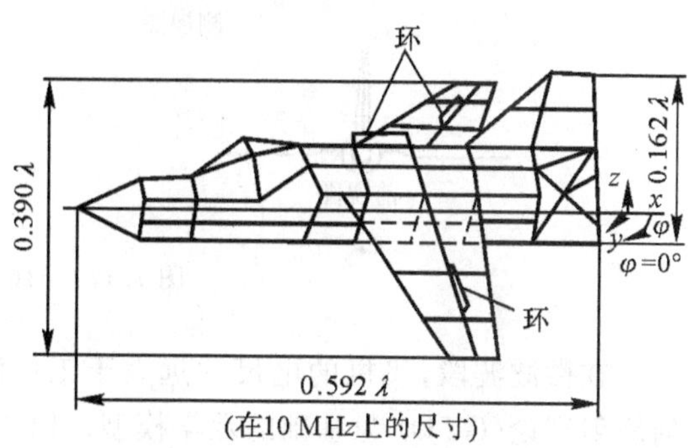

图 7.14　F4 战斗机的线栅模型

在线栅模型法中，计算所得的线栅网络上的电流仅是真实电流的近似，可用来计算天线的远区场，但不能用来计算近区场。这是因为在导线近旁具有电抗性场，而连续的金属表面是不具有这种性质的。飞机的另一种矩量法数学模型是面片模型，即用矩形或三角形的板块来模拟飞机的真实导电表面。用矩量法可算出每块面片上的电流分布，然后便可设计天线的远区场和近区场的有关电参数。三角形面片模型的计算比矩形面片复杂，但可以模拟任何形状的金属或介质体(包括有耗介质)表面，因此，正获得越来越广泛的应用。

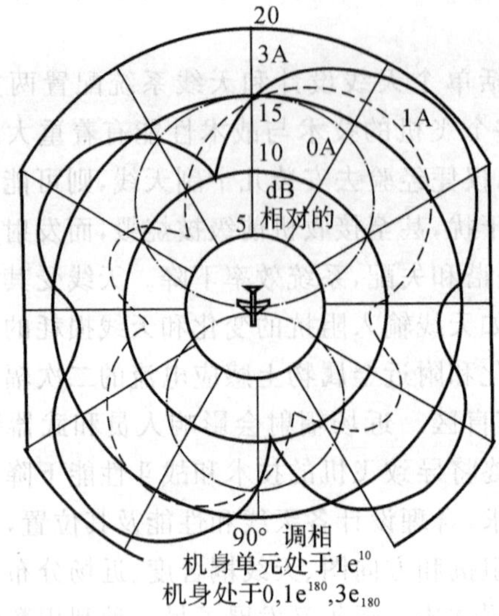

图 7.15　以 90° 相位调相时 F4 飞机的方向图

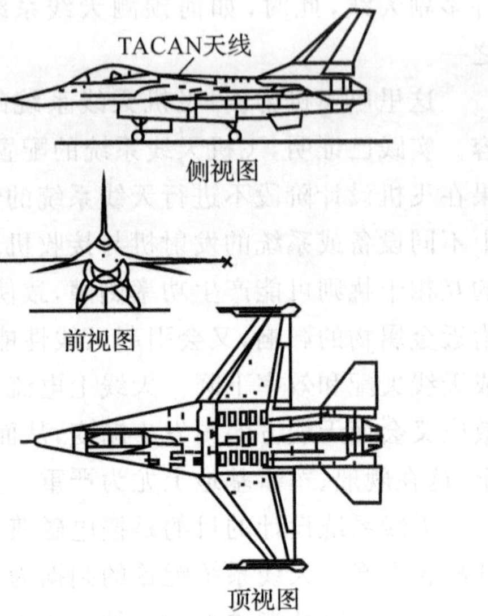

图 7.16　F16 战斗机

矩量法也可用于计算天线的近区场分布和天线的耦合度。

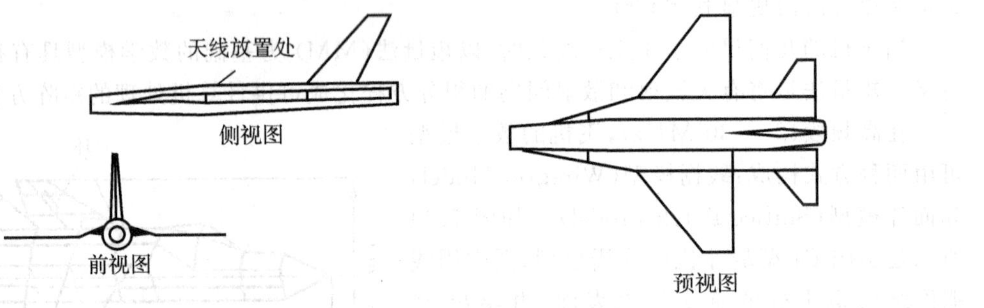

图 7.17　F16 战斗机的数学模型

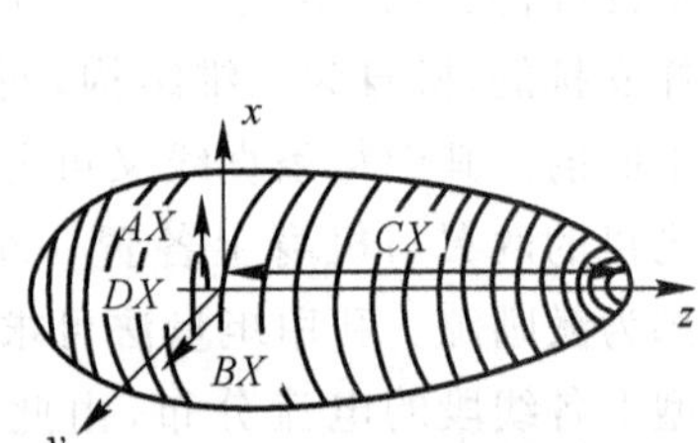

图 7.18　机身的数学模型

在微波波段，飞机的电尺寸远大于工作波长，应使用以几何绕射理论(GTD)为基础的数学模型。以美军 F16 型战斗机为例(见图 7.16)，如图 7.17 所示是该飞机的数学模型，其中，飞机机身模型是由两段具有不同轴长的椭圆球体拼接而成的复合随球体(见图 7.18)，这两段随球体的长短轴分别为 AX，BX 和 CX，DX。飞机机翼、尾翼模型是由有限长平板构成。对于置于飞机机身的 λ/4 单极天线，天线在远区给定场点的辐射场是由下述 GTD 场分量叠加而成：① 直射场；② 复合椭球体表面的绕射场；③ 有限长平板的反射场；④ 板边缘的绕射场；⑤ 椭球体与平板交接处曲面接口边缘的绕射场；⑥ 平板边缘顶角的绕射场。此外，还包括由某一结构反射或绕射至另一结构所产生的各类 GTD 高阶场分量，如二次反射、反射 — 绕射、绕射 — 反射和二次绕射场等。对置于飞机顶部的 λ/4 单极天线的方位角圆锥面方向图进行计算与测试，两者是相当吻合的。

雷达天线系统配置的预测，通常是借助于雷达方程来讨论收发天线之间的能量耦合问题，进而可分析雷达天线的电磁兼容性。

7.10　系统电磁干扰预测的实例

本节以小容量的无线数据通信网为例，介绍电磁干扰预测的具体要求与方法。小容量无线数据通信网是一种战术通信网。衡量传输质量的标准是传输速率和误码率，电磁干扰的危害主要表现在对误码率的影响。一般要求在白噪声干扰条件下，数据通信的硬件接口处的误码率为 10^{-5} 量级，若再考虑随机干扰和瞬态干扰，则必须通过纠错码措施来维持 10^{-5} 量级。在数据链路控制级，可通过智能终端的纠错码功能，进一步将误码率降低到 10^{-9} 量级。因此，在设计无线信道时，应根据在 Rayleigh 衰落情况下所规定的误码率指标和所选用的调制方式，算出归一化的信噪比要求，并留有电磁干扰的安全裕度，然后在信道上予以保证。为此，必须通过电磁干扰预测和分析，找出各项干扰以及它们的总和，从而求出数据误码率的定量值。

1. 数学模型

小容量无线数据通信网的电磁干扰有四种类型：天线的耦合干扰、传导干扰、辐射干扰和机壳泄漏干扰。其中辐射干扰因涉及电磁环境、非同频干扰、同频干扰、邻道干扰、互调干扰及阻塞干扰等，情况相当复杂。对其他三项干扰，则可通过干扰防护措施的设计原则，加以解决。

对于恒参信道，辐射干扰的数学模型可表示为

$$P_I = P_T + G_M - L_P \tag{7.9}$$

式中，P_I 为干扰功率接收电平；P_T 为干扰功率发射电平；G_M 为天线的互增益，它等于发射天线增益 G_{ts} 和接收天线增益 G_{rs} 之和；L_P 为传输损耗(dB)，它包括自由空间的传输损耗、一阶 Fresnel 区阻挡损耗、绕射损耗、馈线损耗以及失配损耗等。

干扰功率 $\sum_i P_{Ii}$ 包含了各种干扰，即线性干扰与非线性干扰之和。线性干扰对接收机的作用与信号一样，仅是干扰不含有用信息而已。若在式(7.9)中，对 P_I 引入 G_M，$\varphi(\beta)$，$\varphi(\Delta f)$ 三项修正，即可得到线性干扰功率。这里，除收发天线的主波束对准的情况外，G_M 均不再等于收发天线的增益之和。考虑到天线方向图的复杂性，为此根据主波束增益把天线方向图分成许多层，这些层所占据的角度大小是天线水平波束宽度的函数。天线的互增益等于两天线在对应层次的增益之和。$\varphi(\beta)$ 为带宽修正因子。$\varphi(\Delta f)$ 为失谐修正因子。

对于非线性干扰，在作一定的分段近似处理后，也可采用线性干扰的数学模型。

载噪比可表示为

$$CNR = P_R - \sum_i P_{Ii}\,(\mathrm{dB}) \tag{7.10}$$

式中，P_R 为发射功率电平。

归一化信噪比可表示为

$$S/N = CNR + 10\lg BW - 10\lg r_s \tag{7.11}$$

式中，BW 为接收机带宽(Hz)；r_s 为传输速率(bit/s)。

误码率 BER 与调制方式有关，表 7.1 列出了几种调制方式的误码率，其中 $erf(x)$ 为误差函数。

表 7.1　几种调制方式的误码事

调制方式	相移键控 PSK	频移键控 FSK	幅移键控 ASK
误码率 *BER*	$\frac{1}{2}\left[1-erf\left(\frac{S}{N}\right)\right]$	$\frac{1}{2}\left[1-erf\left(\frac{S}{N}\right)\right]$	$\frac{1}{2}\left[1-erf\left(\frac{S}{4N}\right)\right]$

2. 电磁干扰预测程序

电磁干扰预测程序如图 7.19 所示。输入参数有电台样品数、信号频率、发射功率、收发信号机位置坐标，并打印出电台分布图和 CNR，S/N 和 P_R 的计算值，列出表格，如表 7.2 所示。通过电磁干扰预测和分析，可以知道各种干扰源对接收机载信噪比降低和误码率恶化的影响，从而制订干扰源发射频率、功率、距离、方位的极限值和规范，并不断修改，直至误码率符合要求为止。最后，将整个系统的极限值转化为对单个干扰源及信号发射机的技术要求。

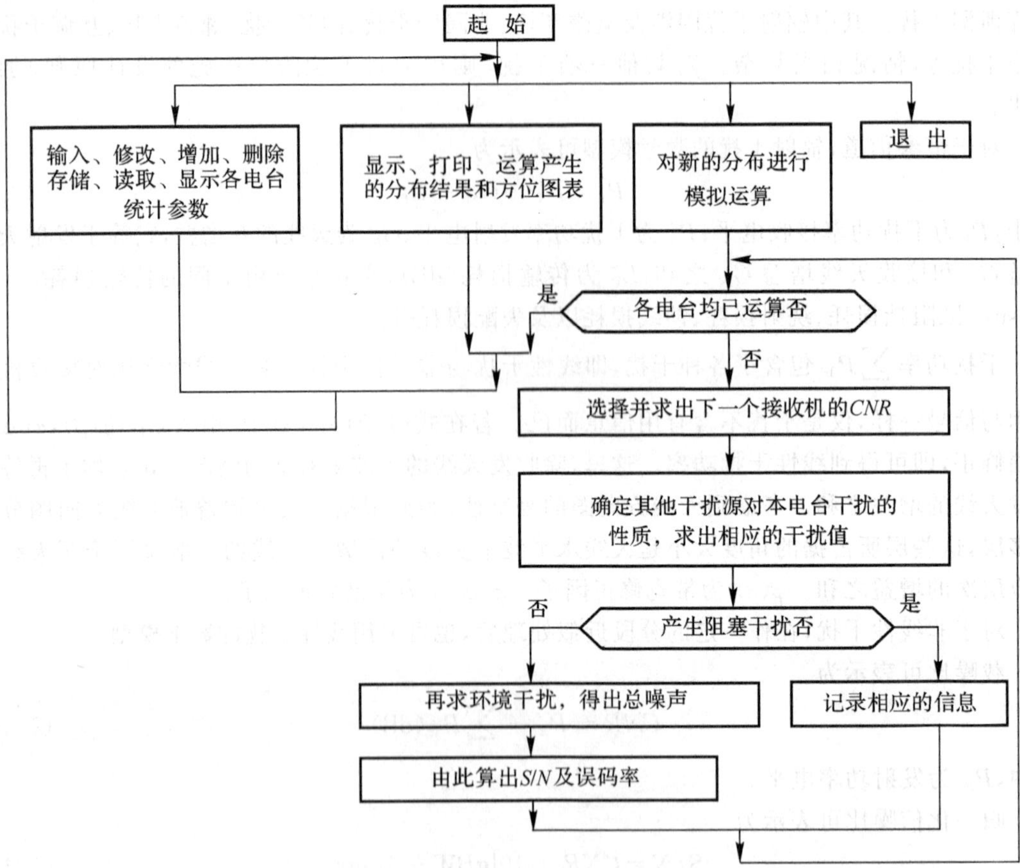

图 7.19　数据传输通信网的电磁干扰预测

表7.2　小容量无线数据通信网的电磁干扰预测

电台编号	横坐标 km	纵坐标 km	发射功率 W	传输损耗 dBm	接收频率 MHz	接收电平 dBm	总噪声 dBm	S/N	误码率
1	11.25	8.50	5.50	108.48	600.200	−104.86	−105.8	10.97	0.54×10^{-3}
2	3.50	1.25	4.00	108.91	630.200	−104.89	−88.3	−7.29	0.65
4	17.00	1.70	6.50	109.54	600.400	−103.41	−105.0	11.64	0.38×10^{-3}
5	35.70	7.20	6.50	107.41	600.400	−101.20	−105.8	13.77	0.86×10^{-4}
6	15.00	15.20	5.50	112.90	631.400	−103.50	−106.0	6.78	0.57×10^{-2}
8	20.30	18.70	5.00	112.59	630.600	−100.10	−106.0	7.18	0.47×10^{-2}
10	30.23	20.10	4.00	100.90	630.100	−105.88	−106.0	9.40	0.93×10^{-3}
11	39.30	15.70	4.50	108.85	601.200	−104.42	−105.8	10.64	0.63×10^{-3}
12	36.00	29.00	4.50	108.49	601.200	−104.76	−105.8	10.30	0.71×10^{-3}

7.11　电磁兼容性设计

1. 电磁兼容性设计基本原则

由于电子产品和线路在完成其功能的同时，也产生了大量的功能性骚扰及其他骚扰，甚至不能满足敏感度要求。所以在进行电子产品设计和电子线路设计时，必须将功能和电磁兼容性综合考虑。对产品做电磁兼容性设计可以从电路设计（包括器件选择）、软件设计、线路板设计、屏蔽结构、信号线／电源线滤波、电路的接地方式设计等方面考虑。

(1) 器件选择原则。在大多数情况下，电路的基本元件满足电磁特性的程度将决定着功能单元和最后的设备满足电磁兼容性的程度。选择合适的电磁元件的主要准则包括带外特性和电路装配技术。因为是否能实现电磁兼容性往往是由远离基频的元件响应特性来决定的。而在许多情况下，电路装配又决定着带外响应（例如引线长度）和不同电路元件之间互相耦合的程度。具体规则是：

1) 在高频时，和引线型电容器相比，应优先使用引线电感小的穿心电容器或支座电容器来滤波。

2) 在必须使用引线式电容时，应考虑引线电感对滤波效率的影响。

3) 铝电解电容器可能发生几微秒的暂时性介质击穿，因而在纹波很大或有瞬变电压的电路里，应该使用固体电容器。

4) 使用寄生电感和电容量小的电阻器。片状电阻器可用于超高频段。

5) 大电感寄生电容大，为了提高低频部分的插损，不要使用单节滤波器，而应该使用若干小电感组成的多节滤波器。

6) 使用磁芯电感要注意饱和特性，特别要注意高电平脉冲会降低磁芯电感的电感量和在滤波器电路中的插损。

7) 尽量使用屏蔽的继电器并使屏蔽壳体接地。

8) 选用能够有效的屏蔽和隔离的输入变压器。

9) 用于敏感电路的电源变压器应该有静电屏蔽，屏蔽壳体和变压器壳体都应接地。

10）设备内部的互连信号线必须使用屏蔽线，以防它们之间的骚扰和耦合。

11）为使每个屏蔽体都与各自的插针相连，应选用插针足够多的插头座。

(2) 电磁兼容性设计原则。目前电子器材用于各类电子设备和系统仍然以印制电路板为主要装配方式。实践证明，即使电路原理图设计正确，印制电路板设计不当，也会对电子设备的可靠性产生不利影响。例如，如果印制板两条细平行线靠得很近，则会形成信号波形的延迟，在传输线的终端形成反射噪声。因此，在设计印制电路板的时候，应注意采用正确的方法。

1）地线设计。在电子设备中，接地是控制干扰的重要方法。如能将接地和屏蔽正确结合起来使用，可解决大部分干扰问题。电子设备中地线结构大致有系统地、机壳地(屏蔽地)、数字地(逻辑地)和模拟地等。在地线设计中应注意以下几点：

a. 正确选择单点接地与多点接地。在低频电路中，信号的工作频率小于 1 MHz，它的布线和器件间的电感影响较小，而接地电路形成的环流对干扰影响较大，因而应采用一点接地。当信号工作频率大于 10 MHz 时，地线阻抗变得很大，此时应尽量降低地线阻抗，应采用就近多点接地。当工作频率在 1 ～ 10 MHz 时，如果采用一点接地，其地线长度不应超过波长的 1/20，否则应采用多点接地法。

b. 将数字电路与模拟电路分开。电路板上既有高速逻辑电路，又有线性电路，应使它们尽量分开，而两者的地线不要相混，分别与电源端地线相连。要尽量加大线性电路的接地面积。

c. 尽量加粗接地线。若接地线很细，接地电位则随电流的变化而变化，致使电子设备的定时信号电平不稳，抗噪声性能变坏。因此应将接地线尽量加粗，使它能通过三倍于印制电路板的允许电流。如有可能，接地线的宽度应大于 3 mm。

d. 将接地线构成闭环路。设计只由数字电路组成的印制电路板的地线系统时，将接地线做成闭环路可以明显的提高抗噪声能力。其原因在于：印制电路板上有很多集成电路组件，尤其遇到耗电多的组件时，因受接地线粗细的限制，会在地结上产生较大的电位差，引起抗噪声能力下降，若将接地结构成环路，则会缩小电位差值，提高电子设备的抗噪声能力。

2）电磁兼容性设计。电磁兼容性是指电子设备在各种电磁环境中仍能够协调、有效地进行工作的能力。电磁兼容性设计的目的是使电子设备既能抑制各种外来的干扰，使电子设备在特定的电磁环境中能够正常工作，同时又能减少电子设备本身对其他电子设备的电磁干扰。

a. 选择合理的导线宽度。由于瞬变电流在印制线条上所产生的冲击干扰主要是由印制导线的电感成分造成的，因此应尽量减小印制导线的电感量。印制导线的电感量与其长度成正比，与其宽度成反比，因而短而粗的导线对抑制干扰是有利的。时钟引线、行驱动器或总线驱动器的信号线常常载有大的瞬变电流，印制导线要尽可能地短。对于分立组件电路，印制导线宽度在 1.5 mm 左右时，即可完全满足要求；对于集成电路，印制导线宽度可在 0.2 ～ 1.0 mm 之间选择。

b. 采用正确的布线策略。采用平等走线可以减少导线电感，但导线之间的互感和分布电容增加，如果布局允许，最好采用井字形网状布线结构，具体做法是印制板的一面横向布线，另一面纵向布线，然后在交叉孔处用金属过孔相连。为了抑制印制板导线之间的串扰，在设计布线时应尽量避免长距离的平行走线。

3）去耦电容配置。在直流电源回路中，负载的变化会引起电源噪声。例如在数字电路中，当电路从一个状态转换为另一种状态时，就会在电源线上产生一个很大的尖峰电流，形成瞬变的噪声电压。配置去耦电容可以抑制因负载变化而产生的噪声，是印制电路板的可靠性设计的一种常规做法，配置原则如下：

a. 电源输入端跨接一个 10 ～ 100 μF 的电解电容器，如果印制电路板的位置允许，采用 100 μF 以上的电解电容器的抗干扰效果会更好。

b. 为每个集成电路芯片配置一个 0.01 μF 的陶瓷电容器。如遇到印制电路板空间小而装不下时，可每 4 ～ 10 个芯片配置一个 1 ～ 10 μF 钽电解电容器，这种器件的高频阻抗特别小，在 500 kHz ～ 20 MHz 范围内阻抗小于 1 Ω，而且漏电流很小（0.5 μA 以下）。

c. 对于噪声能力弱、关断时电流变化大的器件和 ROM、RAM 等存储型器件，应在芯片的电源线（VCC）和地线（GND）间直接接入去祸电容。

d. 去耦电容的引线不能过长，特别是高频旁路电容不能带引线。

4）印制电路板的尺寸与器件的布置。印制电路板大小要适中，过大时印制线条长，阻抗增加，不仅抗噪声能力下降，成本也高；过小，则散热不好，同时易受临近线条干扰。在器件布置方面与其他逻辑电路一样，应把相互有关的器件尽量放得靠近些，这样可以获得较好的抗噪声效果。时钟发生器、晶振和 CPU 的时钟输入端都易产生噪声，要相互靠近些。易产生噪声的器件、小电流电路、大电流电路等应尽量远离逻辑电路，如有可能，应另做电路板，这一点十分重要。

5）散热设计。从有利于散热的角度出发，印制版最好是直立安装，板与板之间的距离一般不应小于 2 cm，而且器件在印制版上的排列方式应遵循一定的规则：

a. 对于采用自由对流空气冷却的设备，最好是将集成电路（或其他器件）按纵长方式排列；对于采用强制空气冷却的设备，最好是将集成电路（或其他器件）按横长方式排。

b. 同一块印制板上的器件应尽可能按其发热量大小及散热程度分区排列，发热量小或耐热性差的器件（如小信号晶体管、小规模集成电路、电解电容等）放在冷却气流的最上方（入口处），发热量大或耐热性好的器件（如功率晶体管、大规模集成电路等）放在冷却气流最下方。

c. 在水平方向上，大功率器件尽量靠近印制板边沿布置，以便缩短传热路径；在垂直方向上，大功率器件尽量靠近印制板上方布置，以便减少这些器件工作时对其它器件温度的影响。

d. 对温度比较敏感的器件最好安置在温度最低的区域（如设备的底部），千万不要将它放在发热器件的正上方，多个器件最好是在水平面上交错布局。

e. 设备内印制板的散热主要依靠空气流动，所以在设计时要研究空气流动路径，合理配置器件或印制电路板。空气流动时总是趋向于阻力小的地方流动，所以在印制电路板上配置器件时，要避免在某个区域留有较大的空域。

2. 电磁兼容性设计方法

保证设备或系统的电磁兼容性是一项复杂的技术任务，对解决这个任务不存在万能的方法。由于问题的综合性质，只有在各个阶段（包括设计阶段到使用阶段在内），利用不同性质的措施才能有效地全部解决这个问题。

一般来说，保证设备或系统电磁兼容性的方法可以大致分为组织方法和技术方法两类。

技术方法是系统工程方法、电路技术方法、设计和工艺方法的总和，其目的是改善无线电设备、电子设备、电气设备的性能。采用这些方法是为了降低所有的干扰电平，增加干扰在传播或传输途径上的衰减，降低感受器(敏感体)对非有意干扰的敏感程度，依靠信息的传输和处理方法来减小非有意电磁干扰的作用等等。

组织方法是在各类型的无线电电子设备之间划分频带，选择电子设备分布的空间信号，无线电发射机功率电平值等。同时，这类方法也包括制定和采用某些限制性规章及一些其他方法，为研制和生产无线电电子设备、电气设备等规定了方向和途径。

这两种方法不是截然分开的，它们的界限都是相对的，它们的具体内容既相互联系又相互制约。例如技术方法中减少发射机的非有意辐射和提高接收机的选择性，是很有效的电路技术方法，同时也提供了组织实施方法，即将设备间的容许频率间隔减小到最小程度。

在具体对电磁兼容性分析时，又可采用两种方法：① 确定法：电磁兼容性的未知参数用确定数量和函数来描述；② 概率法：电磁兼容性的未知数用随机值和函数来描述。

这两种方法的阐述，以具体设备为例，简要介绍其思路。

(1) 确定法。本方法基于采用能量准则，对电子设备或系统进行电磁兼容性的成对评估、成组评估或综合评估。所谓成对评估，是考虑由两组设备中的每一个产生的干扰作用。组内的每一个设备都是一对一的作用在另一个上。成组评估，是规定干扰源组的全部设备的所有敏感体影响。综合评估以利用成组评估为基础，成组评估以利用成对评估为基础。但是，无论是成组评估，还是综合评估，一般情况都不是某些成对评估的数量的简单叠加。

确定法对电磁兼容性分析时，为评价其工作质量，应当对具体电子设备选择确定的具体模型。具体模型的选择应视分析的目的、对精度的要求、原始数据的详细情况及可靠性来确定。一般说来，开始总是选择最简单的模型，以便用较少的时间和在较小的范围内作初始信息分析，得出初步的评价，当然，其可靠性也较差。如果确定的模型比较完善，初始数据比较详细，那么其可靠性可进一步提高，但问题也明显复杂得多。

为判别电磁兼容性存在与否，对于任何具体的干扰形式，需要规定“信号功率与干扰噪声功率总和之比”即$(P_S/(P_1+P_N))_0$，当超过此比值时，不出现电子设备不容许的性能降低，该值称为监界(容许)的“信号 — 干扰加噪声之比”。如果下式成立：

$$\frac{P_S}{(P_1+P_N)} > \left(\frac{P_S}{(P_1+P_N)}\right)_0 \tag{7.12}$$

则敏感体的电磁兼容性得到保证。

同理利用此准则，可引入一个保护比系数 K；

设信号功率为 P_S，(或信号场强为 E_S)，干扰功率 P_1(或干扰场强 E_1)，则 P_S/P_1 必须高出 K 倍，K 称为保护比，即

$$P_S/P_1 > K \tag{7.13}$$

一般 $K \gg 1$，通常可由用户或技术标准文件给出。

(2) 概率法。设备或系统的电磁兼容性分析概率法，是用随机函数来描述。它与影响电磁兼容性的一系列因素有关。这些因素包括：

1) 各种参数离散量：如不希望的辐射电平；信号和干扰的衰减；一些具体无线电接收机的电磁兼容参数等，以及这些数值的不确定性。

2) 与电波传播有关的信号和干扰的起伏,元件的老化,气候条件的变化和其他类似的原因而引起的被接收的干扰功率随时间改变的情况。

3) 在所分析的设备中,辐射和接收工作频率可能发生的变化等。

4) 对移动目标而言,相互方位改变的影响下,可移动设备中发生信号和干扰电平的变化。

按照概率法,干扰频率和接收通道的数值,描述设备的空间配置和相互方法,设备工作时间及信号和干扰电平特性的参数都是随机的,满足电磁兼容性条件也是随机的,并用破坏电磁兼容性的概率 P_Z 来描述。

破坏电磁兼容性概率,按使用的模型不同可分为三种情况:被研究的干扰源和感受器(敏感体)(成对评价)、干扰源和感受器组(成组评价)或干扰源组同感受器组(综合评价)。电磁兼容概率分析的目的是找出这个数值。

考虑到解决所提供的一般形式的课题的复杂性,在评价电磁兼容性时,通常用数列简化方法。为此,用离散状态的组合代替参数序列值的连续集合,例如,做这样的假定,干扰频率和接收通道有重叠,或者没有重叠,这样,无线电电子设备的工作条件(相互位置和方位,干扰频率和接收通道间的关系,以及电子设备的工作时间等)具有概率 P_μ。用有限数 M 来描述,其中 $\mu=1,2,\cdots,M$。

$$\sum_{1}^{M} P_\mu = 1 \tag{7.14}$$

其中每一种情况实现时,电子设备的相互配置、方位、频率和工作时间由固定的参数来确定,而只有信号和干扰电平,以及描述其结构的量是随机的。对于这些条件,能够确定电磁兼容性破坏的概率 $P_\mu^\theta(P_1,f,T,r)$(求出这些概率是统计无线电工程的任务)。破坏电磁兼容性的总概率为

$$P_Z = \sum_{1}^{M} P_\mu, P_\mu^\theta(P_1,f,T,r) \tag{7.15}$$

如果考虑影响电磁兼容性的每一种因素,在使用即使是不很大的序号时,它们综合的总数量也是很大的,因而问题显得很复杂。

习　题　7

1. 电磁兼容性分析的基本思想是什么?
2. 电磁干扰预测有哪些步骤?
3. 电磁兼容性设计主要考虑哪些方面?
4. 电磁兼容性设计的方法有哪些?

附录 EMC专用名词大全

1. 基本概念

1.1 电磁环境 electromagnetic environment

存在于给定场所的所有电磁现象的总和。

1.2 电磁噪声 electromagnetic noise

一种明显不传送信息的时变电磁现象，它可能与有用信号叠加或组合。

1.3 无用信号 unwanted signal，undesired signal

可能损害有用信号接收的信号。

1.4 干扰信号 interfering signal

损害有用信号接收的信号。

1.5 电磁骚扰 electromagnetic disturbance

任何可能引起装置、设备或系统性能降低或者对有生命或无生命物质产生损害作用的电磁现象。

注：电磁骚扰可能是电磁噪声、无用信号或传播媒介自身的变化。

1.6 电磁干扰 electromagnetic interference (EMI)

电磁骚扰引起的设备、传输信道或系统性能的下降。

1.7 电磁兼容性 electromagnetic compatibility (EMC)

设备或系统在其电磁环境中能正常工作且不对该环境中任何事物构成不能承受的电磁骚扰的能力。

1.8 (电磁)发射(electromagnetic) emission

从源向外发出电磁能的现象。

1.9 (无线电通信中的)发射 emission (in radio communication)

由无线电发射台产生并向外发出无线电波或信号的现象。

1.10 (电磁)辐射(electromagnetic) radiation

a. 能量以电磁波形式由源发射到空间的现象。

b. 能量以电磁波形式在空间传播。

注："电磁辐射"一词的含义有时也可引申，将电磁感应现象也包括在内。

1.11 无线电环境 radio environment 国家技术监督局 1995－08－25 批准 1996－03－01 实施

a. 无线电频率范围内的电磁环境。

b. 在给定场所内所有处于工作状态的无线电发射机产生的电磁场总和。

1.12 无线电(频率)噪声 radio (frequency) noise

具有无线电频率分量的电磁噪声。

1.13 无线电(频率)骚扰 radio (frequency) disturbance

具有无线电频率分量的电磁骚扰。

1.14 无线电频率干扰 radio frequency interference (RFI)

由无线电骚扰引起的有用信号接收性能的下降。

1.15 系统间干扰 inter—system interference

由其他系统产生的电磁骚扰对一个系统造成的电磁干扰。

1.16 系统内干扰 intra—system interference

系统中出现的由本系统内部电磁骚扰引起的电磁干扰。

1.17 自然噪声 natural noise

来源于自然现象而非人工装置产生的电磁噪声。

1.18 人为噪声 man-made noise

来源于人工装置的电磁噪声。

1.19 (性能)降低 degradation (of performance)

装置、设备或系统的工作性能与正常性能的非期望偏离。

1.20 (对骚扰的)抗扰性 immunity (to a disturbance)

装置、设备或系统面临电磁骚扰不降低运行性能的能力。

1.21 (电磁)敏感性(electromagnetic) susceptibility

在存在电磁骚扰的情况下,装置、设备或系统不能避免性能降低的能力。

注:敏感性高,抗扰性低。

2. 骚扰波形

2.1 瞬态(的)transient (adjective and noun)

在两相邻稳定状态之间变化的物理量或物理现象,其变化时间小于所关注的时间尺度。

2.2 脉冲 pulse

在短时间内突变,随后又迅速返回其初始值的物理量。

2.3 冲激脉冲 impulse

针对某给定用途,近似于一单位脉冲或狄拉克函数的脉冲。

2.4 尖峰脉冲 spike

持续时间较短的单向脉冲。

2.5 (脉冲的)上升时间 rise time (of a pulse)

脉冲瞬时值首次从给定下限值上升到给定上限值所经历的时间。

注:除特别指明外,下限值及上限值分别定为脉冲幅值的 10%和 90%。

2.6 上升率 rate of rise

一个量在规定数值范围内,即从峰值的 10%到 90 %,随时间变化的平均速率。

2.7 碎发(脉冲或振荡)burst (of pulses or oscillations)

一串数量有限的清晰脉冲或一个持续时间有限的振荡。

2.8 脉冲噪声 impulsive noise

在特定设备上出现的、表现为一连串清晰脉冲或瞬态的噪声。

2.9　脉冲骚扰 impulsive disturbance

在某一特定装置或设备上出现的、表现为一连串清晰脉冲或瞬态的电磁骚扰。

2.10　连续噪声 continuous noise

对一个特定设备的效应不能分解为一串能清晰可辨的效应的噪声。

2.11　连续骚扰 continuous disturbance

对一个特定设备的效应不能分解为一串能清晰可辨的效应的电磁骚扰。

2.12　准脉冲噪声 quasi-impulsive noise

等效于脉冲噪声与连续噪声的叠加的噪声。

2.13　非连续干扰 discontinuous interference

出现于被无干扰间歇隔开的一定时间间隔内的电磁干扰。

2.14　随机噪声 random noise

给定瞬间值不可预测的噪声。

2.15　喀沥声 click

用规定方法测量时，其持续时间不超过某一规定值的电磁骚扰。

2.16　喀沥声率 click rate

单位时间(通常为每分钟)超过某一规定电平的喀沥声数。

2.17　基波(分量)fundamental (component)

一个周期量的傅里叶级数的一次分量。

2.18　谐波(分量)harmonic (component)

一个周期量的傅里叶级数中次数高于 1 的分量。

2.19　谐波次数 harmonic number

谐波频率与基波频率的整数比。

注：谐波次数又称谐波阶数(harmonic order)。

2.20　第 n 次谐波比 nth harmonic ratio

第 n 次谐波均方根值与基波均方根值之比。

2.21　谐波含量 harmonic content

从一交变量中减去其基波分量后所得到的量。

2.22　基波系数 fundamental factor

基波分量与其所属交变量之间的均方根值之比。

2.23　(总)谐波系数(total) harmonic factor

谐波分量与其所属交变量之间的均方根值之比。

2.24　脉动 pulsating

用来表述具有非零平均值的周期量。

2.25　交流分量 alternating component

从脉动量中去掉直流分量后所得到的量。

注：交流分量有时又称纹波含量(ripple content)。

2.26　纹波峰值系数 peak-ripple factor

脉动量纹波峰谷间差值与直流分量绝对值之比。

2.27　纹波均方根系数 r. m. s-ripple factor

脉动量纹波分量的均方根值与直流分量的绝对值之比。

3. 干扰控制

3.1 (时变量的)电平 level (of a time varying quantity)
用规定方式在规定时间间隔内求得的诸如功率或场参数等时变量的平均值或加权值。
注:电平可用对数来表示,例如相对于某一参考值的分贝数。
3.2 电源骚扰 mains-borne disturbance
经由供电电源线传输到装置上的电磁骚扰。
3.3 电源抗扰性 mains immunity
对电源骚扰的抗扰性。
3.4 电源去耦系数 mains decoupling factor
施加在电源某一规定位置上的电压与施加在装置规定输入端且对装置产生同样骚扰效应的电压值之比。
3.5 机壳辐射 cabinet radiation
由设备外壳产生的辐射,不包括所接天线或电缆产生的辐射。
3.6 内部抗扰性 internal immunity
装置、设备或系统在其常规输入端或天线处存在电磁骚扰时能正常工作而无性能降低的能力。
3.7 外部抗扰性 external immunity
装置、设备或系统在电磁骚扰经由除常规输入端或天线以外的途径侵入的情况下,能正常工作而无性能降低的能力。
3.8 骚扰限值(允许值)limit of disturbance
对应于规定测量方法的最大电磁骚扰允许电平。
3.9 干扰限值(允许值)limit of interference
电磁骚扰使装置、设备或系统最大允许的性能降低。
3.10 (电磁)兼容电平(electromagnetic) compatibility level
预期加在工作于指定条件的装置、设备或系统上的规定的最大电磁骚扰电平。
注:实际上电磁兼容电平并非绝对最大值,而可能以小概率超出。
3.11 (骚扰源的)发射电平 emission level (of a disturbance source)
用规定方法测得的由特定装置、设备或系统发射的某给定允许骚扰电平。
3.12 (来自骚扰源的)发射限值 emission limit (from a disturbing source)
规定的电磁骚扰源的最大发射电平。
3.13 发射裕量 emission margin
装置、设备或系统的电磁兼容电平与发射限值之间的差值。
3.14 抗扰性电平 immunity level
将某给定电磁骚扰施加于某一装置、设备或系统而其仍能正常工作并保持所需性能等级时的最大骚扰电平。
3.15 抗扰性限值 immunity limit
规定的最小抗扰性电平。

3.16 抗扰性裕量 immunity margin

装置、设备或系统的抗扰性限值与电磁兼容电平之间的差值。

3.17 (电磁)兼容裕量(electromagnetic) compatibility margin

装置、设备或系统的抗扰性电平与骚扰源的发射限值之间的差值。

3.18 耦合系数 coupling factor

给定电路中,电磁量(通常是电压或电流)从一个规定位置耦合到另一规定位置,目标位置与源位置相应电磁量之比即为耦合系数。

3.19 耦合路径 coupling path

部分或全部电磁能量从规定源传输到另一电路或装置所经由的路径。

3.20 地耦合干扰 earth-coupled interference ,ground-coupled interference

电磁骚扰从一电路通过公共地或地口路耦合到另一电路从而引起的电磁干扰。

3.21 接地电感器 earthing inductor ,grounding inductor

与设备的接地导体串联的电感器。

3.22 骚扰抑制 disturbance suppression

削弱或消除电磁骚扰的措施。

3.23 干扰抑制 interference suppression

削弱或消除电磁干扰的措施。

3.24 抑制器 suppressor ,suppression component

专门设计用来抑制骚扰的器件。

3.25 屏蔽 screen

用来减少场向指定区域穿透的措施。

3.26 电磁屏蔽 electromagnetic screen

用导电材料减少交变电磁场向指定区域穿透的屏蔽。

4. 测量

4.1 骚扰电压 disturbance voltage

在规定条件下测得的两分离导体上两点间由电磁骚扰引起的电压。

4.2 骚扰场强 disturbance field strength

在规定条件下测得的给定位置上由电磁骚扰产生的场强。

4.3 骚扰功率 disturbance power

在规定条件下测得的电磁骚扰功率。

4.4 参考阻抗 reference impedance

用来计算或测量设备所产生的电磁骚扰的、具有规定量值的阻抗。

4.5 人工电源网络 artificial mains network

串接在被试设备电源进线处的网络。它在给定频率范围内,为骚扰电压的测量提供规定的负载阻抗,并使被试设备与电源相互隔离。

注:人工电源网络又称线路阻抗稳定网络(line impedance stabilization network (LISN))。

4.6 △形网络 delta network

能够分别测量单相电路中共模及差模电压的人工电源网络。

4.7 V形网络 V-network

能够分别测量每个导体对地电压的人工电源网络。

注:V 形网络可设计成用于任意导体数的网络。

4.8 差模电压 differential mode voltage

一组规定的带电导体中任意两根之间的电压。差模电压又称对称电压(symmetrical voltage)。

4.9 共模电压 common mode voltage

每个导体与规定参考点(通常是地或机壳)之间的相电压的平均值。

4.10 共模转换 common mode conversion

由共模电压产生差模电压的过程。

4.11 对称端子电压 symmetrical terminal voltage

用△形网络测得的规定端子上的差模电压。

4.12 不对称端子电压 asymmetrical terminal voltage

用△形网络测得的规定端子上的共模电压。

4.13 V端子电压 V-terminal voltage

用V形网络测得的电源线与地之间的端子电压。

4.14 (屏蔽电路的)转移阻抗 transfer impedance (of a screened circuit)

屏蔽电路中两规定点之间的电压与屏蔽体指定横断面上的电流之比。

4.15 (同轴线的)表面转移阻抗 surface transfer impedance (of a coaxial line)

同轴线内导体单位长度 L 的感应电压与同轴线外表面上的电流之比。

4.16 (装置在给定方向上的)有效辐射功率 effective radiated power (of any device in a given direction)

在给定方向的任一规定距离上,为产生与给定装置相同的辐射功率通量密度而必须在无损耗参考天线输入端施加的功率。

注:如不注明,无损耗参考天线系指半波偶极子。

4.17 (检波器的)充电时间常数 electrical charge time constant (of a detector)

检波器输入端突然加上一设计频率的正弦电压后,其输出端电压达到稳态值的(l—1 / e)所需的时间。

4.18 (检波器的)放电时间常数 electrical discharge time constant (of a detector)

从突然切除正弦输入电压到检波器输出电压降至初始值的 1 / e 所需的时间。

4.19 (指示仪表的)机械时间常数 mechanical time constant (of an indicating instrument)。

4.20 (接收机的)过载系数 overload factor (of a receiver)

正弦输入信号最大幅值与指示仪表满刻度偏转时输入幅值之比,对应于这一最大输入信号,接收机检波器前电路的幅/幅特性偏离线性应不超过 1 dB 。

4.21 准峰值检波器 quasi-peak detector

具有规定的电气时间常数的检波器。当施加规则的重复等幅脉冲时,其输出电压是脉冲峰值的分数,并且此分数随脉冲重复率增加趋向于 1 。

4.22 准峰值电压表 quasi-peak voltmeter

准峰值检波器与具有规定机械时间常数的指示仪表的组合。

4.23 (准峰值电压表的)脉冲响应特性 pulse response characteristic (of a quasi-peak voltmeter)

准峰值电压表的指示值与规则重复等幅脉冲的重复率之间的关系。

4.24 峰值检波器 peak detector

输出电压为所施加信号峰值的检波器。

4.25 均方根值检波器 root-mean-square detector

输出电压为所施加信号均方根值的检波器。

4.26 平均值检波器 average detector

输出电压为所加信号包络平均值的检波器。

注:平均值必须在规定的时间间隔内求取。

4.27 模拟手 artificial hand

模拟常规工作条件下,手持电器与地之间的人体阻抗的电网络。

4.28 (辐射)测试场地(radiation) test site

在规定条件下能满足对被试装置的电磁发射进行正确测量的场地。

4.29 (四分之一波长)阻塞滤波器 stop (quarter-wave) filter

围绕导体设置的可移动的同轴可调谐机构,用来限制导体在给定频率的辐射长度。

4.30 吸收钳 absorbing clamp

能沿着设备或类似装置的电源线移动的测量装置,用来获取设备或装置的无线电频率的最大辐射功率。

4.31 带状线 stripline

由两块平行板构成的带匹配终端的传输线,电磁波在其间以横电磁波模式传输,从而产生供测试使用的电磁场。

4.32 横电磁波室 TEM cell

一个封闭系统,通常为矩形同轴线,电磁波在其中以横电磁波模式传输,从而产生供测试使用的规定的电磁场。

4.33 模拟灯 dummy lamp

一种模拟荧光灯无线电频率阻抗的装置,它可替代照明装置中的荧光灯以便对照明装置的插入损耗进行测量。

4.34 平衡—不平衡转换器 balun

用来将不平衡电压与平衡电压相互转换的装置。

4.35 电流探头 current probe

在不断开导体并且不对相应电路引入显著阻抗的情况下,测量导体电流的装置。

4.36 接地(参考)平面 ground (reference) plane 一块导电平面,其电位用作公共参考电位。

5. 设备分类

5.1 工科医(经认可的设备)ISM (qualifier)

按工业、科学、医疗、家用或类似用途的要求而设计,用以产生并在局部使用无线电频率能量的设备或装置。不包括用于通信领域的设备。

注:① 工科医为“工业、科学、医疗”的缩写。② 对于某些组织来说,不包括信息技术设备。

5.2　无线电频率加热装置 radio frequency heating apparatus

利用无线电频率能量产生加热效应的工科医设备。

5.3　工科医频段 ISM frequency band

分配给工科医设备的频段。

5.4　信息技术设备 information technology equipment (ITE)

用于以下目的的设备:

(1)接收来自外部源的数据(例如通过键盘或数据线输入);

(2)对接收到的数据进行某些处理(如计算、数据转换、记录、建档分类、存储和传送);

(3)提供数据输出(或送至另一设备或再现数据与图像)。

注:这个定义包括那些主要产生各种周期性二进制电气或电子脉冲波形,并实现数据处理功能的单元或系统:诸如文字处理、电子计算、数据转换、记录、建档、分类、存储、恢复及传递,以及用图像再现数据等。

6. 接收机与发射机

6.1　(发射台的)杂散发射 spurious emission (of a transmitting station)

必要带宽外的单个或多个频点上的发射。可以减小其电平而不影响相应的信息传输。杂散发射包括谐波发射、寄生发射、互调产物及变频产物。带外发射除外。

6.2　带外发射 out of band emission

由调制过程引起的紧靠必要带宽的单个或多个带外频率点上的发射。杂散发射除外。

6.3　信骚比 signal-to-disturbance ratio

规定条件下测得的有用信号电平与电磁骚扰电平之间的比值。

注:在表示“信骚比”这一概念时不应使用“信(号)干(扰)比”这一术语。

6.4　信噪比 signal-to-noise ratio

规定条件下测得的有用信号电平与电磁噪声电平之间的比值。

6.5　保护率 protection ratio

装置或设备达到规定性能所需的最小信骚比。

6.6　杂散响应频率 spurious response frequency

在某一给定设备上会产生不应有响应的电磁骚扰频率。

6.7　杂散响应抑制比 spurious response rejection ratio

在某一设备上产生规定输出功率的某一具有杂散响应频率的信号电平与产生同样输出的有用信号电平之比。

6.8　寄生振荡 parasitic oscillation

设备产生的无用振荡。其频率与工作频率无关,与那些跟产生所需振荡相关的频率也无关。

6.9　(设备的)带宽 band width (of a device)

设备或传输通道的给定特性偏离其参考值不超过某一规定值或比率时的频带宽度。

注：这个给定的特性可以是幅/频特性、相/频特性或时延/频率特性。

6.10 （发射或信号的）带宽 band width (of an emission or signal)

任一带外频谱分量的电平都不超过参考电平的某一规定百分比的频带宽度。

6.11 宽带发射 broadband emission

带宽大于某一特定测量设备或接收机带宽的发射。

6.12 宽带设备 broadband device

带宽足以接受和处理特定发射的所有频谱分量的设备。

6.13 窄带发射 narrowband emission

带宽小于特定测量设备或接收机带宽的发射。

6.14 窄带设备 narrowband device

带宽只能满足接受和处理某一特定发射的部分频谱分量的设备。

6.15 选择性 selectivity

接收机分辨给定的有用信号与无用信号的能力或这一能力的度量。

6.16 有效选择性 effective selectivity

在规定的特殊条件下，例如接收机输入电路过载时的选择性。

6.17 邻频道选择性 adjacent channel selectivity

用与频道间隔相等的信号间隔所测得的选择性。

6.18 灵敏度降低 desensitization

由于无用信号引起的接收机有用输出的减小。

6.19 交调 crossmodulation

非线性设备、电网络或传播媒介中信号的相互作用所产生的无用信号对有用信号的调制。

6.20 互调 intermodulation

发生在非线性的器件或传播媒介中的过程。由于一个或多个输入信号的频谱分量相互作用，产生出新的分量，它们的频率等于各输入信号分量频率的整倍数的线性组合。

注：互调可以是由单个非正弦输入信号或多个正弦或非正弦信号作用于同一或不同输入端引起的。

6.21 中频抑制比 intermediate frequency rejection ratio

接收机中使用的任一中频频率上的规定信号电平与产生同样输出功率的有用信号电平之比。

6.22 镜频抑制比 image rejection ratio

接收机镜频频率上的规定信号电平与产生同样输出功率的调谐频率的（有用）信号电平之比。

6.23 单信号法 single-signal method

在没有有用信号的情况下测量接收机对无用信号响应的方法。

6.24 双信号法 two-signal method

在存在有用信号的情况下确定接收机对无用信号响应的测量方法。

注：用这种方法时，对每种被测接收机都必须规定详细的测试方法和采用的标准。

7. 功率控制及供电网络阻抗

7.1　输入功率控制 input power control

对设备、机器或系统的输入功率进行控制以获得所需的性能。

7.2　输出功率控制 output power control

对设备、机器或系统的输出功率进行控制以获得所需的性能。

7.3　周期性通/断开关控制 cyclic on/off swithing control

重复地接通和断开设备电源的功率控制。

7.4　(控制系统的)程序 program (of a control system)

完成规定操作所需的一组命令和信息信号。

7.5　(按半周的)多周控制 multicycle control (by half-cycles)

改变电流导通半周数与截止半周数之比的过程。

注:例如不同导通时间和截止时间组合可以改变供给受供设备的平均功率。

7.6　同步多周控制 synchronous multicycle control

导通的开始和结束时间与线路电压瞬时值同步的多周控制。

7.7　碎发导通控制 burst firing control

一种同步多周控制,它的开始时刻与电压零点同步而电流流通时间为完整半周期的整数倍。

注:碎发导通控制用于电阻性负载。

7.8　广义相位控制 generalized phase control

在供电电压的一周或半周内,改变一次或数次电流导通时间间隔的过程。

7.9　相位控制 phase control

在供电电压的一周或半周内改变电流导通起始点的过程,在这一过程中,当电流过零点或其附近时导通即中止。

注:相位控制是广义相位控制的一个特例。

7.10　延迟角 delay angle

电流导通起始点被相位控制所延迟的相位角。

注:延迟角可以是固定的或者可变的,正半周与负半周的延迟角也不必相同。

7.11　(单相)对称控制 symmetrical control (single phase)

由设计成在交流电压或电流的正负半周按同样方式工作的装置所进行的控制。

注:以输入源的正负半周相同为基础:

如果正负半周的电流波形相同,广义相位控制即为对称控制。如果在每个导运周期内正负半局数相等,多局控制即为对称控制。

7.12　(单相)不对称控制 asymmetrical control (single phase)

由设计成在交流电压或电流的正负半周按不同方式工作的装置所进行的控制。

注:① 如果电流的正负半周波形不同,广义相位控制即为不对称控制。② 如果每个导通周期内正负半周数不相等,多周控制即为不对称控制。

7.13　周期 cycle

以给定的顺序重复出现的一个现象或一组(物理)量所通过的全部状态或量值范围。

7.14 工作周期 cycle of operation

可人为或自动重复的一系列运行。

7.15 公共耦合点 point of common coupling (PCC)

公共供电网络中电气上与特定用户装置距离最近的点,在这一点上可以接上或者已经接上了其它用户装置。

7.16 供电系统阻抗 supply system impedance

从公共耦合点看进去的供电系统的阻抗。

7.17 供电连接阻抗 serice connection impedance

从公共耦合点到计量点用户侧之间的连接阻抗。

7.18 设备接线阻抗 installation wiring impedance

计量点用户侧与一特定接线端之间的接线阻抗。

7.19 设备阻抗 appliance impedance

从设备电源线远端看进去的设备输出阻抗。

8. 电压变化与闪烁

8.1 电压变化 voltage change

在一定但非规定的时间间隔内电压均方根值或峰值在两个相邻电平间的持续变动。

8.2 相对电压变化 relative voltage change

电压变化的幅值与额定电压值之比。

8.3 电压变化持续时间 duration of a voltage change

电压由初值增大或减小至终值所经历的时间间隔。

8.4 电压变化时间间隔 voltage change interval

从一个电压变化的起始点到另一个电压变化的起始点所经历的时间间隔。

8.5 电压波动 voltage fluctuation

一连串的电压变化或电压包络的周期性变化。

8.6 电压波动波形 voltage fluctuation waveform

作为时间函数的峰值电压包络。

8.7 电压波动幅度 magnitude of a voltage fluctation

电压波动期间,均方根值或峰值电压的最大值与最小值之差。

8.8 电压变化发生率 rate of occurence of voltage changes

单位时间内电压变化出现的次数。

8.9 电压不平衡 voltage unbalance, voltage imbalance

多相系统中的一种状态,在这种状态下,相电压均方根值或邻相之间的相角不相等。

8.10 电压瞬时跌落 voltage dip

电气系统某一点的电压突然下降,经历几周到数秒的短暂持续期后又恢复正常。

8.11 电压浪涌 voltage surge

沿线路或电路传播的瞬态电压波。其特征是电压快速上升后缓慢下降。

8.12 转换缺口 commutation notch

由于变换器的换向动作而出现在交流电压上的持续时间远小于交流电周期的电压变化。

8.13　闪烁 flicker

亮度或频谱分布随时间变化的光刺激所引起的不稳定的视觉效果。

8.14　闪烁计 flickermeter

用来测量闪烁量值的仪表。

8.15　闪烁感觉阈值 threshold of flicker perceptibility

引起确定的抽样人群闪烁感觉的亮度或频谱分布的最小波动值。

8.16　闪烁应激性阈值 threshold of flicker irritability

对确定的抽样人群不会引起不适感觉的亮度或频谱分布的最大波动值。

8.17　视觉停闪频率 fusion frequency

刺激视觉的交变频率,在一组给定条件下,高于这一频率的闪烁是感觉不到的。

注:视觉停闪频率亦称临界闪烁频率(critical flicker frequency)。

参 考 文 献

[1] 张厚.电磁兼容原理.西安:空军导弹学院,1998.
[2] 张厚.电磁兼容测试技术.西安:西北工业大学出版社,2008.
[3] 王定华.电磁兼容原理与设计.成都:电子科技大学出版社,1995.
[4] Clayton R. Paul.电磁兼容导论.闻映红,等,译.北京:人民邮电出版社,2007.
[5] 电子工业部.GJB72—85 电磁干扰和电磁兼容性名词术语[S].电子工业部,1985.
[6] 国家技术监督局.GB/T4365—85 电磁兼容术语[S].北京:中国标准出版社,1995.
[7] 机械电子工业部.GJBl51A—97 军用设备和分系统电磁发射和敏感度要求[S].北京:机械电子标准化研究所,1997.
[8] 机械电子工业部.GJBl52A—97 军用设备和分系统电磁发射和敏感度测量[S].北京:机械电子标准化研究所,1997.
[9] 凯瑟 B E.电磁兼容原理.肖华庭,等,译.北京:电子工业出版社,1985.
[10] 高攸纲,高思进.电磁兼容技术展望及建议上[J].电子质量.2005,(6):73-76.
[11] 甄属春.电磁场与微波技术.西安:空军工程大学导弹学院,2003.
[12] 张林昌.发展我国的电磁兼容事业[J].电工技术学报.2005,20(2):23-28.
[13] 高攸纲.电磁兼容总论.北京:北京邮电大学出版社,2001.
[14] 白同云.电磁兼容设计.北京:北京邮电大学出版社,2001.
[15] 何宏,等.电磁兼容原理与技术.西安:西安电子科技大学出版社,2008.
[16] 邱焱,等.电磁兼容标准与认证.北京:北京邮电大学出版社,2001.
[17] 郭梯云.移动通信.西安:西安电子科技大学出版社,1995.
[18] 邓重一.电磁兼容标准与其选用[J].世界电子元器件.2005,(2):67-70.
[19] 王晓明.电磁兼容现状及预测分析[J].电子材料与电子技术.2006,(2):1-4.
[20] 张松春,等.电子控制设备干扰技术及其应用.北京:机械工业出版社,2004.
[21] 韩放.计算机信息电磁泄漏与防护.北京:科学出版社,1993.
[22] 王庆斌,等.电磁干扰与电磁兼容技术.北京:机械工业出版社,2004.
[23] 电磁兼容网. http://www.emcchna.com.
[24] 中国电磁兼容认证中心. http://www.cemc.onchina.net.
[25] 中国电磁兼容网. http://www.emc.onchina.net.
[26] 沙斐.机电一体化系统的电磁兼容技术.北京:中国电力出版社,1999.
[27] 杨克俊.电磁兼容原理与设计技术.北京:人民邮电出版社,2004.
[28] 陈景良,马双武.PCB 电磁兼容技术——设计与实践.北京:清华大学出版社,2004.
[29] 钱振宇.3C 认证中的电磁兼容测试和对策.北京:电子工业出版社,2004.
[30] 钱振宇.开关电源的电磁兼容设计与测试.北京:电子工业出版社,2005.
[31] 林国荣.电磁干扰及控制.北京:电子工业出版社,2003.
[32] 杨国伟,张厚.雷达间电磁兼容性判决[J].安全与电磁兼容, 2006,(4):20-22.

[33] Tesche Frederick M, Ianoz Michel V. EMC analysis methods and computational models[R]. John Wiley & Sons INC, 1997.

[34] 杨国伟,张厚,姜燕.利用网络思想构建 EMC 预测模型[J].电子工程师,2006,32(4):24-26.

[35] Terry Foreman. Antenna coupling model for radar electromagnetic compatibility analysis [J]. IEEE TRANSACTION ON EMC, 1989, 31(1):85-87.

[36] Daniel W, Tam S, Azu C. A Computer-aided Design Technique for EMC Analysis [A]. 1995 IEEE Electromagnetic Compatibility Symposium Record [C]. Atlanta. 1995: 234-235.

